2023 中国能源电力碳达峰碳中和路径与重大问题分析

国网能源研究院有限公司　编著

图书在版编目（CIP）数据

中国能源电力碳达峰碳中和路径与重大问题分析．2023 / 国网能源研究院有限公司编著．—北京：中国电力出版社，2024.3

ISBN 978-7-5198-7457-5

Ⅰ．①中…　Ⅱ．①国…　Ⅲ．①二氧化碳—排气—研究—中国—2023②二氧化碳—节能减排—研究—中国—2023　Ⅳ．①TK01②X511

中国国家版本馆 CIP 数据核字（2023）第 136578 号

出版发行：中国电力出版社
地　　址：北京市东城区北京站西街 19 号（邮政编码 100005）
网　　址：http：//www.cepp.sgcc.com.cn
责任编辑：刘汝青（010-63412382）安小丹
责任校对：黄　蓓　郝军燕
装帧设计：张俊霞　赵姗姗
责任印制：吴　迪

印　　刷：三河市万龙印装有限公司
版　　次：2024 年 3 月第一版
印　　次：2024 年 3 月北京第一次印刷
开　　本：880 毫米 ×1230 毫米　16 开本
印　　张：15.5
字　　数：445 千字
印　　数：0001—1500 册
定　　价：298.00 元

声　明

《中国能源电力碳达峰碳中和路径与重大问题分析2023》编写组

负 责 人　鲁　刚

编写人员　元　博　夏　鹏　龚一莼　陈海涛　徐沈智
傅观君　张晋芳　贾淯方　吴　聪　贾跃龙
刘　进　李司陶　赵　铮　伍声宇　闫晓卿
冯君淑　吕梦璇　张玉琢　张　超　王　钰

审核人员　郭健翔　王炳强　金艳鸣　谭　雪　赵秋莉
孙广增

指导专家　刘　俊　张富强

序言

经过一年来的艰辛探索和不懈努力，国网能源研究院有限公司（简称国网能源院）遵循智库本质规律，思想建院、理论强院，更加坚定地踏上建设世界一流高端智库的新征程。百年变局，复兴伟业，使能源安全成为须臾不可忽视的“国之大者”，能源智库需要给出思想进取的回应、理论进步的响应。因此，对已经形成的年度分析报告系列，谋划做出了一些创新的改变，力争让智库的价值贡献更有辨识度。

在2023年度分析报告的选题策划上，立足转型，把握大势，围绕碳达峰碳中和路径、新型能源体系、电力供需、电源发展、新能源发电、电力市场化改革等重点领域深化研究，围绕世界500强电力企业、能源电力企业数字化转型等特色领域深度解析。国网能源院以“真研究问题”的态度，努力“研究真问题”。我们的期望是真诚的，不求四平八稳地泛泛而谈，虽以一家之言，但求激发业界共同思考，在一些判断和结论上，一定有不成熟之处。对此，所有参与报告研究编写的研究者，没有对鲜明的看法做模糊圆滑的处理，我们对批评指正的期待同样是真诚的。

在我国能源发展面临严峻复杂内外部形势的关键时刻，国网能源院对“能源的饭碗必须端在自己手里”，充满刻骨铭心的忧患意识和前所未有的责任感，为中国能源事业当好思想先锋，是智库走出认知“舒适区”的勇敢担当。我们深知，“积力之所举，则无不胜也；众智之所为，则无不成也。”国网能源院愿与更多志同道合的有志之士，共同完成中国能源革命这份“国之大者”的答卷。

国网能源研究院有限公司

2023年12月

前言

党的二十大擘画了以中国式现代化全面推进中华民族伟大复兴的宏伟蓝图，强调要“积极稳妥推进碳达峰碳中和”，这是以习近平同志为核心的党中央统筹国内国际两个大局做出的重大决策部署，为推进碳达峰碳中和工作提供了根本遵循。实现“双碳”目标，能源是主战场，电力是主力军。受到我国资源禀赋、发展阶段、产业结构、科技水平、社会制度等多重因素影响，能源电力“双碳”之路充满挑战且牵一发而动全身。这需要深入理解中国式现代化对“双碳”道路和能源发展的重大要求，将能源发展客观规律与中国具体国情紧密联系起来，将碳达峰碳中和道路与百年未有之大变局下我国经济社会亟待解决的一系列重大实践问题紧密联系起来，完整、准确、全面贯彻新发展理念，以系统谋划，实现立足全局的战略层面多目标动态平衡优化，走出一条具有中国特色的能源电力碳达峰碳中和之路。

国网能源院是国家电网有限公司从事软科学研究及重大决策咨询服务的直属科研单位和智库机构，长期致力于能源电力行业以及电力企业的发展战略规划、管理创新、体制机制、政策法规等问题研究。

按照国家电网有限公司统一部署，国网能源院全面开展碳达峰碳中和研究工作，参与了国家电网有限公司碳达峰碳中和行动方案研究、中国工程院《电力行业碳达峰碳中和实施路径研究》、国家能源局有关研究专班，负责国家科技部《“双碳”目标下能源系统科技创新》、国务院国有资产监督管理委员会《中央企业碳达峰碳中和路径研究》、国家重点研发计划《灵活调节煤电与大规模新能源协同规划关键技术》等重大研究任务。在此基础上进一步深化研究形成本报告，以飨读者，期望提供一个与相关领域专家学者深入交流观点的媒介。未来，随着国家碳达峰碳中和战略不断推进，国网能源院将滚动更新研究边界，动态研判能源电力新技术、新模式、新业态发展趋势，创新设计可能路径情景，深化关键问题分析，持续发布研究成果。

本报告分为战略蓝图篇、路径实施篇、安全经济篇、治理提升篇四大篇章和 12 个章节，系统研究中国能源电力碳达峰碳中和路径及重大问题。战略蓝图篇总结中国能源发展基础，展望“2030 年碳达峰、2060 年碳中和”能源电力发展情景及减排路径；路径实施篇从科技、产业、消费、供给、碳核算五大视角分别阐述具体实施路径；安全经济篇关注减排与安全、减排与经济承受力的重大理论难题如何破解；治理提升篇从能源电力治理现代化、“双控”政策转变入手，研究为“双碳”路径保驾护航的治理举措。

编著者

2023 年 12 月

CONTENTS 目录

第 9 章 清洁能源矿产资源发展及影响

第 10 章 电力转型成本和市场机制

治理提升篇

第 11 章 能源电力治理现代化

第 12 章 能耗“双控”向碳排放“双控”转变关键问题

概 述

实现“双碳”目标，能源是主战场，电力是主力军，能源电力“双碳”之路牵一发而动全身，必须通过系统谋划，实现立足全局的战略层面多目标动态平衡优化。本报告以能源结构和产业结构“双升级”为关键考量，系统分析了能源电力碳达峰碳中和转型路径，并从蓝图展望、路径实施、安全经济、治理提升等角度，研判“双碳”转型过程中需要关注的重点问题。

一、面向中国式现代化的“双碳”转型路径设计原则

（1）能源领域发展成就为实现“双碳”目标奠定了坚实基础

党的十八大以来，我国能源生产和消费结构不断优化，能源利用效率显著提高，生产生活用能条件明显改善，能源安全保障能力持续增强，能源技术自主创新能力和装备国产化水平显著提升、部分领域达到国际领先水平。但同时能源发展过程中还面临着能源资源约束日益加剧、生态环境问题突出等一系列不适应碳达峰碳中和目标的问题和挑战。

（2）规划建设新型能源体系是实现“双碳”目标、筑牢中国式现代化能源根基的核心举措

要彻底摆脱“高能耗、高排放、高污染”的传统工业文明发展范式，必须坚持系统思维、底线思维、辩证思维设计“双碳”路径，以规划建设新型能源体系实现能源生产利用模式的彻底变革、能源基础设施的换道式升级、能源科技与产业国际竞合格局的全面重构。构建清洁低碳、安全充裕、经济高效、供需协同、灵活智能的新型电力系统是规划建设新型能源体系的核心内容。

（3）能源电力“双碳”转型路径设计的“1+3+6”体系

抓住一条主线：能源结构与产业结构双升级，不同经济发展模式对应着不同产业结构及相应条件下全社会最优的能源电力“双碳”转型路径，这实质是在一定碳排放配额下，对工业、建筑、交通与能源、电力行业转型责任的分配问题。坚持三大原则：统筹发展与减排、统筹安全与减排、统筹成本与减排，在能源发展多目标中寻求动态平衡，分阶段、有侧重、平稳地推进能源低碳转型。把握六大重点：从科技创新、产业升级、节能提效、清洁供应、关键矿产、治理能力六方面共同发力和一体化布局，走出一条能源安全高水平、生态环境高质量、转型成本可承受、转型成果全民共享的中国特色能源电力“双碳”转型之路。

二、能源电力碳达峰碳中和路径

（1）终端能源消费结构调整步伐加快，工业、交通、建筑部门依次达峰

当前终端能源消费处于上升达峰期，基准情景下，将于 2030 年前后达峰，之后稳步下降。工业、交通、建筑部门分别将于 2030 年、2035 年和 2040 年前后达峰。电力逐渐成为终端能源消费的主要载体，近中期用电需求有较大增长空间，中远期趋于饱和。氢能到 2060 年占终端能源消费的比重有望达到 15%。一次能源消费总量发展将经历上升达峰期、峰值平台期和稳步下降期三个时期。基准情景下，2030－2035 年进入峰值平台期，之后稳步下降。能源结构方面，非化石能源消费占比持续提升，预计 2060 年达到 80% 以上。煤炭消费稳步下降，石油天然气近期需求仍然呈上升趋势，分别于 2030 年和 2035 年前后达到峰值。

（2）全社会碳排放路径可分为上升达峰期、稳步降碳期、加速减碳期、碳中和期四个阶段

基准情景下，2020－2030 年期间，我国碳排放处于上升达峰期，2030 年进入峰值平台期，峰值排放约 124 亿吨，其中能源燃烧排放 110 亿吨；2030－2040 年期间，我国进入稳步降碳期；2040－2050 年期间，我国进入加速减碳期，2050 年全社会碳排放降至 48 亿吨；2050－2060 年，我国进入碳中和期，考虑自然碳汇和碳捕集、利用与封存（Carbon Capture,Utilization and Storage,CCUS）等措施，社会经济系统实现净零排放。

（3）加快构建多元化清洁能源供应体系，实现电力安全、低碳、经济转型

基准情景下，2020－2035 年阶段 70% 以上新增电力需求由非化石能源发电满足，2035 年以后非化石能源发电逐步实现“电力需求增量全部满足，存量逐步替代”。从各类型电源看，科学确定煤电发展定位及退出节奏，近中期煤电装机容量及发电量仍有一定增长空间；因地制宜开发水电，积极安全有序发展核电；加快发展风电、太阳能发电；稳步发展生物质发电；适当发展气电，增强系统灵活性和实现电力多元化供应；合理统筹抽水蓄能和新型储能发展。

（4）电力行业碳达峰支撑全社会积极稳妥碳达峰，并通过大力发展非化石能源和 CCUS 实现净零排放，助力全社会碳中和

未来工业、交通、建筑等领域电气化带来用能转移的同时，也将碳排放转移至电力部门，基准情景下，预计 2030 年以后电力行业排放进入峰值平台期，碳排放峰值约为 48 亿吨，之后先慢后快稳步下降。2060 年煤电、气电合计排放 8 亿吨，并通过煤电、气电和生物质发电 CCUS 技术改造实现行业内部净零排放。

（5）不同情景下减排路径意味着各领域碳减排责任与压力的分配差异

产业稳步调整情景下，全社会碳排放峰值较基准情景提高 3 亿吨，碳减排的压力主要集中在能源电力行业。该情景下第二产业比重较高，非电终端碳排放处于较高水平，倒逼能源电力行业低碳转型压力和责任大幅增加，新型电力系统固碳技术加速发展，2060 年电力系统实现负碳排放。产业深度升级情景下，全社会碳排放峰值较基准情景降低 2 亿吨，碳减排的压力主要聚焦于产业结构优化升级，通过降低第二产业规模和比重，大幅提升终端部门的能效水平，从而降低终端能源消费需求，能源电力领域减排压力与转型力度可适度减小。

（6）能源电力转型面临政策、技术和安全等多重不确定性

能源电力转型路径面临政策、技术和安全等多重不确定性。政策方面，多重复杂因素影响下碳交易价格具有不确定性，其变化趋势深刻影响电力行业低碳转型路径，需合理引导其提升节奏。技术方面，长时储能技术能否如期突破将成为远期影响新能源与煤电技术路线竞争的重要因素；CCUS 技术成熟度及推广时间将深刻影响煤炭退出和煤电转型方式；氢能发展不确定性将影响终端脱碳进程和新能源开发利用规模。安全方面，降低油气对外依存度仍是我国近中期保障能源安全的重点，我国原油、天然气对外依存度峰值每降低 10%，预计 2030 年新能源装机容量将提高 9 亿 ~13 亿千瓦、2 亿 ~3 亿千瓦，远期新能源及煤电装机容量变化不大。

三、“双碳”目标下能源电力科技创新

（1）科技创新是“双碳”转型的第一动力

科技创新之于能源转型意义深远，是解决转型问题的根本出路。能源低碳转型不可避免地带来了诸如供用能方式的全方位变革、气象属性增强、安全稳定运行的结构脆弱性风险突出、系统成本上升等挑战，能源发展面临保安全、稳供应、转方式、调结构、补短板等综合性挑战，迫切需要依靠科技创新破解这些问题和挑战。

（2）统筹优化低碳关键技术研发布局

聚焦新型清洁能源发电、新型储能、CCUS、先进核电、氢能、多能转换与综合利用、电力数字化、余热利用、规划仿真与先进电网等“双碳”目标下能源领域关键技术开展科技创新，突破解决科技“卡脖子”和断链问题，培育形成集群式发展、可替代的多产业链供应链并存、有韧性裕度的新型电力系统技术创新格局。

（3）能源电力“双碳”路径规划应与科技创新一体化布局设计

能源转型的路径和节奏与科技创新的方向和时点相互依赖、相互影响，一方面，能源科技创新具有显著不确定性，未来关键低碳技术的线路布局、突破方向、突破时点及性能指标均会对路径“切换”产生影响，能源系统科技创新的战略布局影响着“双碳”推进的路径设计、节奏权衡、转型成本与技术风险等；另一方面，“双碳”路径的规划也是基于一定技术进步预期，对各类能源品种的技术路线、创新重点、突破时点、技术成熟度、技术经济性有具体要求，需要一体布局和整体优化。

四、新型电力系统产业发展形态

（1）实现碳达峰碳中和的核心目标之一是培育现代能源经济，电力产业在服务经济社会发展全局中功能拓展、位置提升

新发展格局下培育新动能的新需求和能源领域构建新型电力系统的新目标具有内在一致性，电力的产业属性将持续增强，以价值形态、企业形态、循环形态、空间形态的全面重塑带动产业生产消费、组织方式、商业模式等的深刻变革，成为低碳经济的支柱产业。同时，电力在经济发展和生产过程中渗透率不断提高，与经济耦合关系进一步加深，电力作为数字化基础设施的必要条件，未来将成为“基础设施的基础设施”。

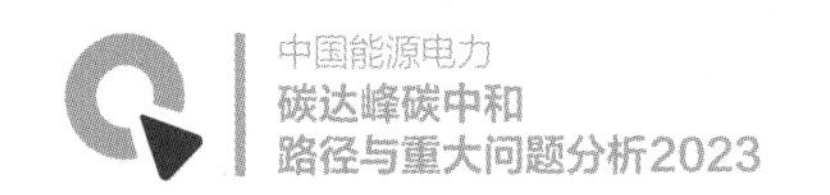

（2）新型电力系统产业发展的政策需求在产业发展不同阶段有不同的侧重

在新型电力系统产业发展导入时期，需要制定适当的扶持政策，促进产业链的健康发展，合理监管，加强引导原始创新，通过技术突破寻求成本下降空间，降低电力低碳转型成本。在新型电力系统产业发展成熟期，应实施完善的监管措施，保障电力产业链的基础设施属性稳定运行，实现产业属性与基础设施属性的动态平衡发展。

五、能效提升与碳减排

（1）提升我国总体能效水平需要在工业、建筑、交通等各领域共同发力，充分释放巨大节能潜力

未来，工业领域将通过合理的产业布局、先进的技术装备、融合的信息技术以及高水平的管理体系等挖掘潜力；建筑领域将通过建筑本体性能改善、用能系统效率提升、热源结构优化、综合能源推广、数字化技术应用等挖掘潜力；交通领域将通过综合技术改进、用能结构调整、运输方式优化、智能化管理提升等挖掘潜力。

（2）实现长效节能提效，需要政策支持、科技创新、产业发展、市场推动、人才培养、宣传引导等多管齐下

大力推广以电为中心的综合能源系统，带动能效产业发展壮大；加快构建统一开放、竞争有序的市场体系，充分调动用户积极性；加强国际交流与科技创新合作，打通能效技术研究到应用的产业链；加强能效综合型人才培养并建立相应的认证体系；加大能效法律法规执行力度、完善相关标准体系；加强对节能节电的宣传引导，营造全民崇尚节约的浓厚氛围。

六、传统能源与新能源优化组合

（1）统筹加快灵活调节煤电与新能源优化组合

坚持立足我国能源资源禀赋，推动实现灵活调节煤电与新能源优化组合，发挥清洁高效煤电保电力、保电量、保调节作用，支撑加快构建新能源供给消纳体系，统筹实现能源“立”和产业“立”，形成多元供给、广义消纳的传统能源与新能源优化组合，支持推动新能源跨越式高质量发展。

（2）持续推动新能源实现“量率”协同发展

“十三五”以来，我国新能源利用水平提升得益于多措并举、有效施策、综合发力。面向“十四五”及中远期新能源发展和消纳要求，需要提前研判、精细分析，积极应对。研究表明，随着新能源装机容量和发电量比例提升，新能源弃能特征突出表现为空间上向新能源资源富集地区聚集、时间上向午间光伏大发时段聚集。各省区利用率目标统一管控难度加大，本质上要求在坚持“量率协同”原则下，逐步构建起基于合理利用率理念的差异化利用率管控方式。

（3）因地因时制宜打好促进消纳措施组合拳

新能源消纳是一项系统性工程，涉及发输配用、源网荷储各环节以及政策机制等方面，持续提升系统调节能力，有效扩大新能源消纳空间，是保障新能源高效利用的关键所在。面向中长期，各省区新能源发展特点各异，解决消纳问题亟须有的放矢。根据不同地区新能源电量渗透率和促进消纳关键措施手段特点，整体划分为五大典型地区——消纳形势良好型、外送消纳规模敏感型、多元促消措施敏感型、省间互济依赖型、风光发展比重敏感型，因地因时制宜，打好措施组合拳。

七、电力碳排放核算与评估

（1）“电力平均排放因子”相较“电网平均排放因子”的表述更加准确

“电力平均排放因子”是核算电力用户碳排放的重要参数，较目前国内外学术和政策文件中多使用的“电网平均排放因子”的表述而言更加科学全面。一方面，电力系统中的碳排放主要来自火力发电，并不是来自电网传输，“电网平均排放因子”容易让社会公众误认为对应电网运行实际产生的单位电量二氧化碳排放。另一方面，“电力平均排放因子”是一定时间和地理范围内发电量的单位电量二氧化碳排放，其数值的降低需要电力行业发输配用全环节共同努力，使用“电力平均排放因子”的表述能够凝聚共识，推动各方形成合力。

（2）不同层级电力平均排放因子数值整体呈现下降趋势

近年来电源结构的持续清洁化与发电标准煤耗水平的不断改善共同推动全国、区域、省级等不同层级对应单位发电量排放的减少。不同省份电力平均排放因子数值差距较大，从分布情况来看，电力平均排放因子较大的省份主要分布在华北区域和东北区域，电力平均排放因子较小的省份主要分布在中部、西部和南部区域。

（3）未来不同区域电力平均排放因子的差距将减小

远期来看，得益于新能源大规模发展和“沙戈荒”风光基地建设，除西南区域外各区域电力平均排放因子将显著下降。同时，伴随着区域间电力交换规模的不断上升，各区域在计算电力平均排放因子时愈发接近于一个“整体”，不同区域电力平均排放因子的数值将逐渐接近。

八、新型电力安全认识与保供风险预警

（1）能源转型带来电力系统结构性变化，需防范系统性风险

立足系统观念认识“双碳”目标下能源转型带来的电力安全系统性风险，需要重视三方面问题：一是系统结构的脆弱性和薄弱环节；二是系统结构性变化的转折点和量变到质变的关键阶段；三是风险连锁反应的动态过程和引发系统性风险的机理。

（2）面对未来电力供应的各类不确定性风险，亟须强化电力安全供应风险预警体系建设，树立新型电力安全观

电力保供风险预警体系框架要实现“内外兼顾、软硬均涉、远近两全、前后闭环”，贯穿体现在“建立风险库、评估脆弱性、分析传导链、跟踪风险源、判断预警级”五大预警步骤中。传统的电力安全观已不能适应电力安全面临的新形势，需要树立新型电力安全观。一是电力安全目标韧性化，要因时因地考虑不确定性风险影响；二是电力安全边界模糊化，要更加重视电力安全风险预警体系建设；三是电力安全责任主体多元化，要全社会共建电力安全体系。

九、清洁能源矿产资源发展及影响

（1）材料密集型的新型电力系统对重要矿产资源的需求量呈倍增态势

各类清洁能源技术的快速发展将带动上游矿产资源需求不断攀升，预计到2030年，产业稳步调整情景、基准情景及产业深度升级情景下新型电力系统的累计矿产需求将增至目前的3、4倍和5倍，至2060年进一步增至目前的15、18倍和21倍。

（2）目前国内部分矿产资源产储量难以支撑未来我国新型电力系统发展需求

预计2060年我国新型电力系统产业发展所需的铜、锂、钴、镍的累计需求量将超过国内储量；同时，当前国内部分矿产资源的年产量不足以支撑未来年度发展所需，我国部分矿产资源对外依存度将持续提升，同时面临全球更加激烈的资源竞争环境。

（3）我国关键矿产资源供应链面临多重风险，必须从顶层设计出发提出系统化解决方案

我国关键矿产资源供应链韧性较差、资源产能持续紧缺、受地缘政治影响大、资源技术水平差距大、资源知识较薄弱、资源治理不充分，供应链安全稳定运行风险持续攀升，甚至影响能源转型进程或技术路线选择。一要加强新型电力系统产业材料科学创新，寻找可替代原材料；二要定期评估重要矿产资源的需求，提前面向国际市场配置资源；三要大力发展循环经济，注重矿产资源的回收与循环利用。

十、电力转型成本和市场机制

（1）“双碳”转型须算经济账

低碳转型发展、实现更高安全水平的发展需要付出一定代价，近中期电力供应成本将由于新能源系统成本增加而波动上升。预计2025年、2030年新能源系统成本分别是2020年的2.3倍和3倍，从整体看，预计2030年电力供应成本较2020年提高18%～20%。电力行业减排力度和承担减排责任越大，需要付出的转型成本就越高，2060年电力系统实现-6亿吨排放情景下，规划期电力供应成本较电力系统零碳排放情景下提高17%左右。

（2）转型成本的疏导要有效市场和有为政府相结合，公平及时是要求，价格机制是途径

电力“双碳”转型成本具有公共属性，需要向受益主体公平分担、及时传导，关键是围绕价值发现，完善价格机制，统筹发挥有效市场、有为政府作用，来有效疏导电力“双碳”转型成本。市场机制建设需要提高对发展新型电力系统的适应性，重点关注新能源参与市场和支撑各类电源功能定位转变两大类市场机制。

十一、能源电力治理现代化

（1）能源市场体系构建方面

要加快推进全国统一能源市场建设，更好地发挥市场配置资源的决定性作用，充分利用市场机制促进“双碳”目标实现，包括优化清洁能源参与市场机制，丰富电力交易品种，促进系统充裕性和灵活性提升，推进碳市场建设，实现碳市场和电力市场的高效协同。碳交易是利用市场机制减排的重要政策工具，我国电碳市场应重点在市场空间、价格机制、市场政策方面加强协同，在绿色认证、数据方面加强联通。

（2）顶层设计与统筹优化方面

要构建适应新型能源体系建设的更加科学、完善的能源电力规划机制，科学实施能源监管并持续深化新型能源体系“放管服”改革，同时要充分认识到碳减排是一种特殊的公共物品，各方合作难度大，需要有效贯通国家、地方、行业和企业的多方主体责任链条。

（3）健全完善能源法律体系方面

要建立健全与新型能源体系建设要求相适应的能源电力法律制度，过程中应注重处理好立法与改革、立法与“双碳”目标、立法与宏观调控和市场以及立法与其他法律等四方面的关系，着重完善电力供应全链条、可再生能源消纳、电力市场等在内的相关法律制度。

十二、能耗“双控”向碳排放“双控”转变关键问题

（1）“双控”制度转变需要保持调控格局的连续性

能耗“双控”向碳排放“双控”制度转变，宏观调控有内在一致性，要保证宏观调控方向、节奏、力度能够有效衔接，不会在个别地区、个别行业出现大起大落的错配。其重心首先是保证统筹发展与安全基本调控格局的连续性，其次是保证促进经济高质量发展力度的连续性，更需要关注调控格局的转折性，即把握好“经济－能源－环境”之间脱钩进程带来的关键转折。

（2）能源、经济与碳排放脱钩发展趋势

经济增长对能源消费和碳排放的依赖程度将持续降低，呈现脱钩趋势，且逐步由“相对脱钩”向“绝对脱钩”转变。2025－2030年期间，我国经济仍处于增长状态，但在产业结构调整及能源转型影响下，碳排放开始呈现下降趋势，经济发展与碳排放开始脱钩，到2030年实现完全脱钩；2030－2035年将是我国经济与能源消费脱钩的关键期；能源消费与碳排放方面，2030年后，我国能源消费与碳排放实现衰弱脱钩。

（3）“双控”制度变迁是推动经济高质量发展的关键举措，需要科学严谨、逐步实施

需要处理好经济布局与碳排放“双控”指标地方布局的平衡关系，促进地区间经济协同发展、协同降碳；处理好行业间协同减碳与地区间协同减碳的平衡关系，通过制度设计动态实现从地区指标间不平衡（不足/充裕）到再平衡的过程；处理好碳排放“双控”调整方向、力度与能源转型路径间的同步平衡关系；重点解决适应中长期碳排放需求结构性突变的制度性保障问题，重视统筹长远与短期的激励制度设计。

（**撰写人：**元博、鲁刚　**审核人：**郭健翔、王炳强）

战略蓝图篇

01 面向中国式现代化的“双碳”转型路径设计原则

中国式现代化是人口规模巨大、全体人民共同富裕、物质文明和精神文明相协调、人与自然和谐共生、走和平发展道路的现代化。中国式现代化既有各国现代化的共同特征，更有基于我国国情的鲜明特色。中国是全球最大碳排放国和最大发展中国家，碳达峰碳中和战略目标雄心勃勃，也挑战巨大。走出具有中国特色的能源电力“双碳”之路，要坚持守正创新、坚持问题导向，将能源发展客观规律与中国具体国情紧密联系起来，将碳达峰碳中和道路与百年未有之大变局下我国经济社会亟待解决的一系列重大实践问题紧密联系起来，与时俱进创新发展，谱写中国式现代化绿色低碳篇章。

1.1 现状与问题：10 个侧面透视中国能源发展基础

党的十八大以来，我国坚定不移推进能源革命，能源生产和利用方式发生重大变革，能源发展取得历史性成就。十年来，能源生产和消费结构不断优化，能源利用效率显著提高，生产生活用能条件明显改善，能源安全保障能力持续增强，能源技术自主创新能力和装备国产化水平显著提升、部分领域达到国际领先水平，为服务经济高质量发展、打赢脱贫攻坚战和全面建成小康社会提供了重要支撑。但同时能源发展过程中还存在能源资源约束日益加剧、生态环境问题突出、保障能源安全压力进一步加大等一系列不适应碳达峰碳中和目标的问题和挑战。本节从 10 个侧面透视中国能源发展现状，以全面认识中国特色能源电力“双碳”转型路径和新型能源体系规划建设的基础。

1 碳排放：全球最大规模和最快速度的减排要求

◉ 我国碳排放基数大，面临减排幅度大、时间紧的挑战

2000 年以来，我国碳排放迅速上升，快速超过欧盟、美国，成为全球最大碳排放国家，虽然 2010 年后我国碳排放增速放缓，但依旧处于波动上升阶段。根据 BP 统计数据，2020 年我国二氧化碳排放近 102 亿吨，占全球的 30% 左右，是美国碳排放的两倍、欧盟 27 国碳排放之和的三倍。到 2030 年碳达峰前，我国二氧化碳排放还将有一定增长，到 2060 年碳中和时，较达峰阶段的碳排放量减 100 亿吨，年均减排需求达 3.5 亿吨以上，是欧美主要国家的 10 倍以上，减排时间约 30 年，是欧美主要国家的一半，现代化进程中实现如此大规模的减排压力巨大[1]。

排名	国家（地区）	X10⁶ 吨二氧化碳
1	中国	10175
2	美国	5285
3	欧盟27国	2917
4	印度	2616
5	俄罗斯	1678
6	日本	1107
7	伊朗	780
8	印尼	618
9	韩国	611
10	沙特阿拉伯	582
11	加拿大	577
12	南非	479
13	巴西	466
14	墨西哥	439
15	澳大利亚	411
16	土耳其	405
17	英国	370

图 1-1　2020 年全球主要国家和地区的二氧化碳排放情况

（数据来源：BP Statistical Review of World Energy）

◉ 我国碳排放强度偏高，背后是产业结构偏重、能源结构偏煤以及承接发达国家大量产业和碳排放转移等多重问题

2022 年我国第二产业占 GDP 比重为 39.9%，制造业的相当部分还处于全球价值链中低端，加工制造环节能源资源消耗强度大，能源结构又以煤为主，煤炭占一次能源消费比重为 56.2%，单位 GDP 碳排放量达到 6.7 吨 / 万美元，是全球平均水平的 1.8 倍，是主要发达国家水平的 3 ~ 6 倍。值得注意的是，从全球角度看，虽然我国碳排放总量和强度偏高，但这其中实际包括了大量隐含能源消费和碳排放转移。过去发展过程中，中国作为世界最主要产业转移承接地，承接了大量发达国家转移出来的高碳高耗能产业。2019 年，我国出口贸易相关碳排放为 17.9 亿吨，约占自身全部碳排放的 18%。

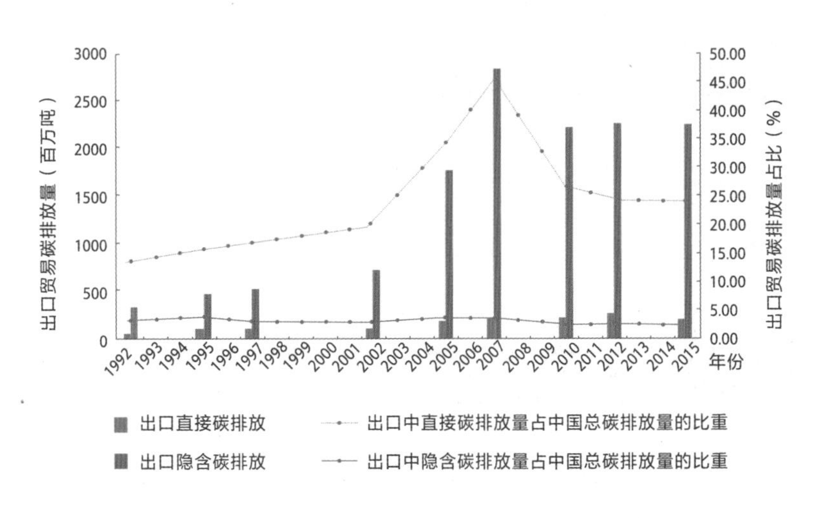

图 1-2 中国出口贸易的直接碳和隐含碳排放总量及其占比

（数据来源：陈曦，中国国际贸易碳排放水平实证研究，2020）

◉ 从排放构成看，能源电力领域占 80% 以上，是"双碳"目标下减排的主战场和主力军

能源活动是我国二氧化碳的主要排放源，2020 年我国能源活动二氧化碳排放约占全部二氧化碳排放量的 87%、温室气体排放量的 70%。电力作为能源领域最大碳排放部门，其低碳转型在一定程度上决定"双碳"转型的效果及成败。电力领域碳排放约占能源活动二氧化碳排放的 41%，同时我国 95% 左右的非化石能源主要通过转化为电能加以利用，随着终端能源消费清洁替代深入推进，电力需求仍将持续增长，电力行业要承接工业、交通、建筑等领域转移的能源消耗和碳排放。

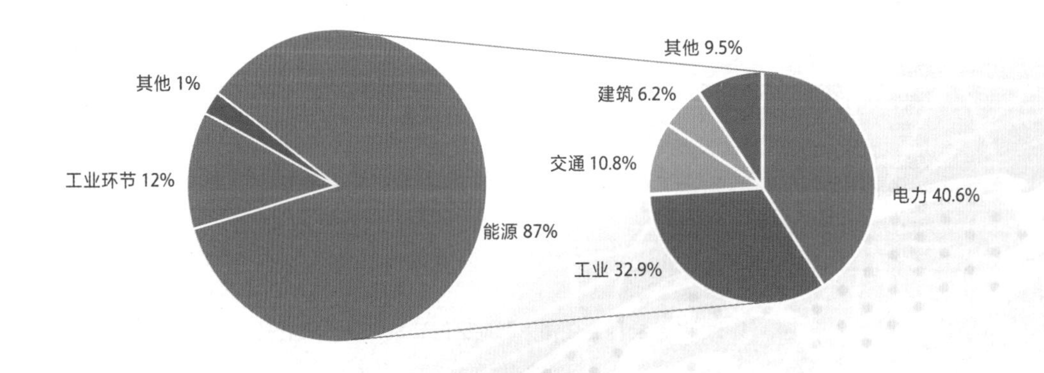

图 1-3 2020 年我国二氧化碳排放构成

2 能源消费：稳步增长下能源安全保障压力日益提升

◉ 能源消费总量稳步增长，“人均中等，总量巨大”国情特征显著

新冠疫情后，随着我国经济社会秩序持续稳定恢复，能源需求也呈稳步上升态势。2022 年能源消费总量 54.1 亿吨标准煤，比 2012 年增长 34.6%，党的十八大以来，以年均约 3.5% 的能源消费增长支撑了国民经济年均 6.2% 的增长。我国作为世界上人口规模巨大的发展中国家，当前一次能源消费总量超过美国和欧盟的总和，但人均能源消费水平仅为美国的 40%，新型城镇化、工业化进程仍将持续深入推进，为了满足人民日益增长的美好生活需要，能源消费客观上还存在较大规模的刚性增长需求[2]。

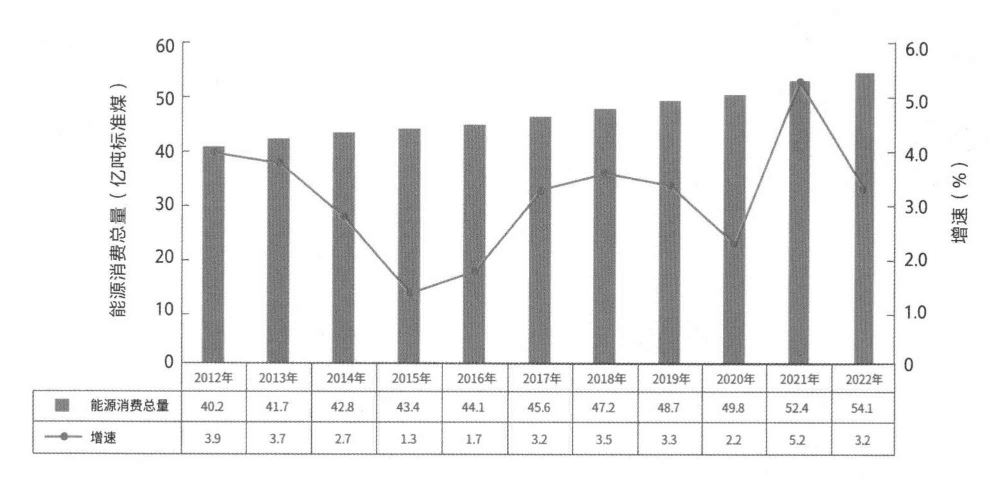

	2012年	2013年	2014年	2015年	2016年	2017年	2018年	2019年	2020年	2021年	2022年
能源消费总量	40.2	41.7	42.8	43.4	44.1	45.6	47.2	48.7	49.8	52.4	54.1
增速	3.9	3.7	2.7	1.3	1.7	3.2	3.5	3.3	2.2	5.2	3.2

图 1-4 2012—2022 年我国能源消费总量及增速

◉ 能源自给能力逐步增强，供需平衡呈趋紧态势，油气对外依存度高仍是当前主要矛盾

随能源供给体系逐步完善，供给质量和效益不断提升，“十三五”以来，我国能源自主保障能力始终保持在 80% 以上，但油气资源供需矛盾依然突出，油气对外依存度持续增高，原油净进口自 2019 年突破 5 亿吨后持续保持高位，2022 年达到 50828 万吨，比 2012 年增长 87.5%，年均增长 8.7%，对外依存度 71%。天然气净进口高速增长，2022 年达到 1508 亿米^3，是 2012 年的 3.6 倍，对外依存度 40%[3]。叠加近年来俄乌冲突、新冠疫情、极端天气频发等因素影响，全球范围内能源供需严重失衡的影响也向我国传导，能源市场急剧震荡，能源价格大幅飙升，特别是欧洲天然气和全球煤炭价格屡创历史新高，严重影响全球乃至我国能源安全以及经济发展。

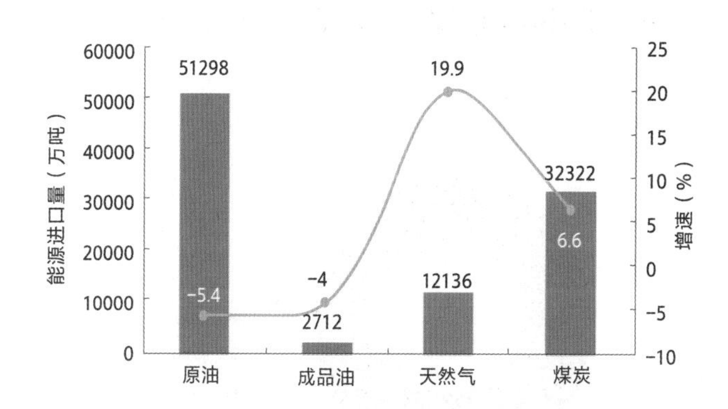

图 1-5 2022 年能源进口量及增速

3 能源结构：调整以煤为主的能源结构是能源转型的最大挑战

◉ 能源结构持续清洁化，非化石能源消费占比稳步提升

2022 年，我国非化石能源占一次能源消费总量的比重达到 17.5%，比 2012 年提高 8.4 个百分点。煤炭占能源消费总量的比重由 2012 年的 68.5% 降低到 56.2%，下降 12.3 个百分点。煤、油、气、电、核、新能源和可再生能源多轮驱动的能源生产体系基本形成，能源与生态环境友好性明显改善，能源消费结构更加优化。

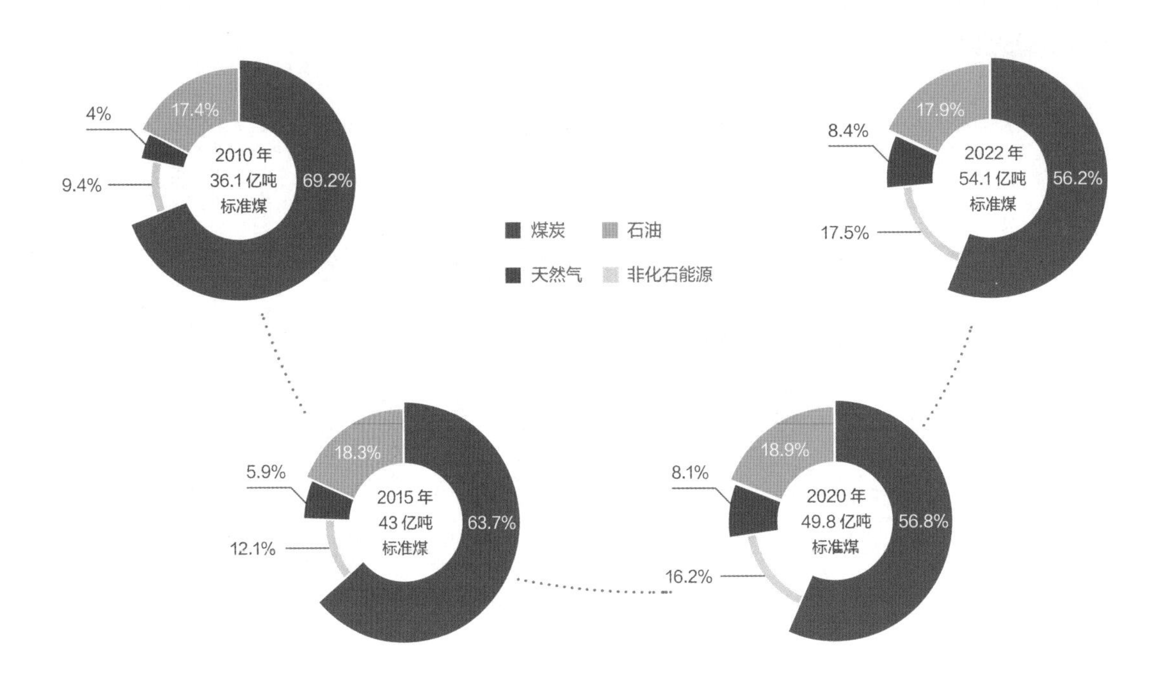

图 1-6 我国能源消费总量及结构演变

（数据来源：国家统计局）

◉ 能源结构偏煤，优化能源结构压力大

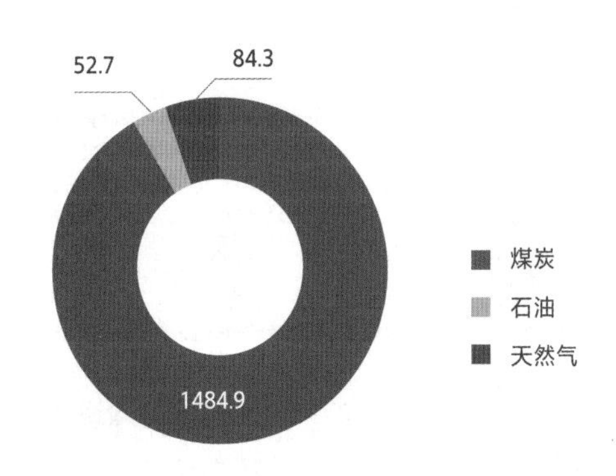

图 1-7 我国能源资源探明储量（亿吨标准煤）

（数据来源：国家统计局）

“富煤贫油少气”是我国基本国情，煤炭、石油、天然气探明资源储量分别占全球的 13.3%、1.5%、4.5%。煤炭作为我国第一大能源，长期发挥着保障能源安全的基础性作用，支撑了全球最大能源生产消费国的发展，但以煤为主的能源结构也给碳减排带来巨大压力。2022 年我国煤炭消费占一次能源比重比全球平均水平高 30 个百分点左右，在主要发达国家积极推动“去煤化”趋势下，作为全球煤炭生产消费第一大国，我国面临进一步强化煤炭减量替代、调整优化能源结构的巨大压力。

4 能源效率：能源节约型社会加快形成，但能效仍有巨大提升空间

◉ 能源效率显著提升

节能是“第一能源”，党的十八大以来，我国单位 GDP 能耗累计降低 26.4%，年均下降 3.3%，相当于少用能源约 14 亿吨标准煤，少排放 29.4 亿吨二氧化碳。2022 年，我国单位 GDP 能耗在此基础上再下降 0.1%，能源利用效率的提高有力缓解了能源供需矛盾，经济社会发展质量和效益持续提升。

◉ 部分领域能耗水平国际领先，整体能耗水平仍偏高

虽然我国单位 GDP 能耗总体呈下降趋势，但与全球平均水平和主要发达国家相比仍相对较高，2020 年我国单位 GDP 能耗为 3.4 吨标准煤 / 万美元，是全球平均水平的 1.5 倍，是主要发达国家的 2 ~ 4 倍。工业领域部分先进技术和产品能耗已达到国际领先水平，但受产业结构调整、重点行业节能力度、市场机制等多方面影响，整体能耗水平仍然偏高，完全释放经济发展潜力下提高能源效率面临巨大挑战。

表 1-1　1971 — 2021 年中国与世界主要发达国家能源强度对比　（单位：艾焦 / 万亿美元）

年份	全球	美国	欧盟	中国	德国	日本
1971	64.49	57.45	56.80	101.01	52.48	52.22
1973	51.08	51.37	40.53	82.81	35.88	33.73
1975	40.25	41.28	30.27	81.07	27.65	26.83
1978	32.16	32.70	23.53	111.51	20.24	15.01
1979	35.36	29.58	20.17	96.36	17.93	14.99
1980	24.66	26.15	17.73	90.92	16.06	13.89
1985	23.60	16.75	22.57	71.54	21.16	11.53
1990	15.10	13.65	9.69	79.19	8.53	6.00
1995	11.72	11.47	7.51	50.74	5.53	3.87
2000	11.73	9.32	8.90	35.07	7.36	4.52
2005	9.61	7.43	5.70	33.11	5.01	4.67
2010	7.64	6.21	4.52	17.18	4.07	3.69
2015	7.29	5.09	4.52	11.48	4.05	4.29
2020	6.64	4.24	3.73	10.05	3.21	3.40
2021	6.19	4.04	3.52	8.89	3.00	3.59

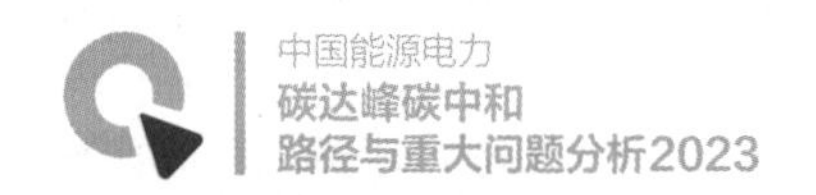

5 电力需求：增速高于能源需求，电力在能源领域重要性不断提升

◉ 电力需求持续增长，可靠性水平全球领先

2022 年我国全社会用电量 8.6 万亿千瓦时，较 2012 年增长 74.2%，年均增长 5.7%，较能源需求增速高约 4 个百分点。从用电结构来看，第一产业用电 1146 亿千瓦时，占比 1.3%；第二产业用电 5.7 万亿千瓦时，占比 66.3%；第三产业用电 1.5 万亿千瓦时，占比 17.4%；居民生活用电 1.3 万亿千瓦时，占比 15.1%。近年来我国用电量屡创新高背景下，电力供应区域性、时段性紧张问题时有发生，但整体上电力安全保障能力和可靠性均处于全球领先水平。

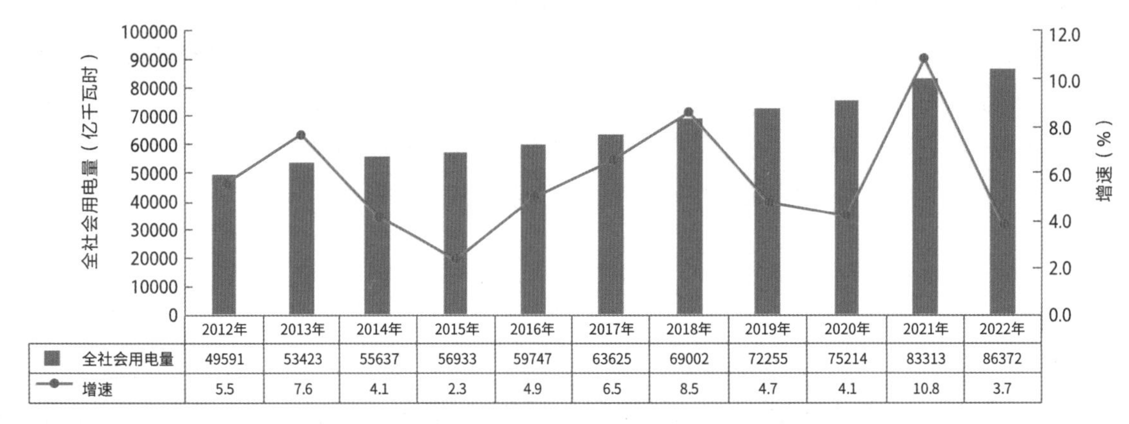

	2012年	2013年	2014年	2015年	2016年	2017年	2018年	2019年	2020年	2021年	2022年
全社会用电量	49591	53423	55637	56933	59747	63625	69002	72255	75214	83313	86372
增速	5.5	7.6	4.1	2.3	4.9	6.5	8.5	4.7	4.1	10.8	3.7

图 1-8　2012－2022 年中国全社会用电量及增速

◉ 电气化水平稳步提升，带动全行业用能形态改变

2022 年我国电能占终端能源消费的比重是 27%，比 2012 年增长 4.4 个百分点，高于世界平均水平。提高电力在终端能源消费中的比重，对于能源转型至关重要，在能源革命和数字革命双重驱动下，电气化发展已经超出电力行业的传统边界。电能替代深入重点行业工艺环节、融入关键领域用能转型，将拓宽终端用能电气化市场，并进一步带动重点行业和主要部门用能形态发生显著变化。

6 电力供应：新能源比重快速提升带来系统性挑战

◉ 电力供应结构持续清洁化，建成全球规模最大的清洁能源供应体系

我国电力供应能力持续增强，建成全球最大清洁发电体系。党的十八大以来，我国发电装机容量保持增长趋势。截至 2022 年底，我国累计装机容量从 2012 年的 11.5 亿千瓦增长到 25.6 亿千瓦，超过 G7 国家装机规模总和。2022 年我国发电量 8.8 万亿千瓦时，其中非化石能源发电量 3.1 万亿千瓦时，占比 35.2%。我国总发电量连续 11 年位居世界第一，比排名第二到第五的美国、印度、俄罗斯、日本四国相加之和还多，2022 年较 2012 年增加了约 3.8 万亿千瓦时。清洁能源发电快速发展，水电、风电、光伏发电装机规模稳居世界第一，2022 年我国清洁能源发电总装机容量突破 11 亿千瓦，比十年前增长了近 3 倍，占世界清洁能源装机总量的 30% 以上。风光新能源装机容量达到 7.6 亿千瓦，新增装机容量 1.2 亿千瓦，连续三年新增突破 1 亿千瓦。风电、光伏利用率分别达到 96.8% 和 98.3%，连续四年保持在 95% 以上。

◉ 新能源大规模接入带来的安全、成本等问题逐步凸显

随着新能源发电快速发展，可控电源占比下降，新能源“大装机、小电量”特性更加突出，传统电力系统安全稳定和供需平衡理论也面临重大挑战。在全球气候变暖背景下，随着极端天气出现的频次和强度明显增加，新能源发电出力的不稳定性会进一步加剧，风光小发时保障电力供应的难度极大。西北地区 2020 年第一轮寒潮中，最大负荷连续多日超过 1 亿千瓦，叠加冬季冷空气间歇期，新能源出力仅 200 万千瓦左右，不到装机容量的 3%。在东北地区，2021 年夏季，受“极热无风”特点影响，3500 万千瓦风电一度总出力不到装机容量的千分之一。

从利用成本看，新能源平价上网不等于平价利用，除新能源场站本体成本外，新能源利用成本还包括灵活性电源投资、系统调节运行成本、大电网扩展及补强投资、接网及配网投资等系统成本。近期随着新能源电量渗透率上升，系统成本显著增加；我国新能源发电量渗透率接近 14%，电力系统现有调节能力基本挖掘殆尽，对系统整体保供、调节能力需求快速提升，进入系统成本快速增长的临界点，进而对全社会用电成本产生影响。

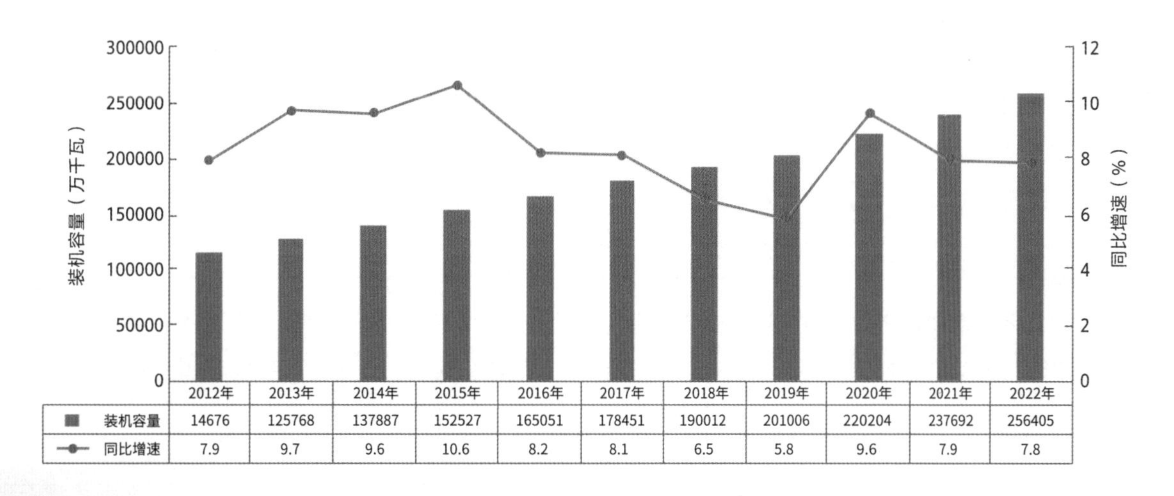

	2012年	2013年	2014年	2015年	2016年	2017年	2018年	2019年	2020年	2021年	2022年
装机容量	14676	125768	137887	152527	165051	178451	190012	201006	220204	237692	256405
同比增速	7.9	9.7	9.6	10.6	8.2	8.1	6.5	5.8	9.6	7.9	7.8

图 1-9 2012—2022 年全国发电装机容量及增速情况

7 资源配置：资源配置能力大幅增强，清洁能源开发外送仍面临难题

◉ 建成全球领先的能源资源配置基础设施网络

我国能源资源和需求逆向分布的格局决定了能源输送和配置对我国能源发展的重要性。经过多年发展，我国在成为世界第一大能源生产国的同时，建设了体系全面、配套完整、多样高效的能源资源配置基础设施，已形成了多种特色的大型能源基地，如煤炭基地、水电基地、煤电基地、新能源发电基地，也已形成横跨东西、纵贯南北、覆盖全国、连通海外的能源基础设施网络，有力保障经济社会发展用能需求。2022 年，全国煤炭铁路运输总能力超过 28.2 亿吨 / 年，油气“全国一张网”初步形成，管网规模超过 18 万千米，西北、东北、西南和海上四大油气进口战略通道进一步巩固；35 千伏及以上输电线路长度达到 226 万千米，建成投运特高压输电通道 33 条，西电东送规模接近 3 亿千瓦。2021 年底，我国已启动“三交九直”等跨省、跨区输电通道和配套电源一体化方案研究论证工作，12 项特高压工程大部分已进入预可研、可研阶段。2022 年初，我国又启动了以沙漠、戈壁、荒漠为重点的大型风电光伏基地送出多条特高压输电通道规划建设。

◉ 清洁能源开发外送仍面临巨大挑战

新能源大规模远距离输送面临通道走廊资源紧张、送端电源支撑能力不足、通道利用小时数与新能源利用率和输送清洁电量比重难以协调等诸多问题。

一是通道走廊资源方面，跨区输电通道沿线受城镇规划、矿区、生态敏感点等因素影响，不可避免地需途经走廊拥挤地段。特高压变电站 / 换流站占地较大，受地形、地质、交通等条件制约，选出满足工程建设需求的合适站址更加困难。近年来，随着特高压工程加速建设，变电站 / 换流站站址、输电线路走廊资源越来越紧张，与地方规划、自然保护区、环境敏感点等因素的矛盾愈发明显，而生态保护红线管控力度持续加大，环保水保依法合规的要求不断增强，导致站址和输电通道的落实难度不断增大。

二是安全稳定方面，目前常规特高压直流需强有力的同步支撑能力才能正常运行，这种能力只有大型水电、火电机组才能提供，目前输电通道配套电源仍难以离开传统电源，新能源弱支撑性制约其大规模输送能力。

三是通道利用方面，随通道输送新能源比重提高，新能源的随机性、波动性导致通道利用小时数持续下降，根据测算，输送清洁能源电量比重超过 50% 的通道，利用小时数仅能维持在 4000 ~ 4500 小时，同时若无送端大电网支撑，新能源利用率也难以维持在较高水平，带来新能源利用率、通道利用率、通道输送清洁电量比重的“三难”矛盾。

8 科技创新：面向未来的技术路径和创新方向布局国际竞争态势激烈

◉ 能源领域科技创新实现从“跟跑、并跑”向“创新、主导”加速转变

我国能源科技水平快速提升，技术进步成为推动能源发展动力变革的基础性力量。煤电超超临界机组实现自主开发并广泛应用，投运机组数量位居世界首位，煤电机组发电效率、资源利用水平、污染物排放控制水平、二氧化碳排放控制水平等均达到世界先进水平。成功研发制造全球最大单机容量 100 万千瓦水电机组，具备最大单机容量达 10 兆瓦的全系列风电机组制造能力，不断刷新光伏电池转换效率世界纪录。形成具有自主品牌的核电技术华龙一号、国和一号等三代压水堆和具有第四代特征的高温气冷堆先进核电技术。掌握了 1000 千伏特高压交流和 ±800 千伏、±1100 千伏特高压直流输电关键技术和标准体系，是世界上唯一掌握大规模推广建设特高压输电全套关键技术的国家。常规油气勘探开采技术达到国际先进水平，页岩油气勘探开发技术和装备水平大幅提升，天然气水合物试采取得成功，一大批能源新技术、新模式、新业态正在蓬勃兴起[4]。

◉ 面向未来能源科技国际竞争态势激烈

能源科技产业竞争已成为国际竞合的主战场之一，在部分领域高端技术和材料方面我国还存在创新能力不足情况，面向未来，新能源、非常规油气、先进核能、智慧能源、新型储能、氢能等新兴能源技术正以前所未有的速度加快迭代，成为全球能源转型变革的核心驱动力，谁占得先机就将抢占未来产业链的制高点。能源技术装备“补短板、锻长板”、潜在颠覆性技术攻关还面临着与“双碳”转型路径一体化战略设计、培育产业体系等一系列重大挑战。

9 产业发展：培育现代能源产业体系面临机遇和全方位挑战

◉ 完备的全产业链布局和规模最大的新能源产业

经过数十年发展，我国建立了涵盖勘探设计、设备制造、规划建设、运维管理、信息通信在内的完备的能源电力产业链，是全球为数不多具备能源全产业链生产制造能力的国家之一。尤其在清洁能源领域，产业链规模、技术和成本均全球领先。光伏产业链方面，2022 年中国硅料产能占全球的 87%，硅片产能占 97.9%，组件产能占 80.8%，过去 20 年成本降低 90% 以上。中国风能发电设备产能目前占全球的比例为 60% ~ 70%，在技术创新、规模效应的双重促进下，成本比 20 年前降低 70%。我国在特高压领域具备完整的技术标准体系，是世界上唯一掌握特高压输电全套关键技术的国家。

◉ 新一轮国际竞争中占据能源产业链高端位置和保障产业链供应链安全面临挑战

随着全球对清洁能源需求增长带来的巨大市场空间，能源产业正在成为下一轮国际竞争的焦点领域，对全球经济格局将产生深远影响，对我国既是机遇也是挑战。一是面向“双碳”的潜在颠覆性技术如氢能、新型储能、核能方面，全球主要国家均在布局并出台产业支持政策，如美国政府的《通胀削减法案》提出将投入 3690 亿美元用于其能源安全和气候变化投资（包括可再生电力、清洁交通、节能建筑和供应链基础设施），《两党基础设施法案》也提出要实施 620 亿美元清洁能源投资，在政策层面体现了推进能源转型的决心，相关投资将为电力系统脱碳提供经济基础支撑，有助于提振美国经济、带动低碳产业发展并在国际竞争中抢占先机。二是欧美积极推动能源供应链“去中国化”给中国能源产业发展和安全带来巨大挑战，如美国政府鼓励本土的能源产业和供应链企业，减少对中国的依赖，尤其是在稀土矿、锂电池等领域，同时以加征关税等方式限制对中国技术和产品的进出口，对中国能源产业发展造成巨大压力。三是风光储等新能源技术的快速发展同时也依赖锂钴镍稀土等关键矿产资源的供应，由于这些资源集中分布和供应链易受地缘政治和环境影响，存在供应不稳定和价格波动的风险。

10 能源治理：对治理体系和治理能力现代化提出更高要求

◉ 覆盖战略、规划、政策、标准、监管、服务的能源治理机制基本形成

党的十八大以来，我国能源治理机制持续完善，能源市场化改革的步伐明显加快。一是有序推进能源市场体系建设。进一步放宽能源领域外资市场准入，民间投资持续壮大，投资主体更加多元，例如发用电计划有序放开、交易机构独立规范运行、电力市场建设深入推进；加快推进油气勘查开采市场放开与矿业权流转、管网运营机制改革、原油进口动态管理等改革，完善油气交易中心建设。二是不断完善能源价格机制。推进能源价格市场化，进一步放开竞争性环节价格，出台了输配电、天然气管网等领域价格管理和成本监审办法，建立起约束和激励相结合的垄断行业价格监管制度。初步建立电力、油气网络环节科学定价制度。三是能源普遍服务水平显著提升。改进供能质量，改善贫困人口生产生活条件，增进人民福祉，2020 年，我国提前完成了“三区三州”、抵边村寨农网改造升级攻坚三年行动，显著改善了深度贫困地区 210 多个国家级贫困县、1900 多万群众的基本生产生活用电条件，实现了村村通动力电，农网供电可靠率达到 99.8%。四是创新能

源科学管理和优化服务。能源管理从原来的以行政计划和项目审批为主，向更加注重发挥能源战略、规划、政策和标准的引领作用转变，深化“放管服”改革、优化营商环境，强化能源市场监管，提升监管效能，促进各类市场主体公平竞争。五是健全能源法治体系。不断健全能源领域法律法规体系，加快推进能源法的立法，坚持能源立法同改革发展相衔接，及时修改和废止不适应改革发展要求的法律法规，依法全面履行政府职能。

◉ 能源国际合作全方位加强，引领全球能源治理体系变革

能源领域国际合作不断取得新突破，务实合作成果丰硕，为实现开放条件下能源安全和推动全球能源可持续发展奠定坚实基础。我国先后与 50 多个国家和地区建立政府间能源合作机制，与 30 多个能源类国际组织和多边机制建立合作关系，中俄、中国—中亚、中缅油气管道，巴西美丽山特高压直流输电，巴基斯坦恰希玛核电站等一大批标志性能源项目建成落地，能源企业不断发展壮大，国际化经营水平显著提升。从西北、西南、东北、海上等维度全面推进油气进口战略通道建设，并陆续取得重大成就，油气输送保障能力大幅提高，能源进口战略通道有效构筑。尤其是“一带一路”倡议提出以来，能源合作成果丰硕，油气合作上、中、下游全产业链呈现同步向好，清洁能源和新能源开发方兴未艾，沿线地区能源产业合作布局初步形成，双边多边能源合作机制逐步加强，能源国际合作进入新阶段。治理能力持续提升，成功主办“一带一路”能源部长会议、国际能源变革论坛、亚太经合组织能源部长会议、二十国集团能源部长会议、金砖国家能源部长会议等重要国际会议，推动进一步完善全球能源治理体系，逐渐从跟随参与到发挥重要作用，走上了绿色能源务实合作和全球能源治理变革双轮驱动的新道路[5]。

◉ 面向未来治理体系和治理能力现代化面临艰巨挑战

面向全面推进能源治理体系和治理能力现代化的新要求，如何充分发挥有为政府、有效市场作用，在法治轨道上进行有效治理是关键。一是如何构建碳治理体系是实现能源治理和气候治理协同的重要抓手，我国尚未建立完整、体系化的碳治理体系，要通过制定或优化气候变化相关制度、政策和法规，衔接好能耗“双控”向碳排放“双控”的转变，建立好碳排放核算管理及电碳协同机制，以最小化的治理成本、可持续化的治理方式、对不同利益的统筹兼顾实现碳减排目标。二是由于我国各地区经济水平、资源配置和产业结构存在较大差异，碳排放分配不公平等问题可能会进一步加剧地区与行业之间的不均衡发展，是“双碳”转型进程中需要重点关注的。三是“双碳”目标不仅象征着一个时代的进步，更是一场社会认知的革命，是对能源本质和价值潜能的全新理解与认识，各行各业都需要持续投入资金以进行低碳减排的技术研发、能效提升和电能替代等，但企业个体可能很难在短期内取得经济收益，产业链各环节直至终端消费者都将承受低碳减排带来的额外“绿色成本”，需要上到国家、中到企业、下到每个人，具备正确的理念并积极主动地参与，才有可能顺势迎来“双碳”目标下能源发展的新时代。

1.2 要求与挑战：中国式现代化与新型能源体系规划建设

中国式现代化是一种全新的人类文明形态，为破解现代社会发展难题提供了新思路、新方法。立足中国式现代化看能源电力发展，新征程上既有坚实的基础，也会遇到因系统结构形态变化带来的存量、增量并存叠加的各种可以预料和难以预料的难题与挑战。

党的二十大提出深入推进能源革命，加快规划建设新型能源体系。这是实现“双碳”目标、筑牢中国式现代化能源根基的核心举措。

从能源领域看，我国在能源结构、产业体系、工程技术、治理能力等方面的坚实基础，为实现碳达峰碳中和提供了重要保障，但面向筑牢中国式现代化的能源根基要求仍有较大差距。要彻底摆脱“高能耗、高排放、高污染”的传统工业文明发展范式，必须以规划建设新型能源体系实现能源生产利用模式的彻底变革、能源基础设施的重大升级、能源科技与产业国际竞合格局的全面重构。这要求将能源发展客观规律与我国资源禀赋、自然条件、发展阶段、产业结构、科技水平、社会制度等具体国情紧密联系起来，将“双碳”道路与百年未有之大变局下我国经济社会亟待解决的一系列重大实践问题紧密联系起来，解决好制约中国经济社会发展的能源战略性、瓶颈约束性问题，走出一条中国特色的能源电力“双碳”转型之路。

走出中国特色的
能源电力“双碳”转型之路

中国式现代化对新型能源体系规划建设提出的要求和挑战

中国式现代化是人口规模巨大、全体人民共同富裕、物质文明和精神文明相协调、人与自然和谐共生、走和平发展道路的现代化[6]，这五个方面的中国特色，既区别于西方资本主义现代化，也是对传统现代化的超越。**习近平总书记强调：“推进中国式现代化是一个系统工程，需要统筹兼顾、系统谋划、整体推进，正确处理好顶层设计与实践探索、战略与策略、守正与创新、效率与公平、活力与秩序、自立自强与对外开放等一系列重大关系。”**从系统论角度看，中国式现代化是典型的复杂系统工程，独特的展开方式、多元主体要素以及不同层次环境之间的交互作用给能源系统发展带来了理论和实践层面的重大机遇、要求和挑战，必须坚持守正创新、坚持问题导向，在能源电力“双碳”转型路径设计和新型能源体系规划建设过程中从战略全局层面加以谋划和解决。

从使命任务看，高质量发展是全面建设社会主义现代化国家的首要任务，也是中国式现代化的本质要求。要实现创新成为第一动力、协调成为内生特点、绿色成为普遍形态、开放成为必由之路、共享成为根本目的的高质量发展，不仅需要保持一定的经济增长速度，更需要把推动发展的立足点转到提高质量和效益上来，推动我国经济迈上更高质量、更有效率、更加公平、更可持续、更为安全的发展之路。能源作为经济社会发展的重要物质基础和全方位推动社会主义现代化强国建设的重要支撑领域，新型能源体系的规划建设要以安全经济低碳的能源供应推动经济发展质量变革，以提高能效和转变供用能模式推动经济发展效率变革，以培育现代能源产业推动经济发展动力变革，以能源要素融通互联、普惠服务、资源配置助力生态文明建设、经济发展、民生保障、共同富裕、区域协同等多重战略目标的协同实现。

从历史过程看，站在我国发展历史进程的坐标系上审视，中国式现代化体现了历史环境对全面建设社会主义现代化国家的深远影响，也直接决定了中国特色能源电力“双碳”转型的路径选择。一是庞大的人口基数和相对匮乏的人均资源带来能源消费刚性增长、生产要素保障的严峻挑战。巨大的系统规模一方面意味着广阔的市场和技术应用空间，同时量变将带来规模效应，使能源安全保障难度和复杂度产生质变，不能依赖单一能源品种和来源途径，考虑我国资源禀赋和能源系统发展现状，同时还要处理好存量资源改造和增量资源优化并存叠加的各种难题挑战。二是严峻的生态压力和后发国家的客观国情，注定了中国不能复制西方现代化发展之路，应坚持人与自然和谐共生所蕴含的价值理念和生态伦理，要走出引领经济社会绿色发展的能源现代化发展道路，将绿色低碳循环作为推动高质量发展的内在要求和自觉行动。

从未来演化看，中国式现代化赋予了我国能源转型新发展环境和新时代使命，涉及供给体系、消费模式、技术创新、产业结构、治理能力、价值观念等诸多层面的革新与挑战，这些层面相互协同的“化学反应”会进一步塑造出能源系统的运行规则以及宏观秩序。能源电力“双碳”转型路径的解决方案中要融入对“系统适应演化能力”的充分考量。这主要表现为从化石能源为主体向高比例可再生能源转变、从人工系统向与自然系统融合的系统转变（气象属性增强）、从以化石燃料为基础向以战略性矿产资源为基础转变、从相对稳定的渐变系统向加快由量变到质变的激进式变革系统转变、从相对封闭的系统向与工建交进一步深度融合的开放式系统转变、从一般性技术驱动系统向高度依赖科技创新的系统转变、从基础设施属性向兼具战略性产业属性的系统转变等。转型路径设计应把握好这些新型能源体系演化的自组织特征，是针对不断变化的环境、应对“黑天鹅”“灰犀牛”等不确定性挑战的关键。

从外部环境看，中国式现代化是走和平发展道路的现代化，要走出开放中合作与引领的能源现代化发展道路。世界百年未有之大变局加速演进，新一轮科技革命和产业变革深入发展，国际力量对比深刻调整，我国发展战略机遇和风险挑战并存。全球产业分工协作背景下能源安全保障和产业链供应链高质量发展离不开多元化国际合作，新型能源体系规划建设要顺应新一轮科技革命和产业革命，要在服务与融入新发展格局中，充分吸收全球优势生产要素向我国流入，助力实现开放条件下的能源安全、抢占全球能源科技与产业制高点，以及支撑构建全球能源治理新格局。

从时空秩序看，中国式现代化涉及领域千头万绪，“双碳”下不同方面之间秩序关系治理复杂度大幅升级。从能源低碳转型角度看，西方发达国家是一个先发展后治理的发展过程，工业化、城镇化，再到注重环境和碳排放、实现碳达峰，发展到目前水平用了二百多年时间，能源低碳转型未来以调结构为主。中国后发的发展模式，要把“失去的二百年”找回来，决定了我国发展必然是一个“并联式”的过程，能源低碳转型与工业化、信息化、城镇化、农业现代化是叠加发展的，大大增加了能源、经济、环境同步演化的不确定性和能源转型的复杂性，这将带来系统性的风险和挑战：能源电力碳排放峰值、碳达峰时间、减排节奏的选择不仅取决于自身条件和目标，也决定了工业、交通、建筑乃至整个经济社会的转型要求；能源转型成本、碳排放配额、能源资源优化配置等与区域协同、城乡协同等战略目标间需要协同。这需要在转型路径设计中同步考虑，建立健全与新型能源体系建设要求相适应的治理体系，厘清市场和政府的权责利界面，实现资源环境、经济发展、民生保障等多重战略目标下的政策协同，释放有为政府、有效市场的治理效能。

构建清洁低碳、安全充裕、经济高效、供需协同、灵活智能的新型电力系统是新型能源体系的核心内容

构建新型电力系统是新型能源体系的最核心内容之一，是能源生产绿色化、能源消费低碳化、能源产业高端化的平台枢纽。2021 年 3 月，中央财经委员会第九次会议首次提出构建新型电力系统，2023 年 7 月，中央全面深化改革委员会会议进一步强调，要加快构建清洁低碳、安全充裕、经济高效、供需协同、灵活智能的新型电力系统。构建新型电力系统是党中央从“两个大局”出发，着眼加强生态文明建设、保障国家能源安全、实现可持续发展，在新的历史起点做出的战略部署，为“双碳”目标下我国电力系统高质量发展提供中国路径和中国方案。

清洁低碳是高质量发展的核心目标，我国资源禀赋决定电力行业必须面对更多的减排与转型责任，要逐步形成清洁主导、电为中心的能源供应体系。电力行业将成为能源脱碳及新能源大规模发展利用的核心载体，新型电力系统需要减少对传统化石燃料的依赖，逐步形成清洁主导、电为中心的能源供应体系，推动清洁能源发电逐渐成为装机和电量主体，实现多元化、清洁化、低碳化。关键是加快发展非化石能源，预计 2030 年我国风电、太阳能发电等新能源发电装机规模将超过煤电，成为第一大电源；2060 年前新能源发电量占比有望超过 50%，成为电量主体。

安全充裕是高质量发展的底线要求和第一要务，要坚持先立后破，按照电力先行要求，在新能源安全可靠替代的基础上，有计划、分步骤逐步降低传统能源比重，确保电力供应安全性、可靠性和韧性。新能源资源具有随机性、波动性、低密度、分散性，使其发电出力时空分布极度不均衡且“高装机、低电量”，带来充裕性挑战，充裕性的内涵从单纯电力平衡向灵活调节、惯量支撑的充裕性延伸，而且具有时空差异性。从战略层面看，新能源和传统能源的关系尤为重要，既要保障基础用能，又要逐步替代传统能源，两者的关系需要统筹协调，平稳过渡。从规划层面看，需转变电力安全观，合理认识电力安全目标韧性化，电力系统规划要重视弹性和韧性建设，加强对极端气候、新能源连续低出力、惯量不足等事件的预防、抵御、响应，增强快速恢复供电的能力。从技术层面看，要加强新能源自身主动支撑能力，提升传统电源常态化灵活调节功能下运行效率，构建坚强智能大电网并提升微电网自平衡能力，挖掘需求侧资源潜力，构建安全防御体系，增强系统韧性、弹性和自愈能力。从机制层面看，电力系统的不确定性、开放性、复杂性增加，所要应对的极端事件增多，运行风险增大，需要建立风险管控机制，建立电力系统与社会系统、电力行业与其他行业的协防、协控机制。

经济高效是高质量发展的关键特征，要在满足能源需求的同时，提高能源利用效率，推动有效市场同有为政府更好结合，合理调控、疏导用能成本。当前可预见的技术条件下，新能源比重提升将不可避免地带来电力供应成本提高。为此，新型电力系统建设需要大力推动科技创新和产业升级，发挥好科技创新引领和战略支撑作用，加快电力产业数字化和智能化升级，推动系统效率大幅提高，降低电力供应成本。同时，一方面应发挥好政府引导作用，强化政策协同保障，综合考虑社会承受能力、产业扶持政策和技术进步，合理调整转型发展节奏；另一方面要通过市场化高效配置资源，充分反映电力系统内各类资源的绿色价值、安全保障价值、灵活调节价值，实现平稳可持续转型。

供需协同是高质量发展的基本要求，新型电力系统运行机理和平衡模式将发生深刻变化，需要系统全环节共同发力，实现电力供需匹配、各类能源互通互济、区域资源协同互补、生产生活方式与供应协同。推动新型电力系统建设是一项长期复杂的系统性工程，随着新能源占比逐步提升，源荷双侧呈现更加复杂的不确定性，能源电力系统的平衡和运行面临更加巨大的挑战，源网荷储全环节同步发力是基础。一是实现源网荷储高水平互动。电源、电网、负荷和储能之间通过源源互补、源网协调、网荷互动、网储互动和源荷互动等多种交互形式，更经济、高效和安全地提高电力系统功率动态平衡能力，实现能源资源最大化利用。二是多区域送受端跨区互动协同。完善电力跨区跨省协调互济机制，加强跨区、跨省余缺互济，持续提升输电通道利用率，形成大电网、微电网多种电网形态相融并存的格局。三是实施供给侧结构性改革，推动产业结构、生产生活方式与能源供应互动协同。综合考虑资源供给、市场需求、资源潜力、碳排放和环境容量等因素，推动产业布局与新型电力系统资源条件和供应能力相协同，强化生产生活方式及生产工艺流程与供应能力互动性，推动全产业链、全供应链、全价值链跨入绿色低碳发展新循环。

灵活智能是高质量发展的重要支撑，适应新能源随机性、波动性及各类新技术、新设备、多元负荷大规模接入，需要汇集电力系统及跨能源系统灵活资源，依托数字化、人工智能赋能，实现系统各环节互联互通、友好协同，推动能源全要素生产率大幅提升。新能源发电易受气候环境影响，出力不稳定，系统灵活性成为应对不确定性的关键。优先挖掘存量灵活资源潜力，加快推动火电灵活性改造、需求侧响应、新能源合理弃电、通道灵活运行等见效快、成本低、影响范围广的措施；对增量灵活调节电源，应注重统筹规划，实现规模、结构和布局的综合优化，并建立完善、反映灵活性资源价值的市场机制。同时，要实现高度数字化、智能化，实现对海量发供用对象的智能协调控制，实现源网荷储各要素友好协同，解决未来海量主体泛在、多维时空平衡、实时双向互动等带来的巨大难题。在能源生产、输送、消费各环节深度融合数字技术，通过先进的信息、通信、控制技术实现系统间数字层的互联互通，促进能源系统整体协调运行和智能控制。融合“智能 +”先进技术与“能源 +”先进业态，促进能源技术创新与能源业态模式创新。通过数据和机理驱动的人工智能技术，充分挖掘海量数据中蕴含的丰富价值，促进能源系统效益和效率的进一步提升，实现运营管理、调度运行的智慧决策。

能源电力“双碳”转型路径设计要坚持系统思维、底线思维、辩证思维

立足中国式现代化视野看新型能源体系和新型电力系统，相对于传统常规转型，科学合理设计能源电力“双碳”转型路径的方向、节奏、力度更具挑战。安全、经济、低碳在不同转型阶段作为多元化目标既有各自不同刚性要求，也有彼此影响的内在关系，需要根据不同阶段主要矛盾统筹考虑能源电力“双碳”转型的路径选择、节奏把握、强度控制，也需要能源供需与科技创新、能源安全、产业升级、治理体系等一体谋划。**这使得能源电力“双碳”转型路径设计成为一个高度不确定性下的多目标权衡和统筹优化问题，必须坚持系统思维、辩证思维、底线思维，才能做好对根本性、全局性、长远性问题的谋划和部署。**

一是坚持系统思维，多目标统筹兼顾。在推进新型能源体系和新型电力系统建设过程中，注重把握安全、经济、低碳多目标的系统性与协调性，能源经济性目标相对更有弹性，需要在保障合理用能成本情况下在合适时期做出适应性调整，并逐步探索挖掘用户侧不同可靠性需求，结合经济性优化制定差异化能源安全充裕性目标。在将顶层设计落实的过程中，也要避免思维与手段的片面性、单一性，同步构建好与顶层设计相契合的治理体系，协调好发展与安全、短期与长期、政府与市场等多重关系，引导多主体积极参与能源电力治理，推动能源行业关系走向协同共生，综合运用法律、行政、经济、科技多重手段协同共治防范化解危机，分阶段实现能源安全、经济、低碳目标在一定技术经济、体制机制条件下动态统筹平衡，要通过优化碳达峰时序、碳中和节奏来形成最大动态平衡可行域空间。

二是坚持底线思维，防范重大风险。碳减排与能源转型所潜在的风险与安全问题亟待破解。当前我国面临对外依存度过高、通道安全等固有能源安全风险，而随着“双碳”的深入推进，又面临供给安全风险、资源安全风险、科技安全风险、供应链产业链安全风险、国际市场合作风险等新变化。转型引发新增成本无法疏导带来的可持续发展挑战，以及连续出现去煤、极端天气等引发的电力短缺，均给经济社会发展带来了潜在风险与安全问题。同时，随着能源系统低碳转型，能源安全重心持续向电力行业转移集聚，新型电力系统在源网荷储多个环节均面临运行机理、控制机理、平衡方式及其背后理论与方法的重大改变。如何统筹短期与长远，破解能源转型所面临的风险和安全挑战具有极大现实意义。能源电力“双碳”转型路径设计要深刻认识能源系统转型风险所呈现的复杂化、动态化和系统化的总体特征，设置好底线，切实有效降低各类型风险的发生概率。

三是坚持辩证思维，洞察主要矛盾。影响转型路径的因素千头万绪，辩证思维是化解矛盾、破解难题最重要的思维方法，也就是在直面能源电力发展中遇到的各种问题时，要树立对立统一的思维，坚持矛盾和发展的观点，找准主要矛盾和次要矛盾，准确把握能源电力产业发展的客观规律。从长时间尺度看，要以产业结构和能源结构的双升级为核心，牢牢抓住能源电力转型的“牛鼻子”；从转型节奏看，绝非简单地用一种能源取代另一种能源，而是让传统能源也能彰显清洁高效价值，立足现实，循序渐进，稳住能源电力供应的“基本盘”。

1.3 主线、原则、重点：转型路径设计的“1+3+6”体系

按照“1 条主线 +3 大原则 +6 个重点”，系统设计能源转型路径，注重路径设计的整体性、协同性，在能源发展多目标中寻求动态平衡，分阶段、有侧重、平稳地推进能源低碳转型，在统筹兼顾中协调处理好碳达峰碳中和过程中各方面各领域的关系，走出一条有韧性的能源电力“双碳”转型道路。

一条主线：产业体系与能源体系双升级

实现碳达峰碳中和是产业结构调整和能源体系优化同频共振的过程，本报告抓住我国产业结构调整和能源体系升级这一主要矛盾，设置关键情景开展探讨分析。影响能源转型路径的不确定性因素众多，产业结构调整是衡量经济发展水平和体现国民经济整体素质的最重要标志，也是降碳的关键措施。不同的经济发展模式对应着不同的产业结构，直接影响能效水平、用能方式和能源消费总量，也将带来相应条件下全社会最优的新型能源体系建设模式和能源电力的结构演化。这实质是在一定碳排放配额下，对工业、交通、建筑与能源、电力行业转型责任的分配问题，也意味着各行业不同的压力和最终不同的综合效果。

主要发达国家早年实现碳达峰主要靠产业结构调整，当时欧美各国能源结构调整和碳汇的贡献不大，且达峰后经历了漫长平台期才开始进入缓慢自然下降阶段，并进入以资金、技术密集型的第三产业为主的阶段，通过产业梯度转移，向其他国家和地区转移高耗能、高排放产业，全社会能效水平较高，工业过程等非能源排放占比非常低。通过能源自身可实现中和，甚至未来依靠自然碳汇后能源自身不中和也可实现全社会碳中和，整体转型压力远低于高制造业占比国家。

中国与欧美发达国家“双碳”转型路径的关键差异就在于如何考虑产业结构调整及相应能源体系演化。2008 年金融危机后，我国制造业占 GDP 比重从 32.12% 下降到 2020 年的 26.18%，制造业占比的快速下降不利于制造强国战略的实现，为巩固壮大实体经济发展根基，《中华人民共和国国民经济和社会发展第十四个五年规划和 2035 年远景目标纲要》明确提出要“保持制造业比重基本稳定”。我国要在确保制造业占比稳定、工业体系完整度不被破坏的情况下开拓新的工业化道路，这种差异导致调整产业结构降低碳排放强度的难度会大于发达国家，并将对我国经济社会发展模式以及工交建各部门和能源电力转型路径产生深远影响。

三大原则：统筹发展与减排、统筹安全与减排、统筹成本与减排

统筹发展与减排

习近平总书记强调，“减排不是减生产力，也不是不排放，而是要走生态优先、绿色低碳发展道路，在经济发展中促进绿色转型、在绿色转型中实现更大发展”，必须坚持系统观念和辩证观念，在转型路径设计中动态地认识和把握发展与减排的关系。

动态平衡好减排节奏和发展空间。减排目标倒逼下既需要主动达峰，也必须满足经济发展所需环境空间、考虑产业升级可行节奏，面临较大统筹平衡压力。在转型路径设计过程中要统筹考虑经济发展空间、代际公平、社会投入产出，科学考虑能源消费与碳排放达峰时间、峰值目标，合理设计达峰到中和的减排节奏，实现动态平衡；把握好碳达峰、碳中和紧密相关而又特点各异的过程特征，既要避免“攀高峰”过高峰值带来巨大的中和压力和资产浪费，又要注意不能通过压减发展空间搞“一刀切”和“运动式”减碳，切实做到“稳妥有序、安全降碳”。

路径设计考虑化减排为实现高质量发展的动力。一方面，在传统产业的转型路径设计中，根据技术发展节奏统筹考虑工业、交通、建筑等部门的用能绿色转型升级；另一方面，在产业结构布局调整中推动以技术创新开辟能源产业发展新赛道，发展低碳技术等新兴产业，加快新旧动能转换，将碳作为资源要素打造碳循环经济发展模式，并考虑对能源系统形态及平衡模式的影响，优化能源转型路径[6]。

统筹安全与减排

“双碳”转型进程中，能源发展约束在增多增强、安全问题牵涉面甚广、安全态势日趋严峻，潜在的系统性风险是最大安全挑战。这要求在转型路径设计中综合考虑系统性的应对方略，坚决贯彻能源安全新战略，从长远方位出发谋划保障能源安全。

考虑资源禀赋，坚持先立后破。传统能源逐步退出要建立在新能源安全可靠的替代基础上。我国以煤为主的能源结构短期内难以发生根本性改变，煤炭中长期来看都将是保障能源安全的重要基石，要充分发挥煤炭的兜底保障作用，推动煤炭与新能源优化组合，提高新能源主动支撑能力，构建多元化清洁能源供应体系，切实保障能源供应安全。

统筹考虑降低油气对外依存度和电力转型压力。油气对外依存度问题一定时期内仍将是保障我国能源安全的重点。以新能源为抓手，加快供给侧清洁替代和需求侧电能替代，有利于调整优化当前以油气资源为基础的能源地缘政治格局。与此同时，也将降低油气对外依存度的外部压力传导至新型电力系统建设进程中，在转型路径设计中要统筹考虑电力生产结构与布局深刻调整、高比例新能源电力系统下电力电量平衡保障、电网安全稳定运行保障、电力产业链供应链安全稳定可控等系列考验与挑战。

立足大国竞争考虑转型中的产业安全。低碳经济是影响未来大国综合国力的重大变量，也是影响技术、产业发展制高点的代表性因素之一。未来的能源产业，特别是新型电力系统产业，需要立足大国竞争高度重视产业发展安全，做出总体、长期谋划，实现产业的主动安全。这个安全不仅仅是“卡脖子”问题、断链问题，而是要在未来培育形成一个集群式发展、多产业链供应链并存、有韧性裕度的新型电力系统产业，同时也要重视化解传统能源退出带来的就业等风险。

重视同步重塑过程中治理不协同对能源安全带来的潜在影响。新发展格局构建过程中，包括产业西移、区域协同发展等带来的经济布局的调整，要求能源系统布局能够跟上，最好超前，但彼此的不协同就会带来风险。而且，如“双控”制度变迁，如果制度设计、指标分配不能与各地区经济发展、碳减排节奏等协同，也会给部分地区电力保供等带来较大挑战。这需要坚持经济布局、能源布局一体化同步规划，实现能源适度先行。

统筹成本与减排

破解减碳与经济承受力的矛盾，必须在转型路径设计中立足长时间尺度，深刻把握碳减排与成本变化的关系及其动态变化趋势，从顶层设计、统筹减排责任与历史周期、开辟新增长空间和探索新模式新业态等更高站位实现破解，走出一条经济社会可承受的能源“双碳”转型之路。

提升社会各方对绿色价值的认同，合理疏导内部化环境成本。绿水青山就是金山银山，培育和树立绿色价值观，是对传统经济发展价值偏好的深刻革命。以绿色价值观引领绿色发展，需要政府、企业和个人等多方共同努力，提升对绿色价值的认同。当前新能源发电绿色价值主要通过政府补贴体现，随着平价上网到来，可再生能源配额制、绿色电力交易证书将是践行绿色价值观的重要体现，未来还需进一步创新发展绿色金融政策和市场化交易机制，实现绿色转型发展的成本代价在于社会各方间的有效疏导。

统筹不同时期技术进步、碳减排目标与社会经济承受能力的动态平衡和优化。我国碳减排是一个长期过程，需要做好碳减排目标在不同时期内的统筹协调工作。未来，考虑国民经济发展、收入水平提高等带来社会对绿色价值附加成本承受能力提升，以及绿色低碳技术发展带来成本下降的双重叠加作用，需要以系统观念，在整个历史发展周期内，从碳减排、技术进步、成本等多重目标中寻求动态平衡。

加强原始创新，努力寻求颠覆性技术突破所开辟的低碳转型成本下降空间。充分发挥科技创新的引领带动作用，努力在原始创新上取得新突破，尤其是加强清洁能源生产消费领域、碳汇领域的颠覆性技术突破，在现有以新能源为核心的技术路线基础上，提供更加灵活多样的低碳转型路径选择，为低碳转型创造更大的成本可能下降空间。

积极探索碳循环经济新模式新业态，助力绿色低碳转型发展降本增效。坚持可持续发展理念，以资源的高效利用和循环利用为核心，努力推动自然碳循环链与工业、农业等产业链深度融合，探索“碳 — 产品 — 消费 — 再生资源”的碳元素闭环流动的循环经济模式，通过模式业态创新实现低消耗、低排放、高效率目标，推动绿色低碳转型可持续发展。碳要素进入循环经济系统后，会对能源电力规划模型的经济性优化目标产生影响，同时也会导致碳排放约束更加复杂。因此，在设计转型路径时，需要考虑多个维度的目标，包括保障供给、消纳新能源、降低碳排放以及经济效益等。同时，还要考虑复杂的能源流网络约束，以便更加优化设计出最合适的转型方案。

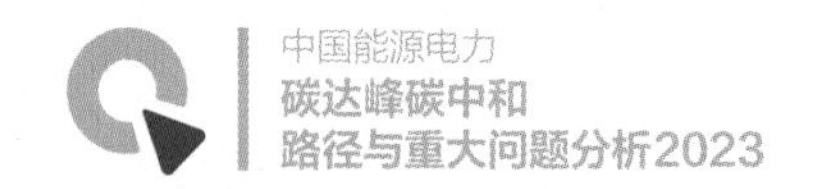

六大重点：科技创新、产业升级、节能提效、清洁供应、矿产资源、治理体系与转型路径的一体化布局

综合来看，走多目标统筹的能源高质量发展道路，需要坚持系统观念，从基本国情出发，围绕“双碳”路径的主线和基本原则，从科技创新、产业升级、节能提效、清洁供应、关键矿产、治理能力六方面共同发力和一体化布局，走出一条能源安全高水平、生态环境高质量、转型成本可承受、转型成果全民共享的中国特色能源电力“双碳”转型之路。

1 强化能源科技创新与转型路径一体化布局

科技创新是“双碳”转型的第一动力，能源转型的路径和节奏与科技创新的方向和时点相互依赖、相互影响，转型路径设计过程中需要二者立足一体化思考动态调整。一方面，能源科技创新具有显著不确定性，未来关键低碳技术的线路布局、突破方向、突破时点及性能指标均会对转型路径带来“切换式”影响，能源系统科技创新的战略布局影响着“双碳”推进的路径设计、节奏权衡、转型成本与技术风险；同时，“双碳”路径的规划也是基于一定技术进步预期，对各类能源品种的技术路线、创新重点、突破时点、技术成熟度、技术经济性有具体要求，需要一体布局整体优化。需要前瞻性思考技术创新和转型进程面临的多重不确定性风险，全局性谋划关键技术科研攻关和“双碳”转型节奏，整体性推进科技创新与“双碳”转型工作。

2 以产业升级驱动能源高质量发展

现代化产业体系是社会主义现代化强国建设的关键，实施碳达峰碳中和的核心目标之一是培育现代能源经济，转型路径设计要以产业转型升级为引领并充分考虑产业布局与国家区域协同发展等重大战略协同。一是要以完善现代基础设施体系建设保障能源安全和提高能源资源配置效率，重点解决在保障能力建设、结构接续调整、安全稳定运营等方面的挑战。二是要对能源电力产业形态的重大变化、在经济社会中发展定位的变化有充分的认识，以产业升级驱动能源高质量发展。三是需要重点考虑新型能源体系与国家重大生产力布局的相互影响，实现其与国家重大生产力布局、产业结构转移接续安排以及各地区差异化生产生活方式带来的不同用能方式等的统筹衔接。

3 充分发挥节能提效“第一能源”效应

作为能源消费规模世界最大且仍在增长的国家，节能降耗在“双碳”转型中的重要性和紧迫性日益提高，转型路径设计要在工业、交通、建筑等各领域共同发力，加快工艺流程和新产品技术创新，实现低碳替代技术的突破和推广应用。加强碳意识培养和宣传教育，形成以生态环境的高水平保护、资源的节约高效循环利用、发展成果的公平分配、经济社会的可持续发展为特征的经济社会发展方式和生产生活的行为理念。

4 以煤炭和新能源优化组合构建多元化清洁能源供应体系

转型路径设计要充分考虑我国国情和资源禀赋，满足 14 亿人口现代化带来的巨大低碳能源消费需求，能源转型不能押宝在某一类技术路线上，同时我国的巨大能源市场容量也具备验证和容纳多种技术发展的条件。转型路径设计中，新能源要实现大规模高质量发展，同时处理好煤炭发展问题影响我国能源转型成败，煤炭和新能源的优化组合是能源供应多元化的重中之重。应综合考虑电力供应保障和系统灵活调节资源需求，协调煤电退出规模、节奏与新能源发展，为新能源发展腾出电量空间的同时提供灵活调节能力和确保能源供给安全，并通过发展煤电高效清洁利用技术和 CCUS 技术，逐步实现自身清洁化，推动煤电规模低碳化和与可再生能源的协同发展，为我国低碳转型保驾护航。

5 超前谋划，破解转型路径的关键矿产资源瓶颈

随着能源电力系统的物质基础从化石能源向矿产资源转变，矿产将成为路径规划新约束，我国部分关键矿产的资源禀赋不佳，“双碳”下的能源转型路径需将矿产作为新边界条件，考虑矿产的制约程度、供给风险、开发利用模式创新以及对技术路线的影响；要将矿产循环经济的理念融入“双碳”转型路径设计，从全生命周期入手，全方位将能源、原材料、设计、供应链、市场、产品、回收纳入循环体系。

6 优化碳减排顶层设计，提升能源治理能力现代化水平

能源治理体系和治理能力现代化是能源改革发展的根本保障。一是转型路径设计要从地区、行业、时期三个维度，统筹好碳预算、碳强度、能源强度、经济社会发展等整体和局部目标的关系。综合考虑国际竞争、产业培育、技术创新、成本收益、行业间排放转移等因素统筹决策各地区和行业间的碳预算分配。二是做好电力平均排放因子分析等碳核算基础工作，建立科学合理的碳核算与治理体系。三是有为政府和有效市场相结合，完善市场和政策机制，优化适应市场发挥配置资源决定性作用的治理模式，增强“双控”等关键政策机制与地方经济发展、能源转型的一体化布局、协同设计能力。四是将能源治理法治化作为推动新型能源体系建设和能源治理能力现代化的基本工作方式。

（**本章撰写人：**鲁刚、元博、夏鹏、冯君淑 **审核人：**郭健翔）

02

能源电力
碳达峰碳中和路径

实现“双碳”目标，必须坚持系统观念，统筹不同部门、行业减排时序责任，设计整体最优的全社会转型路径。本报告以能源结构和产业结构“双升级”为关键考量，构建三个“双碳”转型情景：产业稳步调整 – 能源结构深度调整、产业中度调整 – 能源结构中度调整（基准情景）、产业深度升级 – 能源结构稳步调整。不同产业结构调整模式将对终端用能需求、用能模式和能效水平等产生决定性影响，继而对不同行业、部门脱碳技术发展以及能源供给侧转型力度提出不同要求，对国家层面各类资源、技术、政策投入要求差异也极大，需要从全社会转型路径最优角度统筹考虑。本报告基于情景分析，从全社会角度研判不同情景下的达峰中和路径、各部门减排压力、转型时序、技术要求、转型成本等优势、劣势及关键问题，研判适应不同经济社会发展模式的最优能源电力转型路径，总结展望“双碳”目标下中国能源电力转型关键趋势。

2.1 情景设计

情景设置

1

碳中和情景路径设计思路

本报告以2060年我国全社会实现碳中和为核心目标，统筹优化能源消费侧与能源供给侧的转型时序关系，综合考虑终端部门产业结构调整、能源低碳技术进步、自然碳汇水平等要素，构建了产业稳步调整 — 能源结构深度调整、产业中度调整 — 能源结构中度调整（基准情景）、产业深度升级 — 能源结构稳步调整三大情景。三种转型发展情景均以 2030 年实现碳达峰、2060 年实现碳中和为重要边界条件，通过能源需求侧节能提效、供给侧多元化清洁供应等措施的优化组合，展望实现“双碳”目标下不同经济社会发展模式和能源转型路径。

2

三种情景的主要边界设定

三种情景以产业结构调整升级的快慢程度作为主要边界条件，同时考虑人口、城镇化、工艺能效优化提升、技术进步等，为社会经济系统的能源消费变化提供驱动因素。 经济增速方面，当前至 2035 年年均增速 4.5%，2060 年降至 3%。城镇化率在 2030 年提升至 65%，2060 年达到 77%。人口是经济社会发展的基本要素，是能源消费和碳排放的主要驱动因素之一。设定中国人口在 2030 年左右达到峰值 14.3 亿，之后缓慢下降，2060 年降至 13.3 亿。在情景设计时，本报告重点考虑能源结构和产业结构“双升级”。对需求侧，产业结构的升级意味着从传统的劳动密集型、资源依赖型产业向自主创新、智能化、信息化产业升级。对供给侧，能源结构的升级意味着从重污染、高耗能、低效率的传统能源向清洁、绿色、低碳的新能源转型。产业稳步调整情景中，产业结构调整升级按照当前的演化趋势继续进行，到 2060 年达到中等发达国家的产业结构水平；基准情景中，产业结构调整升级加速演进，到 2060 年达到高度发达国家的产业结构水平；产业深度升级情景中，产业结构深度升级，知识型服务业成为中国经济增长的重要推动力，到 2060 年达到最发达国家的产业结构水平，详细边界参数见表 2-2。

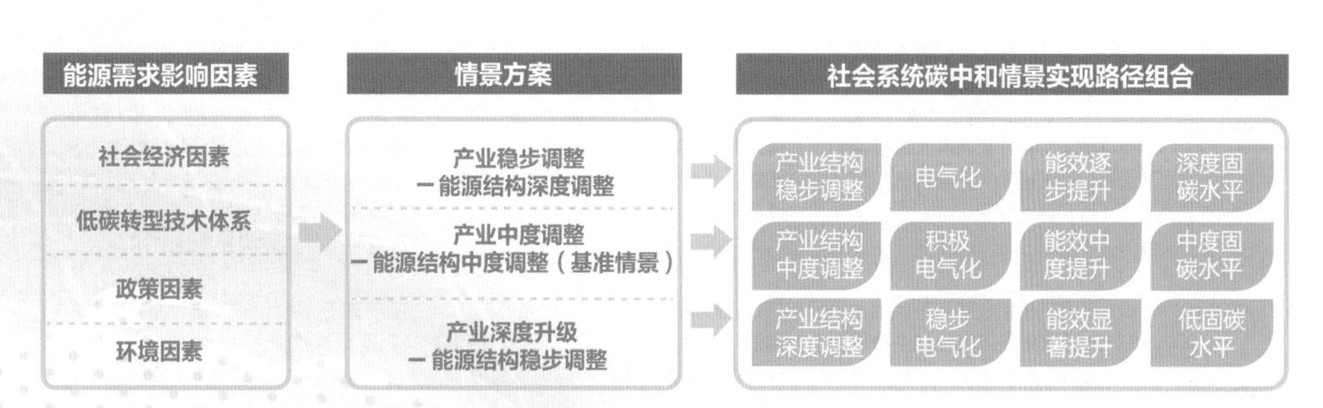

图 2-1　情景设计框架

表 2-1 情景设计思路

情景	产业稳步调整情景	基准情景	产业深度升级情景
情景基本描述	我国产业结构调整速度较基准情景放慢，实体经济比重较基准情景进一步提升，高技术新兴产业快速发展，工业部门工艺结构优化和电气化水平要求显著提升，能效水平稳步提升但相对其他情景较低；化工等高耗能行业同步配置高水平的固碳装置，工业过程排放将挤占更多排放空间；保留完整工业体系和较高比例制造业，高耗能产业相对转移量最小，工业产品生产能力最强，我国实现从制造业大国向高端制造业强国变。多元化、可持续性的能源供应体系逐步形成，清洁能源比重显著提升，对传统化石能源的依赖程度稳步下降	我国按照现行政策引导产业结构调整，工业仍然作为重要的经济助推剂为我国经济提供长期驱动力，高技术新兴产业加速发展，发展服务型制造新模式，高质量发展成为中国经济增长的鲜明标志；传统高耗能产业通过控制产能和存量，逐步实现优势重构、产能替换和系统优化，能效水平得到显著提升；在保留完整工业体系前提下，部分高耗能产业淘汰并向外转移，同步配置一定水平的固碳装置，工业过程排放显著降低；我国实现向新一代信息技术与先进制造技术深度融合的清洁、节能型高端制造业强国转变	积极调整和优化产业结构成为我国经济社会发展和减碳的重中之重，能效水平大幅提升。大力支持知识创新和科技创新，通过向产业链上下游环节拓展，不断增加服务要素在投入和产出中的比重，从以生产制造为主向“制造服务”转型，从单纯出售产品向出售“产品服务”转变，主要依托技术创新延伸和提升价值链，提高产品附加值和市场占有率，全面融入全球产业链分工，保障制造业核心竞争力。工业部门重点构建智能化、数字化生产体系推动能源利用方式实现根本变革，工业过程排放极低；在保留完整工业体系前提下，高耗能产业向国外转移相对较多，我国进入世界制造业强国行列
产业结构调整水平	到 2035 年，制造业整体素质稳步提升，第二产业比重占比降至 34%；2035 年后，我国进入开启全面建设现代化强国阶段，智能制造和服务业得到进一步发展，到 2060 年我国产业结构中第二产业和制造业比重较当前有所下降但仍显著高于发达国家平均水平，三次产业结构由 2020 年的 8 ∶ 37 ∶ 55 调整为 2060 年的 3 ∶ 33 ∶ 64	到 2035 年，制造业整体素质大幅提升，第二产业比重占比降至 32%；2035 年后，生产性服务业得到进一步发展，到 2060 年我国产业结构中第二产业和制造业仍高于当前发达国家水平，三次产业结构演变为 2 ∶ 23 ∶ 74	第三产业比重稳步提升，到 2035 年将突破 68%；2035 年后，我国进入服务型制造强国行列，成为全球高端制造技术供给者，到 2060 年我国三次产业结构演变为 3 ∶ 16 ∶ 81
能源电力需求	高	中	低
能效水平	稳步提升	显著提升	大幅提升
技术进步	电炉钢、再生铝等循环技术水平大幅提高，煤炉炼钢得到有序替代，工业能效达到中等发达国家水平；交通部门新能源汽车得到快速发展，电动汽车、氢燃料汽车在民用和货运领域得到广泛应用	工业结构加快升级，传统资源密集型、环境污染型产业空间逐渐收缩钢铁、水泥等去过剩产能、调结构等措施效果显著。交通部门新能源汽车得到稳步发展，电动汽车、氢燃料汽车在民用和货运领域得到广泛应用	数字化智能技术在工业领域得到快速发展与应用。高端机械制造业、新材料、新能源产业等领域技术实现重大突破，工业机器人、3D 打印机等智能设备在工业领域得到广泛应用；交通部门新能源汽车得到稳步发展，电动汽车、氢燃料汽车在民用和货运领域得到广泛应用
CCUS 技术	CCUS等固碳技术在终端高耗能部门得到大规模商业化应用；生物质掺烧和生物质碳捕集技术（Coupling coal-bioenergy systems with carbon capture and storage, CBECCS）等负碳技术在电力部门得到大规模应用	CCUS 等固碳技术在终端和电力部门得到广泛商业应用；CBECCS 等负碳技术在电力部门得到中等规模应用	在终端应用水平较低，煤电实现 CCUS 深度改造

续表

情景	产业稳步调整情景	基准情景	产业深度升级情景
电气化水平	电气化水平大幅提升，氢能在工业和交通领域得到应用	电气化水平显著提升	电气化水平相对较低
能源电力行业减排压力	由于整体 GDP 能效相对较低并且工业过程排放将挤占更多排放空间，2060 年需要实现负碳助力全社会碳中和，能源电力行业低碳转型压力和责任大幅增加，倒逼新型电力系统相关技术加速发展	全社会碳中和时工业过程和农业排放与自然碳汇基本平衡，能源电力自身实现碳中和情况以助力全社会实现碳中和	由于能效水平大幅提升，能源电力需求较基准情景降低，且工业过程排放低，2060 年自然碳汇对解决能源排放贡献较高，能源电力系统转型压力相对较低，全社会碳中和时仍可有一定排放裕度
经济—能源—碳排放脱钩水平	低	中	高

研究工具

本报告应用国网能源电力规划实验室自主研发的“中国能源经济环境系统优化模型”和“多区域电源与电力流优化系统 GESP”开展不同情景下能源电力转型路径优化和量化分析。

◎ 中国能源经济环境系统优化模型

基于中国能源经济环境系统优化模型开展中长期终端、一次能源需求预测，刻画重点部门减排路径和“经济—能源—环境—排放”等多系统相互影响的联动效应。终端需求预测方面，构建工业、建筑、交通、农业四部门模型，实现“双碳”目标约束下中长期终端用能的定量分析预测；一次能源发展方面，在终端能源需求预测基础上，考虑能源加工转换环节投入和损失进行测算；碳减排方面，研究工业、建筑、交通、农业、能源等部门的排放路径分析，刻画“经济—能源—环境—排放”等多系统联动影响效应。

◎ 多区域电源与电力流优化系统 GESP

GESP- 双碳版以含新能源的多区域电力规划模型为核心，综合了电力需求预测、电源规划、生产模拟、政策分析等系统工具，可开展电源发展规模布局、电力流向规模、传统电源 CCUS 改造捕集规模和电力碳减排路径优化分析。

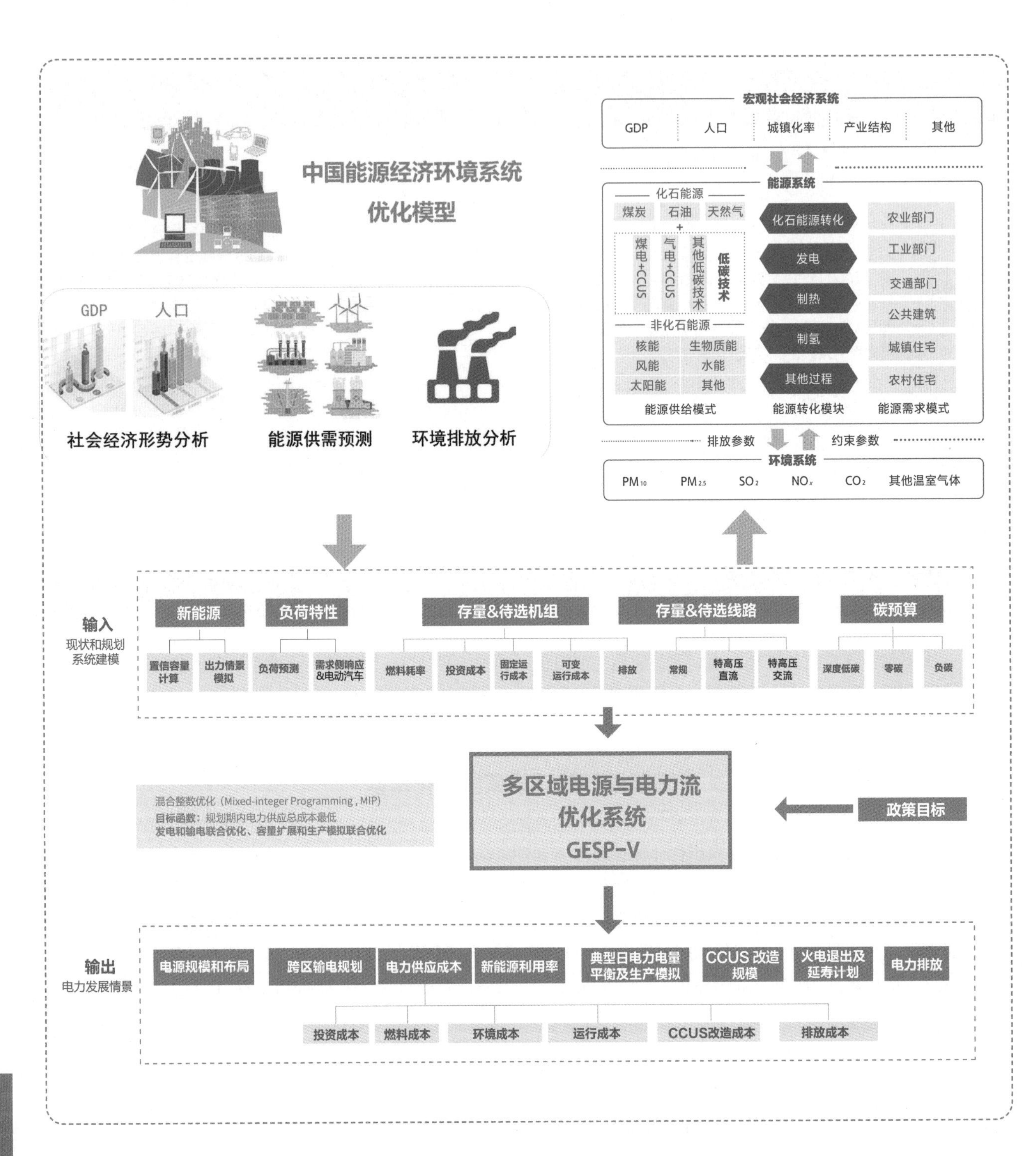

图 2-2 “双碳”研究模型工具

主要边界条件

表 2-2　基准情景 2020—2060 年社会经济发展边界设置

项 目	2020 年	2030 年	2035 年	2050 年	2060 年
人口（亿）	14.1	14.3	14.2	13.8	13.3
GDP 增速（%）	5	4.8	4.5	3.5	3
城镇化率（%）	63.9	65	68.5	75	77
人均 GDP（万元）	7.18	11.6	14.8	27.5	39.5
陆地自然碳汇量（亿吨）	12.8	13.2	13.2	13.3	13.7
海洋碳汇（亿吨）	1.0	1.2	1.2	1.3	1.5
能源结构目标	2030 年非化石能源消费占一次能源消费比重达到 25% 以上，2060 年达到 80% 以上				
碳排放约束	2030 年碳达峰、2060 年碳中和，2030 年单位 GDP 二氧化碳排放比 2005 年下降 65% 以上				
能源资源	化石能源方面，煤炭资源潜力丰富，石油最高年产量2.2亿吨左右，天然气可开采量达到3500亿米^3。 非化石能源方面，西南水电待开发规模约1.3亿千瓦，是未来开发的重点，核电开发潜力可达4亿～5亿千瓦，风能、太阳能资源丰富，可开发资源量超过100亿千瓦，根据中美两国共同发表《关于加强合作应对气候危机的阳光之乡声明》，争取到2030年全球可再生能源装机容量增至3倍				

注　碳汇参数主要参考中国科学院《统筹全国力量，尽快形成面向碳中和目标的技术研发体系》研究报告。

◉ 电力系统各类技术发展技术经济性

火电方面，考虑煤电、气电等火电设备制造和厂站建设工艺已较为成熟，机组单位造价近年来稳定在较低水平，未来下降空间有限。

新能源方面，2020－2030 年单位千瓦造价年均降低 2.5%，2030 年后年均降低 0.5%。

新型储能方面，2020－2035 年单位千瓦时造价年均降低 2.8%，2035 年后年均下降 0.8%。

氢能方面，2060 年电制氢用电量达到 2 万亿千瓦时，技术以可适应可再生能源波动的制氢技术为主。

CCUS 方面，捕集效率持续提升，设备改造成本、运输和捕集成本持续下降，2030、2060 年单位捕集成本较 2020 年下降 20% 和 65% 以上。

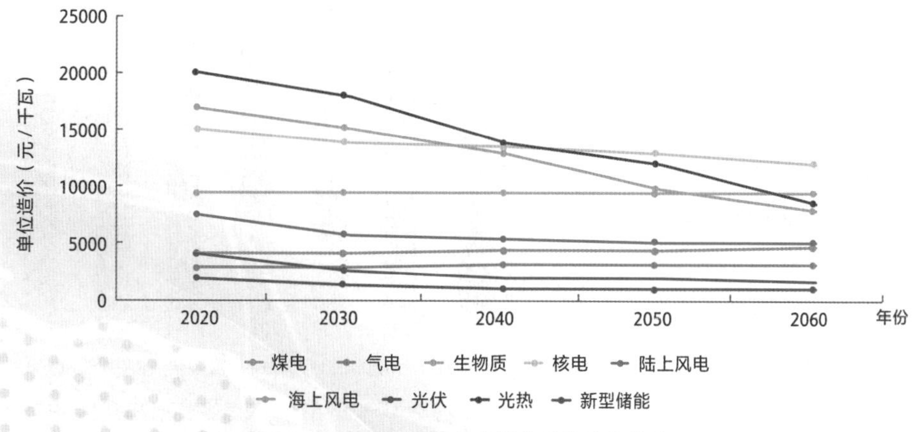

图 2-3　不同类型发电技术单位造价演化趋势

2.2 能源电力转型路径

终端能源消费转型路径

(1)总体转型路径

能源消费转型是实现碳达峰碳中和目标的重中之重，我国能源消费结构和模式将发生根本变革，能源消费从粗放式增长向绿色节能方向转变。一方面，通过产业结构优化升级和节能技术的广泛应用，能源消费总量与强度得到有效控制，社会经济实现高质量发展；另一方面，碳基能源逐渐被电力等清洁能源替代，电气化水平显著提升，能源消费结构加速向清洁低碳方向发展[7]。

基准情景 **终端能源消费总量方面，达峰后稳步下降**

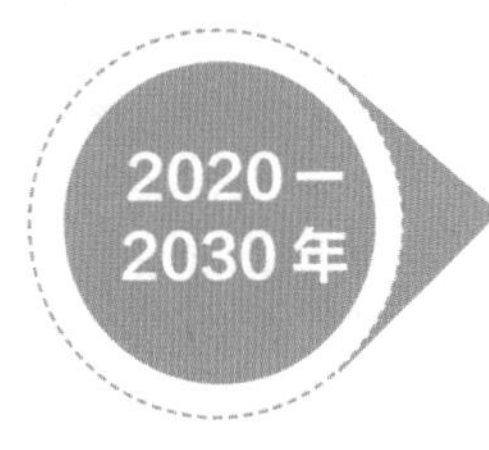

终端能源消费处于上升达峰期

通过节能管理、采用高效设备、普及节能技术和改进生产工艺等系列措施，能源效率显著提升，单位GDP能耗和单位产品能耗稳步下降。终端能源消费预计在2030年前后达峰，峰值为42亿吨标准煤。通过煤改气、余热余压再利用以及电炉钢有序应用等系列措施，煤炭消费稳步下降；石油和天然气终端需求依次在2030年和2035年达峰。

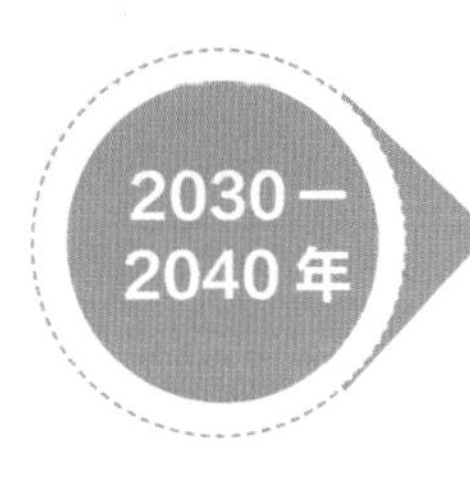

终端能源消费进入稳步下降期

随着产业结构深度调整和能效水平的进一步提升，2040－2055年间终端能源消费呈现加速下降趋势，2055年后，产业调整与新旧产能置换进程基本完成，终端能源消费总量趋于平稳，到2060年降至25.3亿吨标准煤。

终端能源消费结构方面，电力逐渐成为终端能源消费的主要载体，终端电气化水平持续提升

电气化作为重要终端减排手段，2030年电气化水平超过32%，2060年超过70%。

氢能作为重要的清洁能源，将在2030年前后逐渐进入工业和交通领域，随着技术体系逐渐成熟，远期在工业领域应用加速，到2060年占终端能源消费的比重有望达到15%。

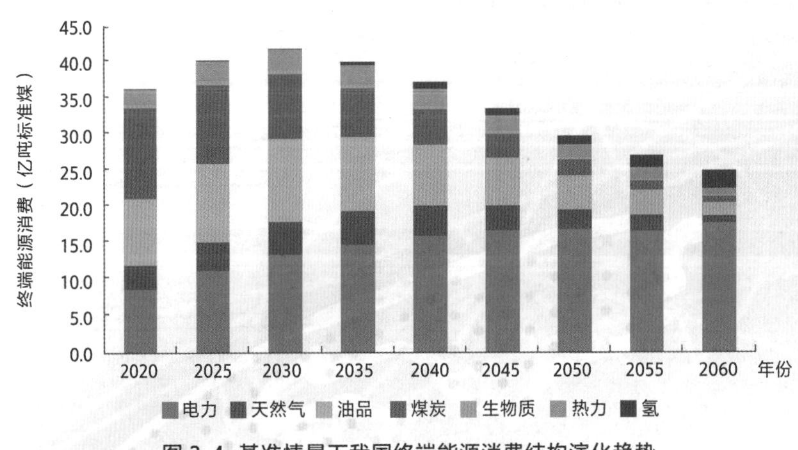

图2-4 基准情景下我国终端能源消费结构演化趋势

分部门看，各部门能源消费结构调整步伐加快，工业、交通、建筑部门能源消费梯次达峰，农业部门能源消费呈现缓慢下降趋势

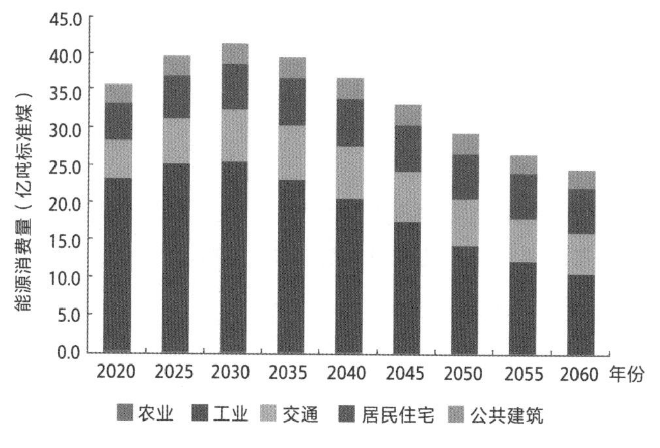

图 2-5 基准情景下我国终端分部门能源消费量

- **工业部门能源消费 2030 年前后达峰，**峰值为 25.8 亿吨标准煤，2030 年后呈现加速下降趋势，2060 年降至 10.8 亿吨标准煤。
- **交通部门能源消费将于 2035 年左右达峰，**峰值为 7.3 亿吨标准煤，之后缓慢下降，2060 年降至 5.4 亿吨标准煤。
- **建筑部门能源消费将于 2040 年左右达峰，**峰值为 9.3 亿吨标准煤，随着能源效率的进一步调高，2040 年后逐渐下降，2060 年降至 8.6 亿吨标准煤。

到 2060 年，随着产业结构调整基本结束，工业、建筑、交通部门的终端用能占比为 43% ∶ 34% ∶ 21%，农业部门能源消费仅占 2%。

产业稳步调整情景下，工业是我国经济的长期助推器，高技术新兴产业快速发展，实体经济比重较基准情景进一步提升，以相对较高制造业比重走高端制造强国道路，终端能源消费总量及工业部门占比相对较高。与基准情景相比，该情景下产业调整相对较缓，工业部门通过积极稳妥化解过剩产能，持之以恒推进技术改造升级，传统产业焕发出新生机，全产业链、供应链、价值链实现深度绿色低碳发展，制造业成为现代化经济体系建设的重要支撑，我国工业实现“从大到强”的跨越，制造强国成为我国的鲜明特征。

近中期（2020—2030 年）

终端能源消费快速增长。与基准情景相比，该情景下重工业比例相对偏重，先进产能占比较低，工业部门的能源消费仍然保持增长态势，带动终端能源消费峰值达到较高水平。2030 年前后实现达峰，峰值为 44.8 亿吨标准煤，比基准情景提高 6.7%。通过深度推进煤改气和电能替代工程，以及技术改造升级加速推进，工业部门化石能源消费下降明显，化石能源较基准情景低 1.0%。

中远期（2030—2040 年）

终端能源消费由升转降。传统工业部门提质增效明显，天然气成为工业能源转型中的重要过渡能源，电炉钢开始大规模推广，先进产能替代加速，交通、建筑部门电能替代步伐加快，到 2040 年能源消费降至 40.9 亿吨标准煤，电气化水平提升至 44.0%。

远期（2040—2060 年）

终端能源消费稳步下降。该阶段先进产能实现了对落后产能的替代，高附加值工业产品明显提升，到 2060 年，能源消费降至 28.3 亿吨标准煤，电气化水平提升至 69.1%。

产业深度升级情景下，发展模式更多依赖技术创新和发展战略性新兴产业，打造以创新引领为底色的高端制造业强国，终端能源消费总量及工业部门占比相对较低。加速产业结构的破旧立新与优化升级，聚焦价值链高端环节，钢铁、建材等高耗能低附加值产能加速结构性调整置换，优势产能得以充分释放，高技术制造业和服务制造业占比快速攀升，新一代信息技术与制造业融合取得长足进展，新兴产业支撑作用显著增强，能源消费更加节约、高效。

近中期（2020－2030年）

在对工业部门采取积极转型策略下，终端能源消费增速放缓。该时期内，我国开始大力淘汰落后产能，高耗能、低附加值初级产品主要用于满足国内刚性需求，出口水平大幅降低。终端能效水平显著提升，终端能源消费峰值比基准情景降低1.5%。

中远期（2030－2040年）

终端能源消费快速下降。该阶段我国高耗能产品总量受到严格控制，产能加速淘汰，电气化水平稳步提升，区域产业布局的加速调整，先进节能设备加速应用，高附加值服务型制造业、战略性新兴产业逐步成为经济增长的重要驱动力。到2040年，终端能源消费降至34.7亿吨标准煤，电气化水平达到45.2%。

远期（2040－2060年）

终端能源消费加速下降。该阶段新能源、高端装备制造、新能源汽车等高技术制造业成为工业部门的新引擎，传统行业实现高度智能化、清洁化发展，战略性新兴产业成为我国经济的发展的新动能。到2060年，终端能源消费降至22.2亿吨标准煤，电气化水平提升至76.4%。

（2）工业部门转型路径

工业部门作为我国终端能源消费的主体，是能源转型的重要部门

基准情景下，预计工业部门能源消费将于2030年左右达峰，峰值为25.8亿吨标准煤，占总体终端能源消费量的61.5%。随着能效水平的提升，2030－2040年间我国工业部门能源消费开始呈现稳步下降趋势；2040－2050年间，节能技术应用叠加产业结构加速调整，使得工业部门能源消费开始加速下降，到2050年降至14.5亿吨标准煤；之后工业部门能源消费进入平稳期，2060年，工业部门能源消费量为10.8亿吨标准煤。

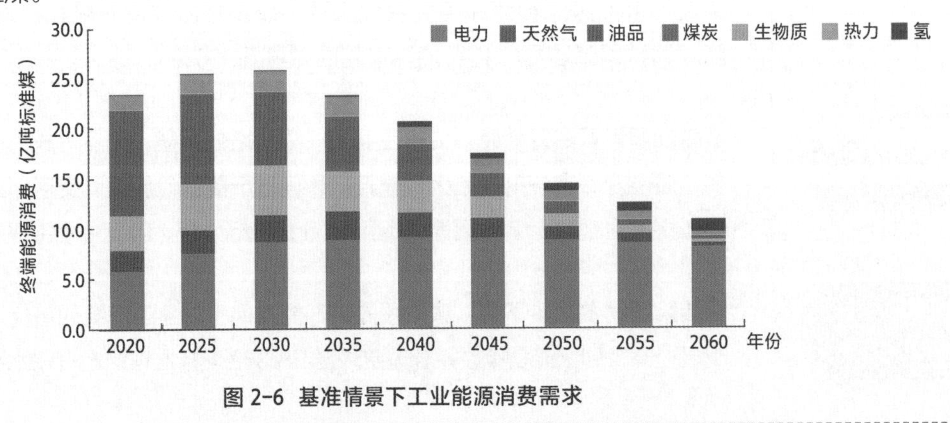

图2-6 基准情景下工业能源消费需求

节能提效与电能替代是工业部门实现碳达峰碳中和的关键

一方面，随着余热利用技术进一步发展，未来工业余热回收循环利用潜力得到充分挖掘，用于原料预热、发电、供热等生产领域，实现节能高效发展[8]。另一方面，随着工艺流程进一步优化，电炉和再生金属冶炼占比显著提升，电能替代稳步推进，电气化率显著提升。随着制氢技术的进一步发展，未来氢能将被用作重要的工业还原剂原料，工业部门能源结构实现深度清洁化。

能源结构重塑是工业部门助力实现碳达峰碳中和的必经之路，加快推进非碳基能源应用是重点

随着电炉钢等技术体系逐渐成熟，电力对煤炭的替代速度加快，对煤炭需求量逐年下降，电力消费水平持续提升。到 2030 年，工业电气化水平达到 33.6%，煤炭占比降为 28.3%；到 2060 年，电力占比进一步提升到 72.5%，煤炭占比降至 3.8%，主要用作工业原料。**2035 年之前，天然气在工业能源转型过程中是重要的过渡能源。**在电力对煤炭未能形成完全替代优势前，天然气是对煤炭替代的主要能源品种，到 2035 年，天然气消费达到峰值 2.9 亿吨标准煤，后呈现下降趋势，到 2060 年下降至 0.4 亿吨标准煤。**石油主要应用于化工领域，将在 2030 年左右达峰，**峰值为 4.9 亿吨标准煤，之后稳步下降，到 2060 年降至 0.4 亿吨标准煤。**氢能作为工业原料将在 2030 年左右在工业部门逐渐得到应用，**与电力形成协同互补，到 2035 年占比达到 0.7%，之后氢能开始得到加速应用，到 2060 年工业部门氢能消费占比达到 12.6%，主要用作还原剂代替焦炭和充当制氨原料取代煤制氨工艺。

随着能源消费模式的深度转型，工业部门将进入高质量发展新阶段

工业互联网技术将快速发展，高附加值制造业逐渐在工业部门占据主导地位[9]。随着工业经济驱动力模式的转变，2030 年后我国重工业将进入下降期，重工业产能产量逐步降低，转炉钢等低附加值工业比重持续降低直至完全退历史舞台，电炉钢占比不断提高，对废钢的需求将会持续增加，废钢原材料资源的高效回收利用将成为未来工业部门有效电能替代的关键；高端制造业、新一代信息技术产业以及战略性新兴产业等将成为我国经济发展的新动能，在经济中的占比不断攀升。电力要素与碳、数字、金融等要素高度贯通，衍生绿色金融产业、能源数字产业、碳衍生产业，衍生价值向多元化、高附加值方向发展。

产业稳步调整情景下，我国重工业过剩产能化解与工艺升级稳妥推进，工业部门仍然作为我国经济的长期驱动力，相对较高的能源消费水平是经济发展的重要特征。近中期内（2020－2030年），工业部门能源消费稳步增长，于2030年达到峰值28.6亿吨标准煤，之后能源需求稳步下降。中远期内（2030－2040年），先进产能替代加速，工业部门能源消费逐步下降。该阶段大力推进煤改气和电能替代工程，先进产能替代加速，到2040年能源消费降至24.8亿吨标准煤，电气化水平提升至44.0%。远期（2040－2060年），工业部门实现工艺替换，能效显著提升，能源消费加速下降。

产业深度升级情景下，工业部门高耗能产业比重快速下降，重点发展高附加值服务型制造业，我国社会经济实现节能式高质量发展。工业部门能源消费将于2030年前后达到峰值，峰值为24.9亿吨标准煤，2025－2030年间进入平台期，中远期内（2030－2040年），高耗能产业比重加速下降，工业部门能源消费逐步降低，到2040年能源消费降至17.8亿吨标准煤，电气化水平提升至43.4%。远期（2040－2060年），高耗能产业基本完成替换，能源消费加速下降。该阶段新能源、高端装备制造、新型材料、新能源汽车等高技术制造业及技术输出成为工业部门的新引擎，到2060年我国能源消费降至7.5亿吨标准煤。

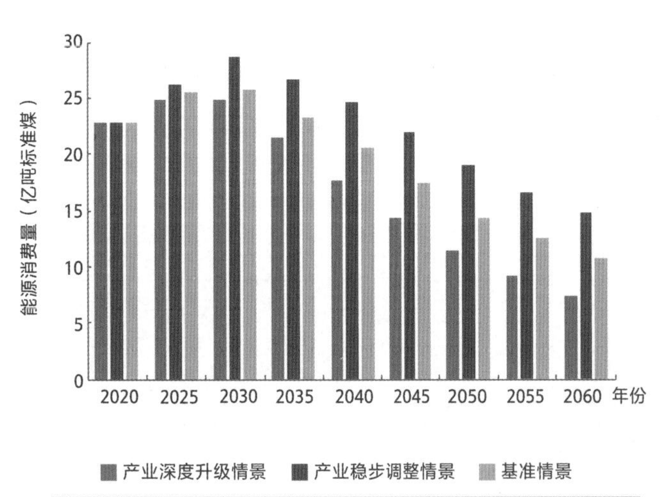

图 2-7 三种情景下工业部门能源消费需求

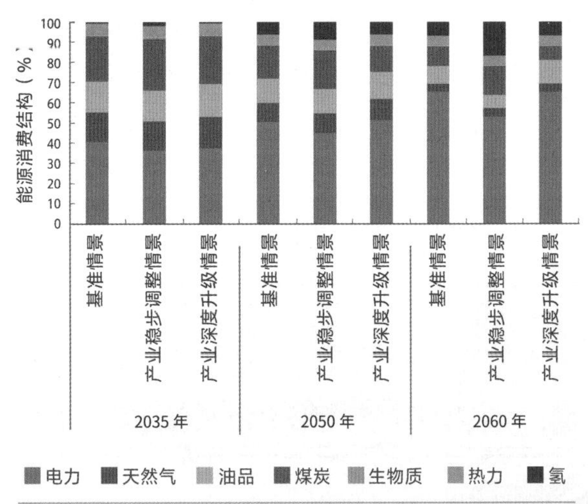

图 2-8 三种情景下工业部门能源消费结构

不同情景下工业部门能源消费的差异背后，是两种工业转型和制造强国实现路径

- **产业稳步调整情景下，大力发展高新技术产业的同时，考虑产业调整速度相对较慢，着力保持较高制造业比重，能源消费总量将维持在相对较高水平，伴随工业过程排放压降困难，难以像当前发达国家依赖产业结构调整节能减排，相应给其他部门尤其是电力部门较大的减排压力，但发展技术不确定性相对较弱。**

  该情景的重点是着力构建资源节约型工业体系。通过与数字化技术深度融合，赋能高耗能产业提质增效；加快落后产能置换，积极推进电能替代和余热余压利用，促进传统工业行业智能化、清洁化改造，形成绿色节能型工业发展模式；同时推动供给和消费革命，加强高耗能、低附加值产品产量、消费量和出口量控制，构建形成以节能、节材为中心的资源节约型工业体系。

- **产业深度升级情景下，加速发展以创新性引领为底色的高端战略性新兴产业和服务型制造业，实现对传统制造业的“腾笼换鸟”，更深度依托产业结构调整实现减排，其他部门尤其是电力部门的减排压力相对较弱，但对整体产业技术突破要求高，必须实现全球领先，发展不确定性相对强。**

  该情景重点是加大技术研发投入。积极淘汰传统高耗能、低附加值落后产能，大力发展精密仪器等高端设备制造业和战略性新兴产业，积极推进产业结构升级，着力构建具有全球竞争力的高端产业主体，培育形成具有全球竞争力的新兴产业集群。

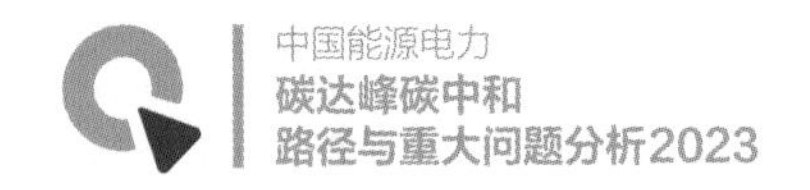

（3）交通部门转型路径

交通是我国终端能源消费的重要部门，同时也是我国最大的油品消费部门

未来交通发展向更加注重质量效益升级，一体化融合发展速度加快，逐渐形成安全、便捷、高效、绿色、经济的现代化综合交通体系。交通能源结构持续优化，新能源、清洁能源得到广泛应用，推动城市公共交通工具和城市物流配送车辆实现深度电动化、新能源化和清洁化。

随着社会经济水平的不断提升，我国对交通服务需求将持续提升，特别是国内国际航空需求、长途运输需求持续增长，近中期内交通部门能源需求仍然呈现上升趋势

交通部门终端能源消费预计 2035 年前后达峰，峰值为 7.1 亿吨标准煤，占终端能源消费总量的 17.6%，2035 — 2045 年为能源消费平台期，能源消费稳中有降。2045 年后，随着不同交通设备能效水平的提升、客运结构的调整以及运输结构的进一步优化，我国交通部门能源消费开始加速下降，到 2060 年交通部门能源消费量降为 5.4 亿吨标准煤。

近中期交通部门对汽油、柴油等油品的需求仍然呈现上升趋势，并于 2030 年前后达峰，峰值为 5.4 亿吨标准煤

2030 年后，脱碳加氢和清洁高效成为交通部门能源转型的主要特征，新能源汽车、船舶、电动无人机等交通工具进一步普及，交通部门对油品的需求稳步下降，2045 年后进入加速下降期，2060 年燃油占比降至 19.9%。电与氢是替代传统燃油交通工具的两种重要路径，未来交通部门电气化水平持续提升，到 2035 年电气化水平达到 18.5%，2060 年提升至 51.7%，交通部门将实现深度智能化。氢能源汽车在交通部门具备较大的应用前景，2035 年氢能占比为 3%，随着技术体系的进一步成熟，2060 年氢能消费占比达到 23.2%。

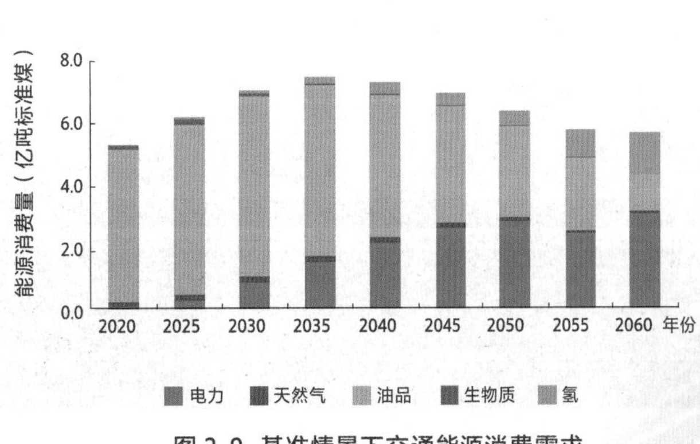

图 2-9 基准情景下交通能源消费需求

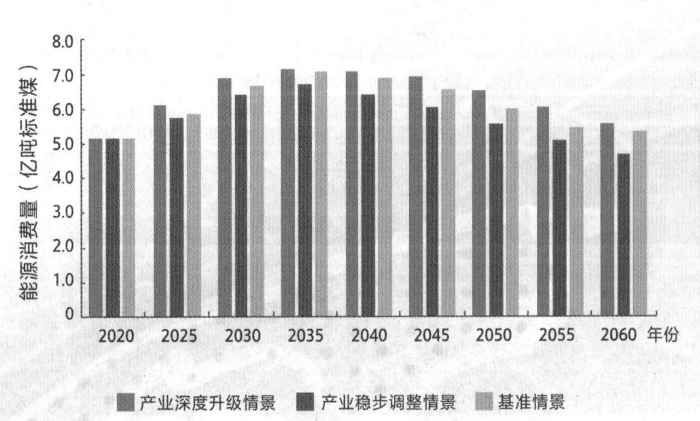

图 2-10 三种情景下交通能源消费对比

产业稳步调整情景下，我国第二产业比重相对较高，服务业比重相对较低，交通部门能源消费峰值低于其他情景。该情景下，交通部门能源消费将在 2035 年前后达峰，峰值为 6.7 亿吨标准煤，之后缓慢下降，2060 年降至 4.8 亿吨标准煤。电力消费水平持续高速增长，从 2020 年的 1.7% 增长到 2060 年的 60.4%。受车辆电动化驱动，油品占比持续下降，到 2060 年降至 18.3%。氢能成为客运、货运的重要燃料，到 2060 年占比达到 20% 左右。

产业深度升级情景下，我国产业由二产向三产深度转变，分散性、时效性货运周转需求显著增长，驱动交通部门能源消费总量加速增长。随着产业结构的深度调整，交通部门能源消费将在 2035 年前后达峰，峰值为 7.1 亿吨标准煤，之后缓慢下降，到 2060 年降至 5.6 亿吨标准煤。清洁能源成为最主要的能源，电力逐渐成为主要的能源消费品种，到 2060 年占比达到 54.0%。油品占比持续下降，到 2060 年降至 20.8%。氢能源车开始承担一部分的客运、货运，到 2060 年氢能占比达到 24% 左右。

(4) 建筑部门转型路径

建筑与工业、交通并列为能源消费的三大领域，是我国节能减排和能源消费变革工作的重点

过去 20 年，随着城镇化进程加速、生活水平提高，我国建筑规模迅速扩大，带动了建筑部门用能持续增长。同时，未来我国绿色建筑占比将持续提升，建筑领域节能潜力巨大，建筑能源利用效率稳步提升，建筑用能结构逐步优化，建筑能耗和碳排放增长趋势得到有效控制，基本形成绿色、低碳、循环的发展方式。

未来建筑部门的能源需求呈现持续增长趋势，预计在 2040 年前后达峰，峰值为 9.3 亿吨标准煤

其中，煤炭占比 12.2%，天然气占比 15.3%，电力占比 52.7%。随着人们对更高生活质量的追求，建筑部门能源消费将持续维持在较高水平，到 2060 年，建筑能源需求保持在 8.6 亿吨标准煤左右，其中电力消费占比达到 81.4%。

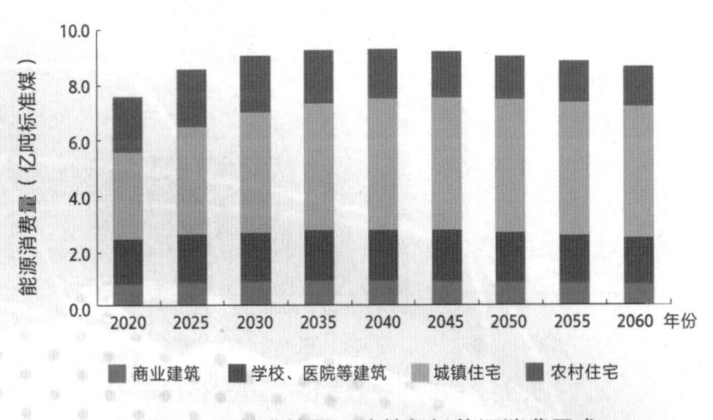

图 2-11 基准情景下建筑部门能源消费需求

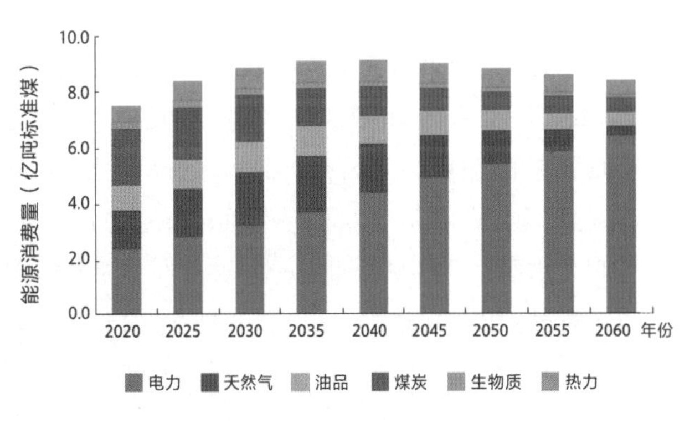

图 2-12 基准情景下建筑部门能源消费结构

我国公共服务类建筑面积低于国际水平，未来具备较大的增长空间，能源需求将呈现持续上升趋势

公共建筑部门能源消费将于2040年前后达峰，峰值为2.8亿吨标准煤，电气化水平达到64.4%，天然气占比17.7%。之后，随着建筑面积逐渐接近国际先进水平以及能效水平的不断提升，公共建筑能源消费开始稳步下降，到2060年，公共建筑能源需求降至2.5亿吨标准煤，届时公共建筑终端用能结构将实现去煤化，电力成为主要的能源消费品种，主要用于集中空调系统和空间采暖，占能源消费总量的84.5%，煤炭仅占3.0%，天然气降至4.6%。

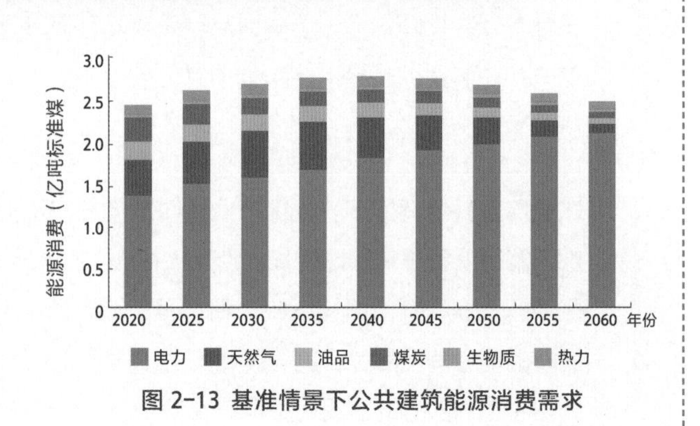

图2-13 基准情景下公共建筑能源消费需求

由于城镇化进程的推进以及居民对建筑舒适水平的更高追求，近中期城市住宅建筑的能源需求将持续增长

到2035年，城镇住宅能源消费达到4.6亿吨标准煤，电气化水平提升至39.5%，天然气消费占比为22.3%，主要用于清洁采暖，之后逐渐被电采暖和集中供热取代。城镇住宅用能预计在2050年左右能达峰，峰值为4.8亿吨标准煤，能源消费类型以电力为主，占比为53.8%，到2060年，电气化水平提升至80.1%。

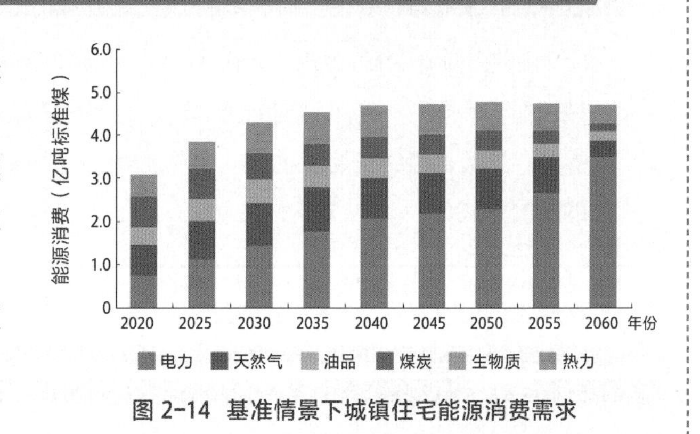

图2-14 基准情景下城镇住宅能源消费需求

随着城镇化水平的不断推进以及能效水平的不断提升，我国农村住宅的能源需求稳步下降

农村居住条件大幅度提升将使单位面积用能需求增长迅速，但是随着将来农村建筑节能的推广、绿色农房和超低能耗农宅的建设，实际能源需求强度将逐渐下降。到2030年，能源消费量为2.0亿吨标准煤，电气化水平为44.9%，煤炭占比36.1%；之后能源消费随着节能措施的推广逐渐下降，到2060年能源需求约为1.4亿吨标准煤，电气化水平达到80.7%。

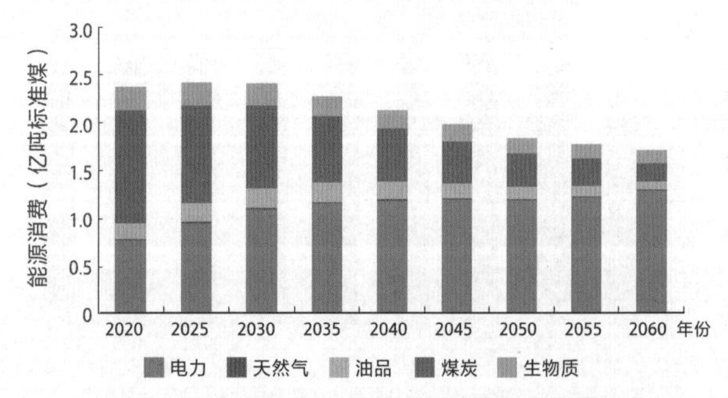

图2-15 基准情景下农村居民建筑能源消费需求

- **产业稳步调整情景下，建筑部门能源消费将在 2035 年达峰，峰值为 9.4 亿吨标准煤。**其中，煤炭占比 14.2%, 天然气占比 17.2%，电力占比 47.5%。之后缓慢下降，到 2060 年降至 8.5 亿吨标准煤，电力持续高速增长，到 2060 年占比达到 75.8%，煤炭占比 5.2%，天然气下降至 6.9%。公共建筑部门将于 2035 年前后达峰，峰值为 2.5 亿吨标准煤，之后进入能源消费稳定期，消费量稳定在 2 亿 ~2.5 亿吨标准煤。城镇住宅用能持续稳步提升，2035 年为 4.6 亿吨标准煤，由于居民生活水平的持续提升，城镇用能需求将进一步提升，到 2050 年达到 4.9 亿吨标准煤，之后能源消费进入稳定期。农村住宅用能稳步下降，2035 年为 2.3 亿吨标准煤，在城镇化进程和能效提升的双重影响下，农村居民住宅用能需求将进一步下降，到 2060 年降至 1.6 亿吨标准煤，能源结构实现深度清洁化，其中电气化水平达到 77.3%，煤炭、油品、天然气等化石能源占居民住宅用能的 18.4%。

- **产业深度升级情景下，建筑部门能源消费将在 2040 年达峰，峰值为 9.4 亿吨标准煤。**其中，煤炭占比 10.5%, 天然气占比 14.8%，电力占比 56.0%。之后缓慢下降，到 2060 年降至 8.8 亿吨标准煤，电气化水平稳步提升，到 2060 年占比达到 85.5%，煤炭占比 3.4%，天然气下降至 3.5%。公共建筑部门将于 2040 年前后达峰，峰值为 2.9 亿吨标准煤，之后缓慢下降，2060 年降至 2.7 亿吨标准煤。届时，公共建筑电气化水平提升至 84.0%，天然气、油品、煤炭等化石能源仅占 10.7%。由于居民生活水平的持续改善，我国城镇住宅用能需求稳步提升，到 2060 年稳定在 4.9 亿吨标准煤左右，电气化水平达到 86.8%，化石能源仅占 9.5%。农村住宅用能持续稳步下降，2035 年为 1.9 亿吨标准煤，到 2060 年降至 1.2 亿吨标准煤，其中电气化水平达到 83.7%。

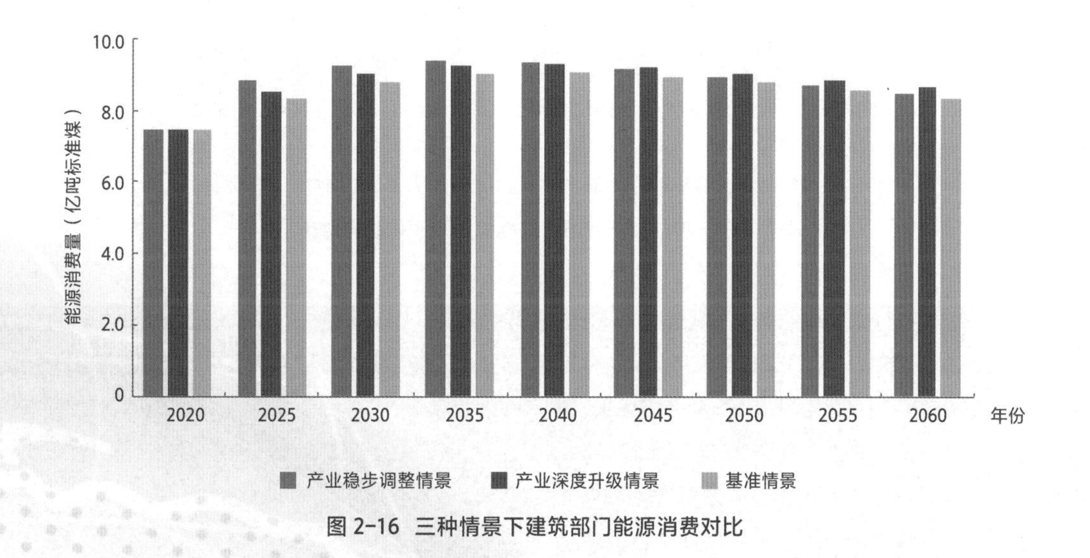

图 2-16 三种情景下建筑部门能源消费对比

一次能源转型路径

（1）一次能源消费总量

基准情景下，我国一次能源消费总量发展可分为三个时期：

- **上升达峰期：**2020－2030 年是我国一次能源消费上升达峰期，预计一次能源消费峰值为 62 亿吨标准煤左右，较 2020 年增长 21.9%。
- **平台期：**2030－2035 年一次能源需求进入平台期，需求总量稳定在 62 亿吨标准煤左右。
- **稳步下降期：**随着产业深度调整及终端能效的进一步提高，2035 年后一次能源需求稳步下降，2050 年降至 50.9 亿吨标准煤，2060 年降至 47.9 亿吨标准煤。

产业稳步调整情景下，与基准情景相比，高耗能产能淘汰相对较慢，近期工业能源消费仍然具有较高增速，一次能源消费将在 2035 年前后达峰，峰值约为 67.7 亿吨标准煤，比基准情景高 9.2%。之后一次能源消费稳步下降，2060 年降至 50.8 亿吨标准煤。

产业深度升级情景下，产业结构调整和工业部门转型升级加速，能效水平提升显著，一次能源消费提前至 2030 年前后达峰，峰值为 61.2 亿吨标准煤，比基准情景低 1.8%。之后一次能源消费稳步下降，到 2060 年，能源消费总量稳定在 41 亿吨标准煤左右。

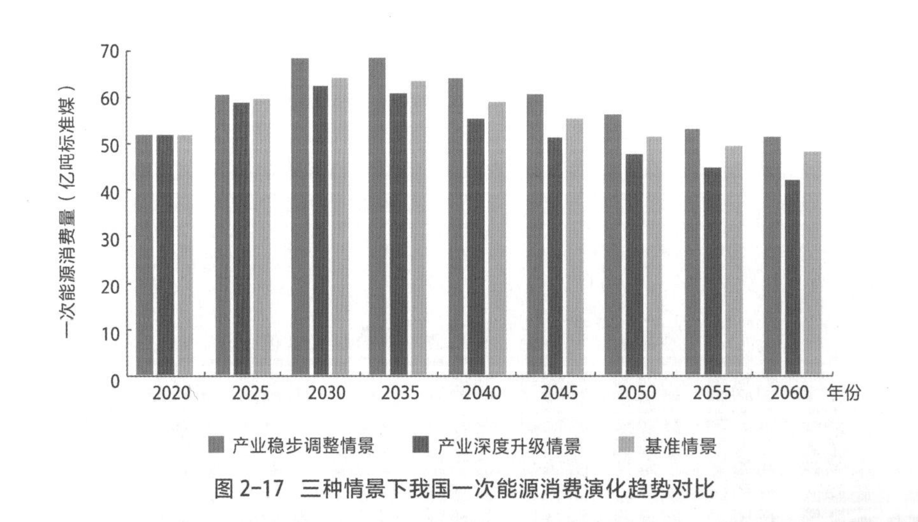

图 2-17 三种情景下我国一次能源消费演化趋势对比

城镇化、工业化发展需求下，我国能源消费总量仍有一定增长空间，考虑新增可再生能源和原料用能不纳入能源消费总量控制、能耗“双控”向碳排放总量和强度“双控”转变等因素，可探索以相对较高的能源消费峰值和最终消费量实现能源电力“双碳”转型的路径。以产业稳步调整情景为例，以与发达国家差异较大的产业结构实现全社会“双碳”转型，在维持相对较高的能耗水平下以大力发展新能源的形式实现减碳目标。下一步要进一步探索能耗“双控”向碳排放“双控”转变及与碳达峰、碳中和目标任务的衔接方式，走出中国特色的能耗和碳排放控制道路。

（2）一次能源消费结构

化石能源方面，基准情景下煤油气消费依次达峰并稳步下降

煤炭：占比稳步下降，但在我国一次能源结构中仍占据重要地位。预计“十五五”期间煤炭消费进入峰值平台期，消费总量保持在28亿吨标准煤左右。电力行业仍然是最大的煤炭消费行业，占煤炭消费总量的48.9%，其次是制造业，占煤炭消费总量的30.6%。到2060年，煤炭消费总量降至3.3亿吨标准煤，占一次能源消费总量的6.9%，主要用于发电和工业还原剂。

石油：在重工业领域是对煤炭的重要补充，同时是交通部门的主要能源消费品类。近中期内，化工业及交通业对石油需求仍然呈上升趋势，2030年前后达峰，峰值为12.7亿吨标准煤。2030年后，随着新能源交通工具加速替代传统燃油交通工具，石油需求稳步下降，到2060年，石油消费需求降至2.0亿吨标准煤，占一次能源消费总量的4.1%。

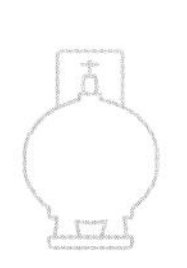

天然气：我国能源转型过程中的重要过渡能源品类。在工业和建筑部门，近中期内电力对煤炭替代能力有限的情形下，天然气承担了煤炭的重要替代能源角色。天然气是我国增长最快的化石燃料，到2035年前后达峰，峰值为6.8亿吨标准煤，占一次能源消费总量的10.8%。2035年后，天然气需求逐渐下降，到2060年降至2.3亿吨标准煤，占一次能源消费总量的4.9%。

非化石能源消费占比持续提升，多元化清洁能源供应体系逐渐形成，预计2030年非化石能源占比提升至27.0%，2060年达到84.1%

水能：2030年前，水能是重要的非化石能源品类，占一次能源消费总量的6%左右，受开发资源禀赋约束，预计到2060年水能在一次能源消费总量中的占比提升至11.1%。

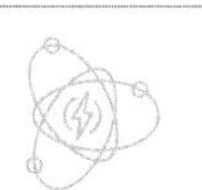

核能：对优化能源供应结构，高效满足能源需求，保障能源安全具有重要作用，2030年、2060年占比分别为3.4%、15.8%左右。

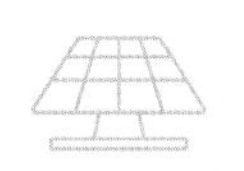

风光：风光等新能源是增长最快的非化石能源，预计2030年、2060年分别占一次能源消费总量的14.8%、50.1%。

生物质能：考虑生物质能开发资源潜力，预计到2030年，占一次能源消费总量的比重达到2.3%，2060年达到6.8%。

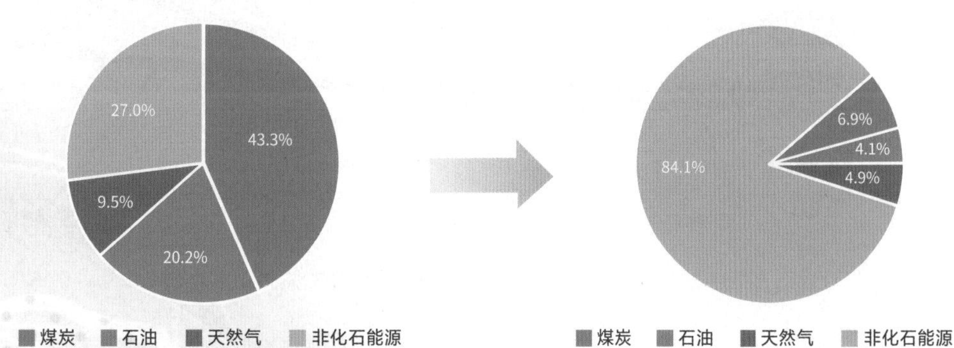

图 2-18 基准情景下 2030 年一次能源消费结构

图 2-19 基准情景下 2060 年一次能源消费结构

能流图

基于 2030 年和 2060 年基准情景下我国的能源供给、转换和消费数据，绘制了我国能流图。从加工转换环节来看，基准情景下，2030 年我国能源加工转换的总效率为 57.3%，其中火力发电转换效率为 46.5%，能源损失量为 20.2 亿吨标准煤。

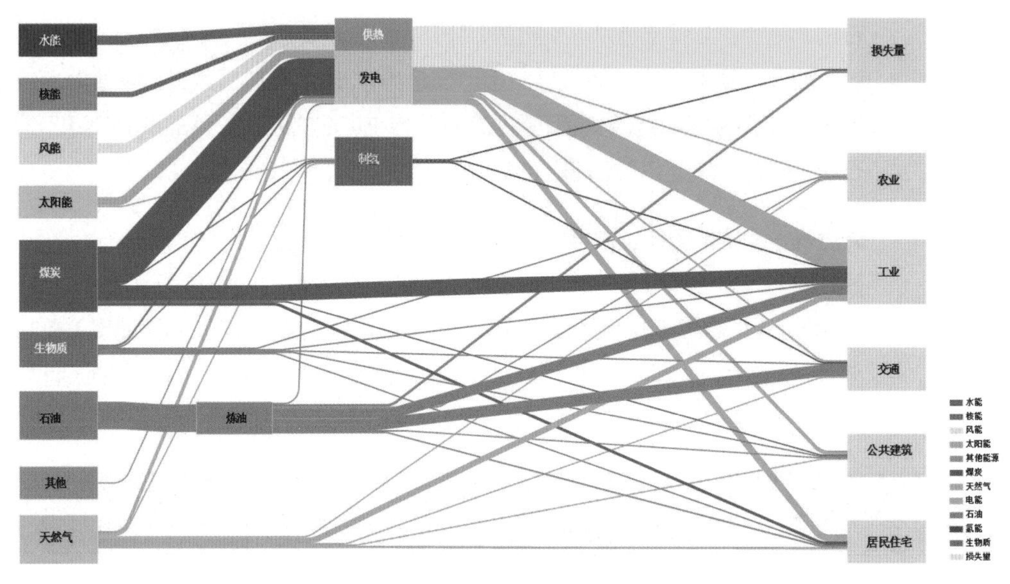

图 2-20 基准情景下 2030 年能流图

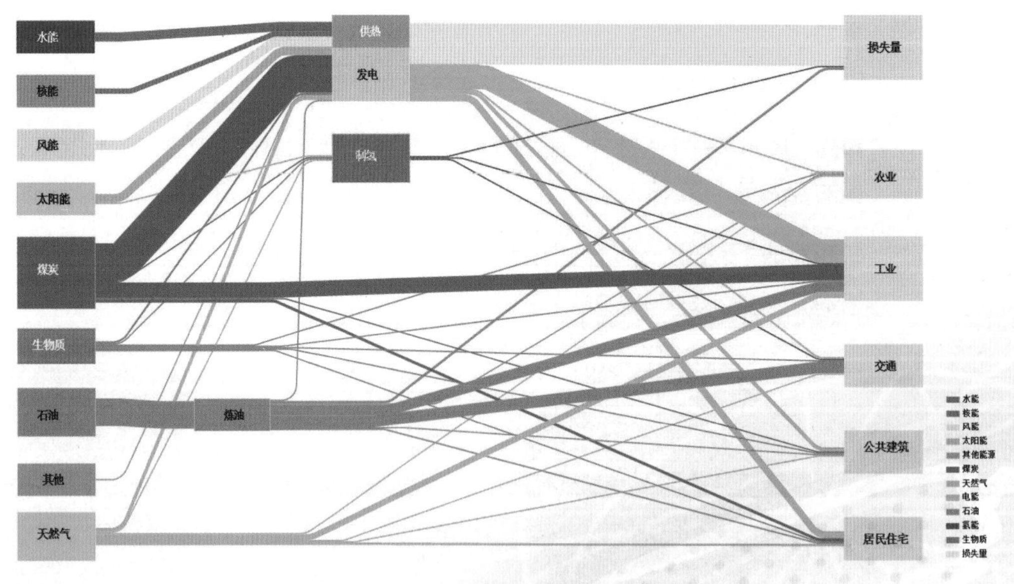

图 2-21 基准情景下 2060 年能流图

电力行业转型路径

电力是能源供需双侧实现碳减排的中心环节，电力低碳转型发展更是实现能源低碳转型的重要依托，总体上，未来全社会用电需求仍有较大增长空间，但增速逐步放缓，中远期趋于饱和。未来我国电力需求主要受到宏观经济增长、产业结构变化、高耗能行业发展、用电效率提升、电能替代和电制氢等因素综合影响[10]。

近中期来看，虽然我国产业结构持续优化、高耗能行业达峰后逐步下降、用能效率持续提升，但制造业仍是经济发展主要驱动力，为了支撑 GDP 总量翻一番等经济发展目标实现，以及电能替代广度和深度进一步拓展，该阶段我国电力需求增长空间大、增速快[11]，基准情景下，预计 2030 年全社会用电量为 12.2 万亿~ 13 万亿千瓦时。

远期来看，随着我国产业结构调整进入深水区，能效水平处于世界先进水平，产业终端用电利用技术不断改进，三次产业电耗强度均显著下降，社会经济整体处于高质量发展阶段，该阶段我国电力需求低速增长，若按照“年平均增长率低于 1%”作为电力需求进入饱和阶段的主要判据，预计 2040—2050 年后我国电力需求开始进入饱和增长期，基准情景下，2060 年全社会用电量需求约为 15.7 万亿千瓦时。

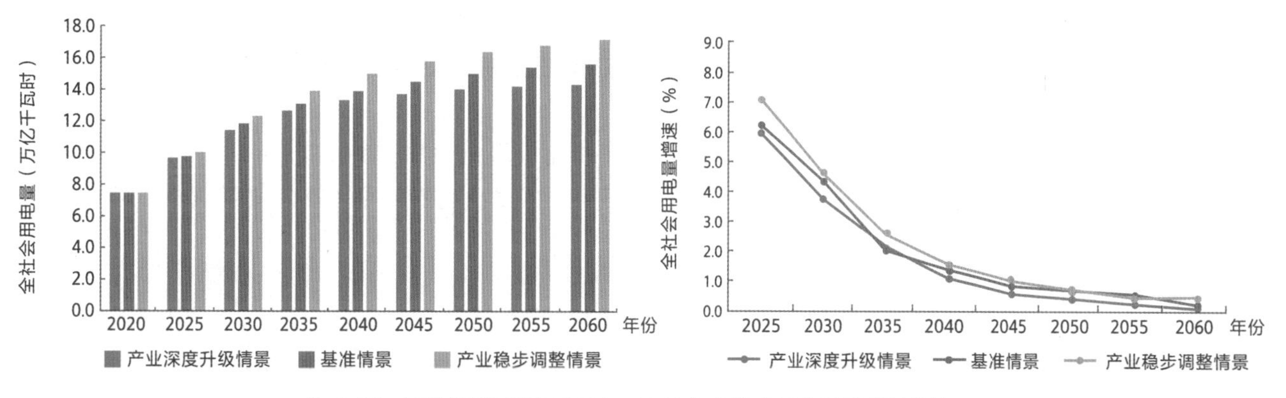

图 2-22 三种情景下我国 2020—2060 年全社会用电量需求及增速

不同情景下能效水平差异和各行业减排压力传导程度，将深度影响电力需求增长模式

- **产业稳步调整情景下，**电力需求增长空间进一步扩大，预计 2050 年前后饱和。相对于基准情景，该情景下产业结构调整放缓，制造业规模保留较大，能效水平提升有限，用能需求增加，届时终端部门深度脱碳将更加依赖于电气化技术，终端电气化水平进一步提升，从而导致全社会电力需求提升更大，预计 2030 年、2060 年分别较基准情景提升 4.2%、10.2%，电力需求饱和阶段也延迟至 2050 年以后。
- **产业深度升级情景下，**电力需求降低、增速放缓扩大，预计 2040 年前后饱和。相对于基准情景，该情景下产业结构积极优化调整，努力推动“生产制造” 向“制造服务”转型，行业数字化智能化发展也带动能效水平大幅提升，从而带来全社会能源电力需求明显降低，预计 2030 年、2060 年电力需求分别较基准情景降低 3.4%、8.3%，全社会用电需求也提前至 2040 年进入饱和阶段。

从供给侧看，电力低碳转型路径即是电源结构持续清洁化、以新能源为代表的非化石能源比重持续提升的过程，基准情景下，转型路径可分为两个阶段：

2020－2035 年：70% 以上新增电力需求由非化石能源发电满足

2035 年以前，我国近 80% 电源装机增量为非化石能源发电，2035 年非化石能源发电装机容量达 41 亿千瓦，约占总电源装机容量的 70%，较 2020 年提升 24 个百分点；非化石能源发电量占比持续提升，约 70% 新增电力需求由非化石能源发电满足，非化石能源发电占比从 2020 年的 34% 提升至 2035 年的 54% 左右。

2035 年后：非化石能源发电实现“电力需求增量全部满足，存量逐步替代”

2035 年以后，以新能源为代表的非化石能源发电可全部满足 2035 年后新增电力需求，同时逐步替代存量化石能源发电，2060 年非化石能源发电量达 14.4 万亿千瓦时，占比达到 92%，较 2035 年增长约 6.6 万亿千瓦时，其中，2060 年新能源发电量占比达到 53%。

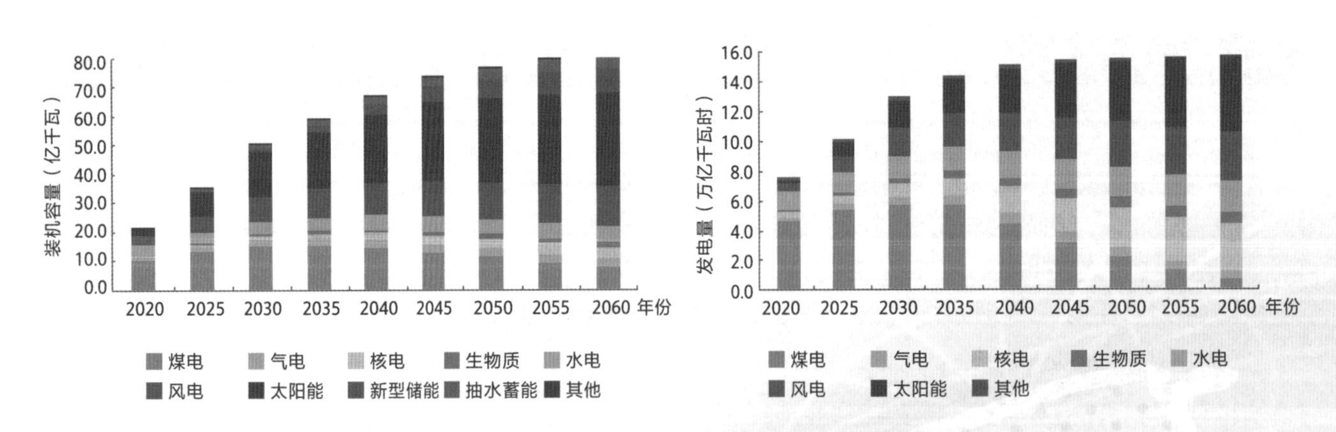

图 2-23 基准情景下我国 2020－2060 年电源装机容量及发电量结构

构建多元化清洁能源供应体系，实现电力安全、低碳、经济转型

- **煤电发展将大致经历“控容控量”和“减容减量”两个阶段。**

“控容控量”阶段：近中期，煤电的基础支撑和兜底保障作用不可替代，需要努力促进煤电清洁高效发展，发挥保电力、保电量、保调节的“三保”兜底保障作用。根据电力供需形势变化，在保障经济社会发展和确保电力供应安全前提下，规划建设一批保障供电的煤电项目。

“减容减量”阶段：2030 年后，煤电装机容量和发电量稳步下降，部分退役机组转为应急备用，预计 2060 年煤电装机容量降至 8 亿千瓦，根据功能定位不同，大致可分三类：CCUS 电力电量型机组、灵活调节机组和应急备用机组。

- **因地制宜开发水电。**

2030 年前加快推进西南水电资源开发，2030 年后重点推进西藏水电开发，基准情景下预计 2030 年装机容量达 4.2 亿千瓦，2040 年基本开发完毕，2060 年装机容量超 5 亿千瓦。

- **积极安全有序发展核电。**

确保安全前提下积极有序推动沿海核电项目建设，2030 年装机容量为 1.1 亿千瓦，随沿海站址资源开发完毕，2030 年后适时启动内陆核电，2060 年装机容量约为 4 亿千瓦。

- **加快发展风电、太阳能发电。**

坚持集中式与分布式并举，全面推进风电和太阳能发电大规模开发和高质量发展，2030 年、2060 年风电和太阳能发电总装机容量分别达到 19 亿 ~ 24 亿、41 亿 ~ 46 亿千瓦。

- **适当发展气电，增强系统灵活性和实现电力多元化供应。**

预计 2030 年、2060 年气电装机容量分别达到 2.0 亿、3 亿千瓦，未来仍需重视天然气对外依存度、发电成本和技术类型问题。

- **稳步发展生物质发电。**

建立健全资源收集、加工转化、就近利用的生物质发电生产消费体系，预计 2030 年、2060 年生物质发电装机容量分别为 0.7 亿、1.7 亿千瓦。

- **合理统筹抽水蓄能和新型储能发展。**

近中期，在站址资源满足要求的条件下，抽水蓄能应优先开发；推动低成本、高安全、长寿命、可回收新型储能技术发展，为满足电力平衡和新能源消纳需求，中远期新型储能将迎来跨越式发展。

不同情景下经济社会发展模式和产业变迁，表现在电力供给层面既是电源装机规模总量和低碳程度的差异，也是不同部门与电力领域低碳转型责任和压力分配的集中体现。

产业稳步调整情景下，电源装机规模扩大，电源结构清洁化水平提升，电力行业低碳转型压力增大。相对于基准情景，该情景下全社会用电需求更高、增长更快，导致新增电源装机需求更大，预计 2030 年、2060 年装机规模分别提高 3.7 亿、14.5 亿千瓦；此外，该情景下第二产业比重大，工业过程等难脱碳产业规模大，挤占更多碳排放空间，需加快能源电力行业零碳负碳技术发展，提升减排自主贡献度甚至实现负排放，助力全社会碳中和，预计 2030 年、2060 年新能源装机规模提升 4.8 亿、15.4 亿千瓦，非化石能源发电量占比提升约 4.0%、2.4%。

产业深度升级情景下，电源装机规模缩小，电源清洁化水平要求降低，电力行业低碳转型压力减小。相对于基准情景，该情景下全社会用电需求降低，导致电源装机需求减少，预计 2030 年、2060 年装机规模分别降低 6.2 亿、11.7 亿千瓦；此外，该情景下由于高耗能产业对外转移较多、工业工程排放极低，且自然碳汇对于实现 2060 年能源系统碳中和贡献度大幅提升，能源电力行业对新能源、CCUS 等低碳负碳技术依赖程度降低，预计 2030 年、2060 年新能源装机规模分别降低 4.1 亿、8.6 亿千瓦，非化石能源发电量占比分别降低约 3.7%、3.6 %。

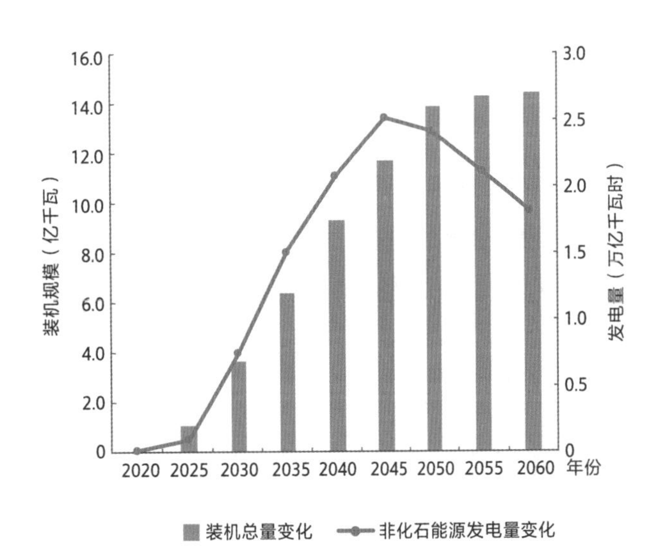

图 2-24 产业稳步调整情景下我国电源装机总量及非化石能源发电量较基准情景变化

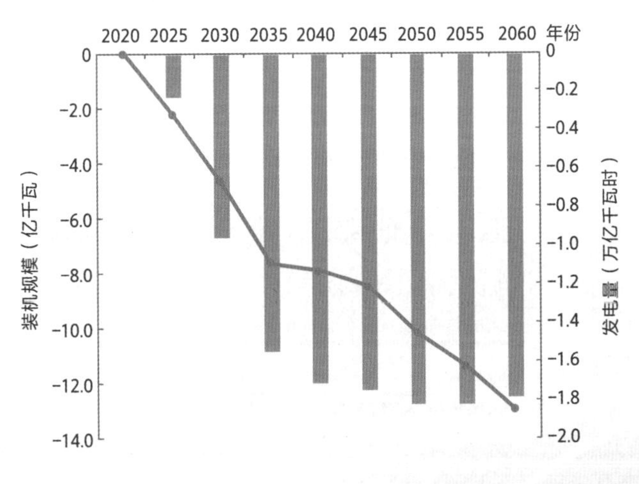

图 2-25 产业深度升级情景下我国电源装机总量及非化石能源发电量较基准情景变化

2.3 能源电力碳减排路径

基准情景下碳减排路径

基准情景下全社会碳排放路径可分为上升达峰期、稳步降碳期、加速减碳期、碳中和期四个阶段：

（1）上升达峰期（2020－2030 年）

2020－2030 年间，我国碳排放处于上升达峰期。基准情景下，我国碳排放 2030 年左右开始进入峰值平台期，峰值约为 124 亿吨，其中，能源燃烧二氧化碳排放 110 亿吨左右。煤炭和原油及其制品产生的碳排放量较多，天然气产生的碳排放量最少。

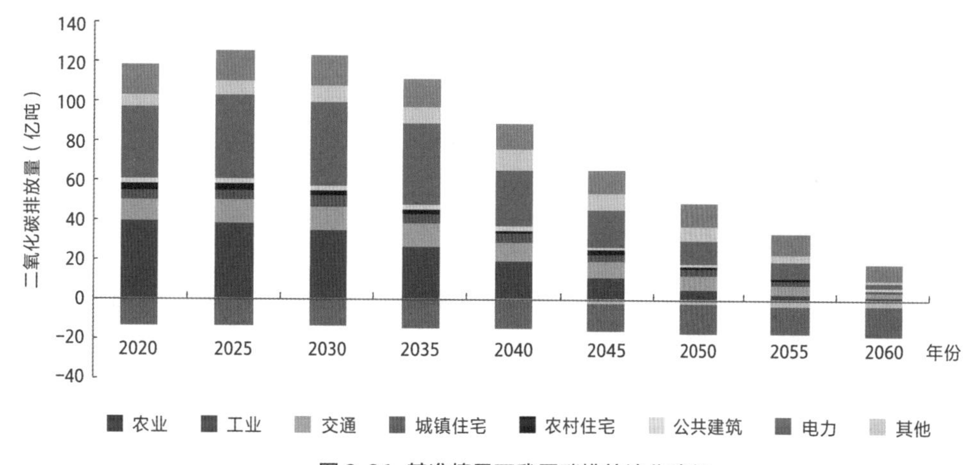

图 2-26 基准情景下我国碳排放演化路径

工业部门是最主要的终端碳排放源。工业部门碳排放“十四五”期间达峰。我国工业能源消费以煤炭为主，煤炭燃烧是工业部门的主要排放源，天然气在工业能源转型中将承担重要过渡角色，煤炭在工业部门的占比不断被压减，碳排放水平稳步下降，到 2030 年，碳排放量降至 49.3 亿吨（含工业过程），占总排放量的 41.1%，2030 年后工业部门碳排放开始加速下降。

交通部门排放持续增长，并于“十五五”末进入达峰平台期。随着经济社会快速发展，运输需求不断增加，近中期以油为主的能源消费模式未发生根本转变，碳减排难度较大。2020－2030 年间，交通部门碳排放处于持续增长期，并逐渐在 2030 年前后达到峰值，峰值为 11.9 亿吨二氧化碳，占总碳排放量的 9.9%，之后随着新能源交通工具对传统交通工具的有序替代，碳排放开始稳步下降。

建筑部门碳排放缓慢上升，在 2025 年前后达峰，峰值为 10.4 亿吨，占总排放量的 8.5%。其中，城镇居民住宅碳排放随着城镇化推进，约 2030 年达到峰值 5.0 亿吨。农村居民住宅和公共建筑碳排放目前已经达峰，随着农村居民生产生活方式的绿色转型逐年下降，2030 年降至 2.5 亿吨，公共建筑碳排放降至 1.9 亿吨二氧化碳。

电力是上升达峰期最主要的碳排放增长部门，预计 2030 年以后达峰。由于 2030 年前新增非化石能源发电装机难以安全可靠地满足全部新增电力需求，未来工业、交通、建筑等领域电气化带来用能转移的同时，也将碳排放转移至电力部门。

统筹终端电气化和电力供应清洁化发展节奏，有助于支撑全社会更低峰值、更稳妥达峰：碳达峰阶段，要合理统筹和匹配电力供给侧清洁化率与终端能源消费电气化率节奏，在保障电力供应安全基础上加快供给侧低碳转型、科学有序推动终端电能替代。

- 供给侧清洁化率较低情景下（以低于 40% 为参考），推进工业、建筑、交通等终端部门电能替代，不仅会提升电力行业达峰峰值，还将增加全社会达峰峰值。
- 供给侧清洁化率适中情景下（以 40% ~ 60% 为参考），推进终端部门电能替代，将提升电力行业碳排放峰值，但将减少全社会碳排放峰值并促进全社会提前达峰，实现以电力行业晚达峰有助于全社会积极稳妥碳达峰。
- 供给侧清洁化率较高情景下（以 60% 以上为参考），加快推动终端部门电能替代有助于全社会快速减排，但需要注意供给侧清洁化水平提升过快过早，将带来不可控的电力安全供应风险和电力转型成本，也将加重其他行业依赖电能替代进行碳减排的转型成本。

（2）稳步降碳期（2030—2040 年）

2030 — 2040 年期间，我国碳排放进入稳步降碳期。该阶段，我国工业部门能源结构转型加速，电炉钢加速推广应用，电能替代水平显著提升，落后产能加速淘汰，低碳水泥技术加速应用；交通部门新能源交通工具对传统交通工具的替代速度显著加快，电力供应结构的清洁化步伐加快，风、光等新能源占比大幅提升。

工业部门碳排放稳步下降。2030 年后，工业部门内部产业结构加速调整，落后产能逐步淘汰，全废钢电炉流程等新技术实现大规模应用，能效水平显著提升，CCUS 等负碳排放技术在工业部门推广，碳排放开始进入稳步下降期。到 2040 年，碳排放量降至 31.9 亿吨（含工业过程），占比 36.8%，通过 CCUS 技术碳捕捉量达到 2.0 亿吨。

交通部门排放持续下降。2030 — 2040 年期间，交通领域新能源对传统化石能源替代速度加快，电气化水平和车辆能效水平显著提升，交通部门能源结构清洁化水平持续提升。到 2040 年，交通部门碳排放量为 9.5 亿吨。

建筑部门碳排放缓慢下降。到 2040 年，碳排放量降至 7.8 亿吨。城镇居民住宅用能稳步下降，到 2040 年降至 4.2 亿吨，农村碳排放量降至 2.0 亿吨。随着我国绿色建筑的进一步推进，公共建筑部门碳排放水平稳步下降，2040 年降至 1.6 亿吨。

电力部门碳排放先慢后快稳步下降。电力排放达峰后初期，全社会用电需求仍保持年均 1% ~ 2% 的增长速度，新增用电需求基本能够由快速增长的非化石能源发电装机满足，但存量火电发电量短期内难以实现有效替代，该时期内电力碳排放仍将经历一段峰值平台期，并保持较高的碳排放水平。之后，随着电力需求增速放缓，新能源加快对存量火电清洁化替代，电力碳排放下降速度加快。

（3）加速减碳期（2040—2050 年）

2040—2050 年期间，我国碳排放进入加速下降期。该阶段，我国碳排放由稳步降碳转为加速减碳，到 2050 年，我国碳排放量降至 48 亿吨。我国工业部门能源结构实现深度优化，具有较高的电气化水平，工艺水平显著提升，碳排放水平较 2035 年下降 56.4%；交通部门新能源车对传统燃油车的替代基本结束，能源结构实现深度清洁化，碳排放水平较 2035 年下降 45.6%。建筑部门绿色建筑广泛布局，电气化水平稳步提升，碳排放水平较 2035 年下降 35.2%。随着终端部门结构调整基本完成、能效水平显著提升，2045 年前后全社会用电需求基本饱和，同时电力供应部门多元化清洁能源供应体系基本形成，电源结构实现深度清洁化，新能源实现对存量火电深度替代，预计 2050 年电力碳排放量较 2040 年下降 50% 以上。

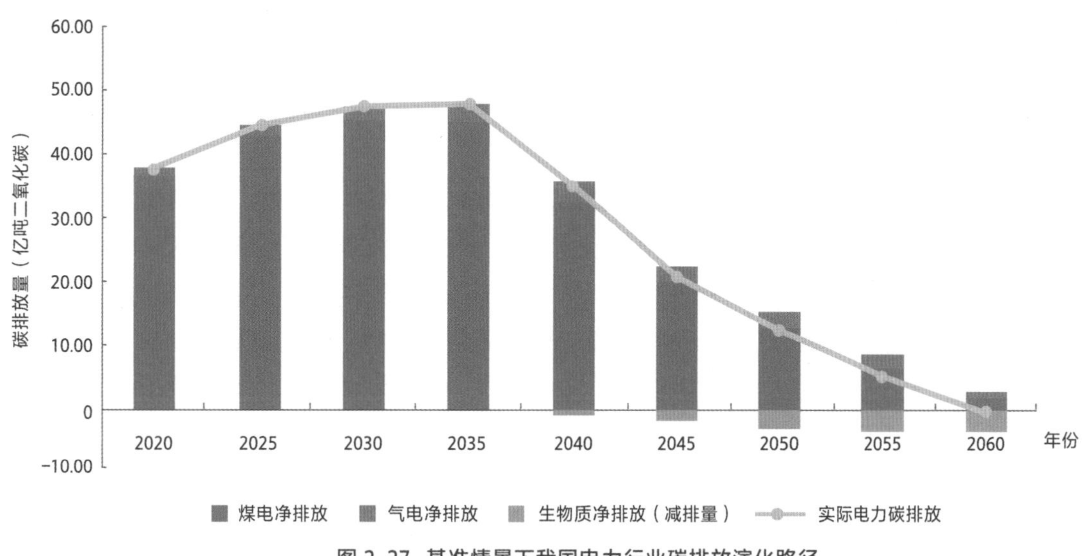

图 2-27 基准情景下我国电力行业碳排放演化路径

（4）碳中和期（2050—2060 年）

2050—2055 年，我国碳减排速度进一步加快，2055—2060 年进入碳中和期，考虑自然碳汇和 CCUS 等措施，社会经济系统实现净零排放。到 2060 年，我国工业部门能源结构实现深度清洁化，煤炭等化石能源仅作为原料投入，但建材、化工等关系国计民生的行业仍有 18 亿吨左右二氧化碳排放，需要通过自然碳汇进行吸收。交通部门实现深度智能化、清洁化，新能源交通工具成为主流，交通部门实现与电力部门深度耦合，氢能源交通工具比重大幅上升，但仍有航空等部门化石能源燃烧不得不排放，基准情景下，到 2060 年，交通部门仍有 2.5 亿吨二氧化碳排放。

电力行业通过大力发展非化石能源和 CCUS 技术改造实现净零排放，助力全社会实现碳中和目标。2060 年电力行业实现净零排放，非化石能源和碳捕集对电力减排贡献度[1]分别为 88% 和 12% 左右，其中新能源、水电、核电减排贡献度分别为 52%、20%、14%。基准情景下，2060 年煤电、气电分别排放二氧化碳 5.6 亿、2.4 亿吨（不计 CCUS），煤电、气电和生物质发电的 CCUS 碳捕集量分别达到 3.6 亿、1.0 亿吨和 3.4 亿吨。

[1] 电力减排贡献度：指碳达峰至碳中和阶段，某项技术的碳减排量与最大碳减排量（碳排放峰值）的比值。

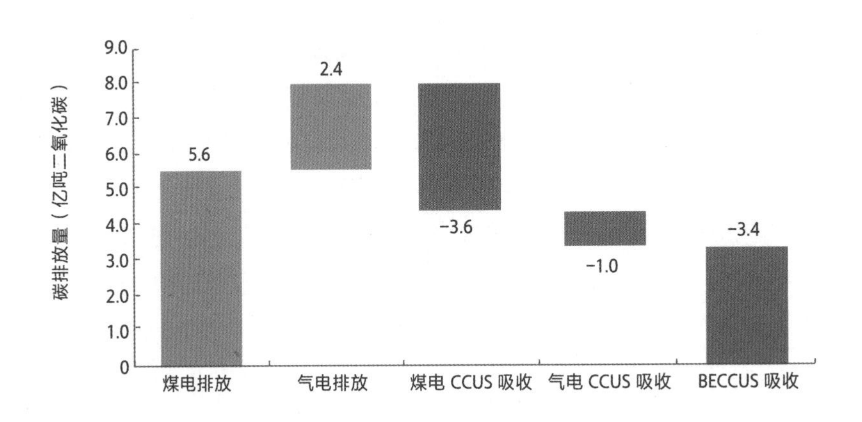

图 2-28 基准情景下我国 2060 年电力净零排放结构图

碳中和期，工业、交通、建筑等部门仍然无法通过零碳技术完全实现零排放，需要借助自然碳汇助力实现碳中和。到 2060 年，刨除 CCUS 等人工固碳措施的碳吸收量，有 15 亿吨的二氧化碳不得不排放，该部分碳排放需要通过自然碳汇进行消纳。陆地生态系统是最主要的自然碳汇组成部分，主要包含森林、草地、湿地、荒漠等，到 2060 年碳汇量约为 13.7 亿吨，其中森林碳汇占 62.9%；海洋碳汇具有巨大的固碳潜力，在不考虑额外措施的情境下，到 2060 年海洋碳汇约为 1.5 亿吨。该情景下，陆地生态系统碳汇和海洋碳汇可消纳 15.2 亿吨二氧化碳，生物质固碳 3 亿吨左右，我国社会经济系统实现净零排放。

不同情景下碳减排路径差异

全社会碳中和目标倒逼约束下，三种典型情景所对应的减排路径差异背后是各领域碳减排责任与压力的分配差异，也意味着未来各类资源及政策向各领域的集中与倾斜力度要求不同。

- **产业稳步调整情景下，**碳减排的压力主要集中在能源电力行业，整体能效水平相对偏低，电力需求维持在较高水平，一方面需加快终端电能替代、氢能替代技术的深度推广应用；另一方面需加强清洁能源技术对传统化石能源技术深度替代，加快 CCUS、新型储能等战略性技术攻关及应用。
- **产业深度升级情景下，**碳减排的压力主要聚焦于工业等终端产业结构优化升级，通过降低重工业、普通制造业等第二产业规模和比重、大幅提升终端产业部门的能效水平，从而降低终端能源消费需求，能源电力领域减排、压力与转型力度也可适度减小。

产业稳步调整情景转型路径 ——“终端产业稳步转型，电力行业积极降碳”

该情景下，第二产业比重较高，非电终端碳排放处于较高水平，倒逼能源电力行业低碳转型压力和责任大幅增加，新型电力系统固碳技术加速发展，最终实现电力系统负碳化。

从碳达峰阶段看，产业稳步调整情景下全社会排放峰值最高，约为 129 亿吨，较基准情景提高 5 亿吨。电力部门由于减排压力增加，反而排放峰值三个情景最低，相对于基准情景，电力碳排放达峰时间提前 1 ~ 2 年。

从碳中和阶段看，工业部门加速减碳，电力部门实现负碳化。碳中和期，由于制造业和高耗能产业比重相对较高，工业过程排放将挤占更多排放空间，成为该阶段最大碳排放源，到 2060 年约占总排放量的 43.4%，导致非电终端碳排放高出基准情景 16.4%，主要通过自然碳汇进行吸收；电力行业减排压力和责任大幅提升，通过提升 BECCUS（生物质发电 +CCUS）装机规模，达到负排放效果，2060 年电力行业 CCUS 改造规模约 3.5 亿千瓦，碳捕集量 8 亿吨 / 年。

产业深度升级情景转型路径 ——“终端产业深度转型，电力行业稳步降碳”

该情景下，我国深度推进产业转型，第三产业占比显著提升，非电终端碳排放处于较低水平，电力行业低碳转型压力适中，新型电力系统通过清洁转型，最终实现电力系统深度低碳化。

从碳达峰阶段看，产业深度升级情景下全社会排放峰值最低，约为 118 亿吨，较基准情景降低 6 亿吨，终端部门通过强化节能减排效果，为 2040 年的后电力行业提供了更宽裕的排放空间。

从碳中和阶段看，工业部门实现深度清洁转型，电力部门实现深度低。碳中和期，终端部门完成由重工业向高附加值第三产业的深度转型，工业过程等难以脱除的碳排放降至极低水平，终端部门实现深度清洁化，非电终端碳排放到 2060 年较基准情景降低 9.1%，自然碳汇消纳非电终端碳排放仍有富余，电力行业减排压力相对较低。

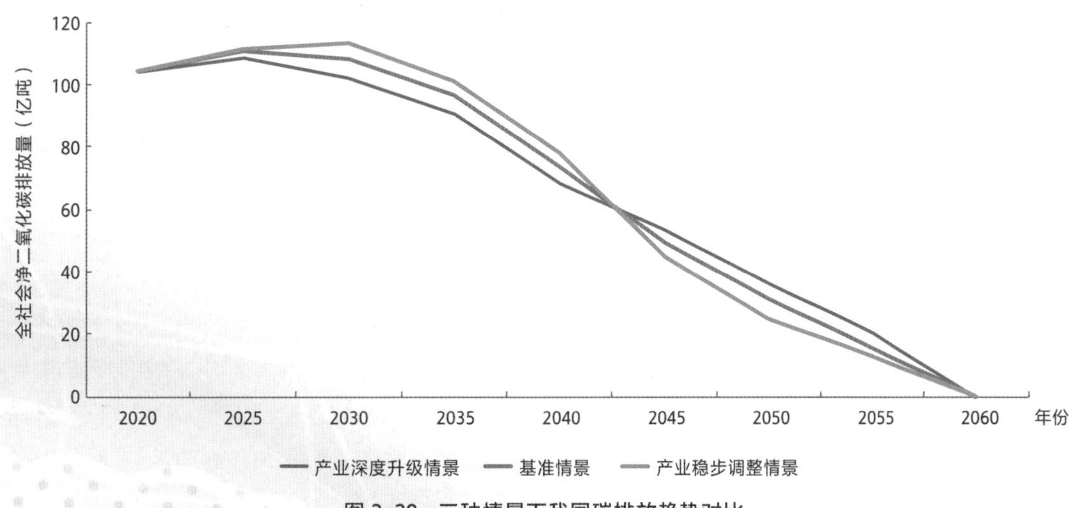

图 2-29 三种情景下我国碳排放趋势对比

2.4 重大不确定性因素研判

能源电力转型路径面临政策、技术和安全等多重不确定性。从中长期来看，我国能源转型的具体实践路径是一个动态迭代的过程，这个过程取决于“双碳”政策引导、颠覆性技术突破的进展、新能源安全可靠度及技术成本的下降速度等诸多因素。因此，本报告从政策、技术和安全多个维度，量化分析了关键不确定性因素对转型路径的影响程度：政策方面，碳价可成为引导行业 / 企业间碳排放流合理转移的重要政策工具，未来不同碳交易价格发展预期将深刻影响电力碳减排路径；技术方面，需综合考虑技术突破的不确定风险、保守规划的高成本代价及可能导致的路径依赖；安全方面，能源电力转型要以保障能源安全为前提，以提升能源安全韧性为动力，以实现能源绿色安全为最终目的。

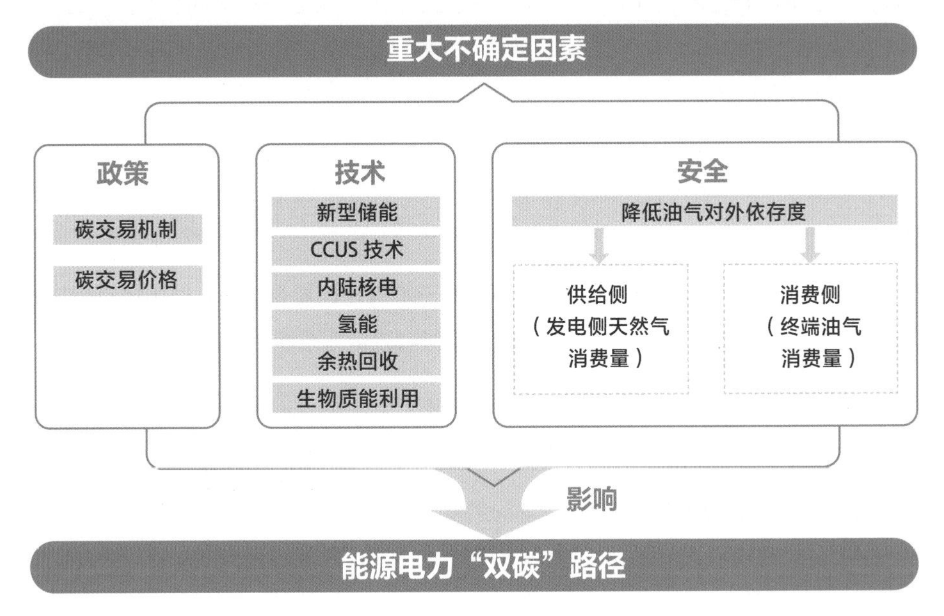

图 2-30　不确定性下的减排路径规划

政策维度

碳价可成为引导行业 / 企业间碳排放流合理转移的重要政策工具，将深刻影响电力碳减排路径

碳交易市场机制下，合理引导碳交易价格提升节奏，有助于发挥电力行业对工业等其他部门碳减排压力的转移承接作用。未来随着全国碳交易市场规模扩大、机制完善，电力行业与其他行业间碳排放权交易成为可能。考虑不同阶段下各行业边际碳减排技术成本差异，总体来看，工业部门碳减排难度更大，边际成本更高，适度抬高碳价，有利于促进电力行业加快清洁低碳转型，降低碳排放，为其他行业提供排放空间。

未来我国碳交易价格呈持续上涨趋势。本质上，碳交易价格反映了全社会边际碳减排成本，碳价格越高，企业推动自身碳减排的动力越大。近期，碳排放空间宽松，各行业通过节能提效、能源消费清洁化发展等措施即可完成碳减排任务，碳减排压力小，碳交易价格低，预计 2030 年碳交易价格约为 120 元 / 吨。中远期，随着碳排放裕度收缩，各行业增量与存量减排并重，减排压力快速提升，CCUS 等高成本零碳负碳技术的经济性发展趋势也将成为影响碳交易价格的重要因素，预计 2060 年碳交易价格为 300 ~ 350 元 / 吨。

碳交易价格的变化趋势也将深刻影响电力行业低碳转型路径。若未来碳交易价格低于预期，则电力行业碳排放峰值将会增加[12]，甚至远期电力行业内也不会实现净零排放。若未来终端部门节能减排技术超预期发展，带来全社会边际碳减排成本低于预期发展，届时电力行业将在电源结构清洁低碳转型与向其他行业购买排放配额之间进行经济性博弈，相对于基准情景，低于预期的碳交易价格将推高电力碳排峰值，远期电力行业也可以通过碳交易市场购买碳配额来抵消传统火电碳排放。测算表明，当 2060 年碳交易价格降低至 200 元 / 吨时，预计 2060 年煤电装机容量提高 3000 万千瓦，新能源装机容量降低约 6000 万千瓦，电力碳排提高约 0.3 亿吨。相反，若未来碳交易价格超预期发展，电力行业加快清洁低碳转型的意愿更加强烈，电力行业碳排放量进一步降低，为其他行业提供排放空间，经测算，当 2060 年碳交易价格提升至 500 元 / 吨时，煤电装机容量降低 6000 万千瓦，煤电 CCUS 技术改造规模提高约 4000 万千瓦，新能源装机规模提高约 1.2 亿千瓦，电力碳排放降低约 1.3 亿吨。

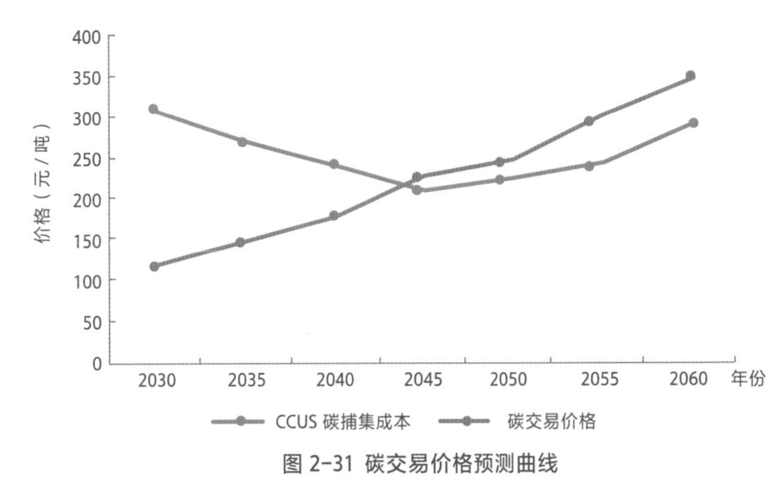

图 2-31 碳交易价格预测曲线

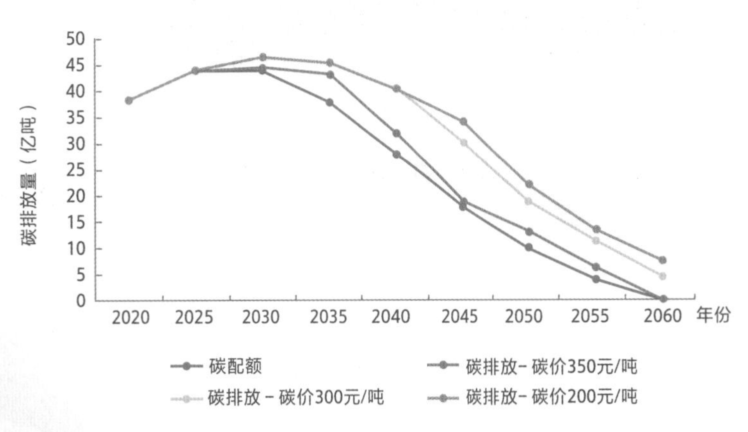

图 2-32 不同碳交易价格预期下电力碳排放曲线

技术维度

中长期发展规划最困难的是如何研判不确定性因素变化趋势。发展路径规划中通常只能考虑现阶段可预见的技术，并要对新技术发展图景做出预测和提出要求。若规划方案对技术创新和突破预测过于乐观，可能使整体发展目标的实现面临较大风险；而若对技术突破预测不足，更多依赖已有的相对确定性技术路径，保守的规划方案可能面临高成本代价。

对于强技术驱动的电力碳中和规划来说，这一点表现尤为突出。一方面，新型储能、CCUS、氢能等前沿技术在已设计的实施路径中都是不可或缺的，但这些技术实现突破、商业化运营、成本大幅降低等都面临强不确定性；另一方面，40年的长周期跨度中可能出现用能方式等潜在的、目前难以预见的颠覆性技术，使电力碳中和走上完全不同的技术路径。**在实际研究中，需要综合考虑技术突破的不确定风险和保守规划的高成本代价以及可能导致的路径依赖。其一，要多情景和敏感性分析，滚动规划。其二，要以碳中和可稳妥实现为基准，以“看得清”的技术、“够得着”的技术创新来设计路径。其三，科技创新要对低碳颠覆性技术全面布局，并围绕最可能路径加大关键技术研发投入。**

新型储能，尤其是长时储能技术能否如期突破，将成为碳中和阶段新能源与煤电之间技术路线竞争的重要因素

新能源装机占比、发电渗透率越高，所需储能容量越大、时长越长。当前新能源发电量占比约为 10%，电力系统灵活调节需求仍以日内电力平衡为主，未来随着新能源发电量渗透率提升，连续多日低出力天气状况、季节性功率波动造成的跨日、跨周、跨月 / 季电量调节需求快速增长，亟须提升系统中长期调节能力。结合基准情景下新能源发展展望，预计 2030 年最大周电量调节需求约占同期用电需求的 20%，2060 年最大跨季电量转移调节需求约占同期用电需求的 10%。

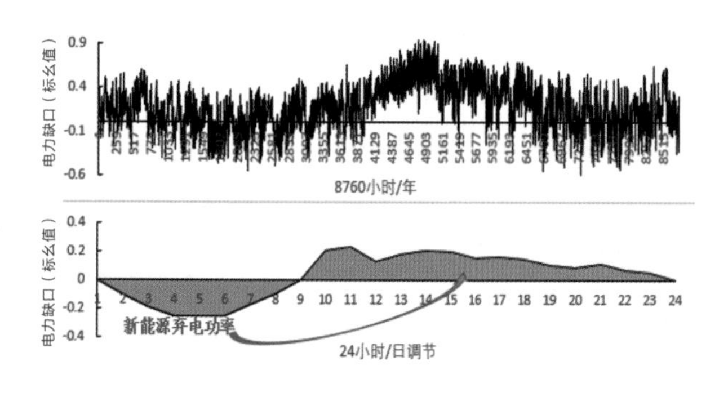

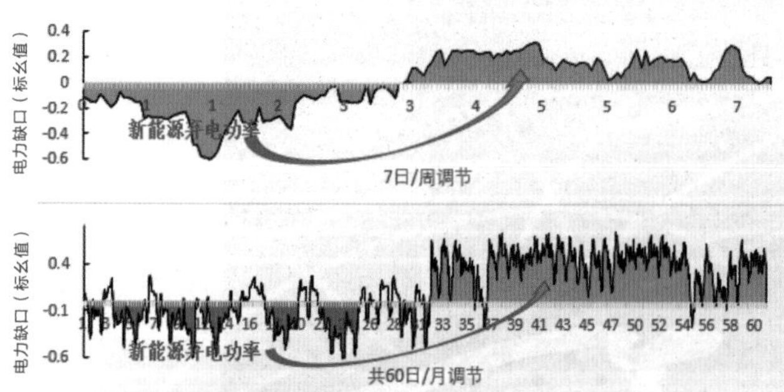

图 2-33 长时储能调节原理示意图

目前关于长时储能没有明确统一的定义。2021 年美国能源部发布相关报告，把长时储能定义为持续放电时间不低于 10 小时的储能技术；结合我国储能建设现状，也有业内人员将 4 小时及以上的储能技术归为长时储能。长时储能技术可分为机械储能、储热和化学储能三大主线，其中，机械储能包括抽水蓄能、压缩空气储能；储热主要为熔盐储热；化学储能包括液流电池储能、氢储能等。总体上，长时储能系统是可实现跨天、跨月，乃至跨季节充放电循环的储能系统，以满足电力系统的长期稳定。

表 2-3　　不同类型储能特征参数

方式	适用条件	响应时间	循环次数	效率	储能介质	单位成本
抽水蓄能	长时储能	分钟级	50 年	76%	水	6 ~ 8 元 / 瓦，1.2 ~ 1.6 元 / 瓦时
压缩空气	长时储能	分钟级	30 年	50% ~ 70%	空气	6 ~ 8 元 / 瓦，1.2 ~ 1.6 元 / 瓦时
熔盐储能	长时储能	—	20 ~ 30 年	70%	熔融盐（300 ~ 600℃）	3 元 / 瓦时
锂离子电池	最好在 1 ~ 4 小时，长时亦可	百毫秒级	8000 次（当前最高）	88%	锂离子电池	1.8 元 / 瓦时（碳酸锂价格在 50 万元 / 吨）1.2 元 / 瓦时（锂价回归到 2020 年初的情况下）
钠离子电池	最好在 1 ~ 4 小时，长时亦可	百毫秒级	3500 次（当前最高）	80%	钠离子电池	2 元 / 瓦时 理想条件下可降低到 1 元 / 瓦时
全钒液流电池	长时储能	百毫秒级	20000 次以上	70% ~ 80%	钒电解液（常温）	3 元 / 瓦时 若钒价在 15 万元 / 吨，电解液中钒材料成本为 1.2 元 / 瓦时
铁铬液流电池	长时储能	百毫秒级	20000 次以上	70% ~ 80%	铁铬电解液（60℃）	2.5 元 / 瓦时
氢储能	长时储能	秒级	10 ~ 15 年	电解水：65% ~ 75%；燃料电池：55% ~ 60%	氢	3.75 元 / 瓦时

资料来源：国际能源网，中国科学院工程热物理研究所，CNESA，光大证券研究所整理；成本统计日期为 2022 年 6 月。

“双碳”目标下，“新能源 + 储能”与“煤电 +CCUS”是两条相互竞争的可行技术路线。尤其未来长时储能技术突破的时间节点、部署规模更是会对电力“双碳”路径产生深刻影响。在基准情景（不考虑部署跨季节长时储能系统）下，假设跨季节储能技术在 2030 年实现突破，并开始商业化部署，量化计算表明：

1）相对于基准情景，中远期新能源装机规模明显提升，2060 年新能源装机规模提升 3.8 亿千瓦，发电量提升 6200 万千瓦时，新能源消纳率提升约 5%。

2）相对于基准情景，中远期煤电退出节奏加快，2060 年“煤电 +CCUS”装机规模降低 3800 万千瓦，碳捕集量降低 9600 万吨。

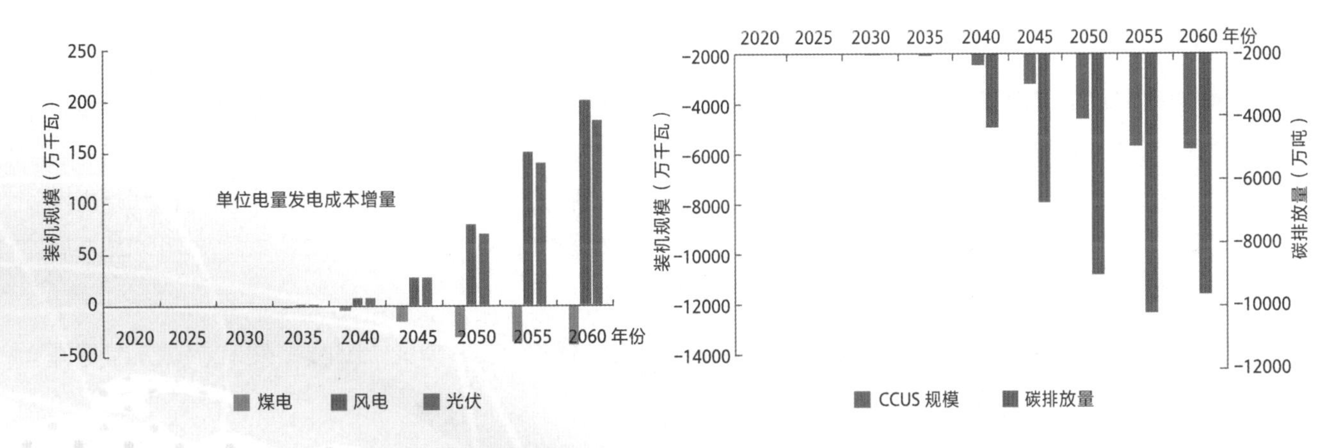

图 2-34　长时储能技术突破情景下煤电与新能源装机规模变化趋势

CCUS 技术成熟度及推广时间将深刻影响煤炭退出和煤电转型方式

考虑我国以煤为主的资源禀赋和目前大量优质存量煤电机组的系统结构，CCUS 技术是我国电力转型过程中的战略性关键低碳技术，其技术成熟度及实现时间将对碳达峰碳中和情景和路径带来深刻影响。

目前我国 CCUS 技术总体还处于研发和示范的初级阶段，规模化推广与应用还存在着经济、技术、环境和政策等方面的困难和挑战，但中长期来看技术经济性仍有较大进步潜力。

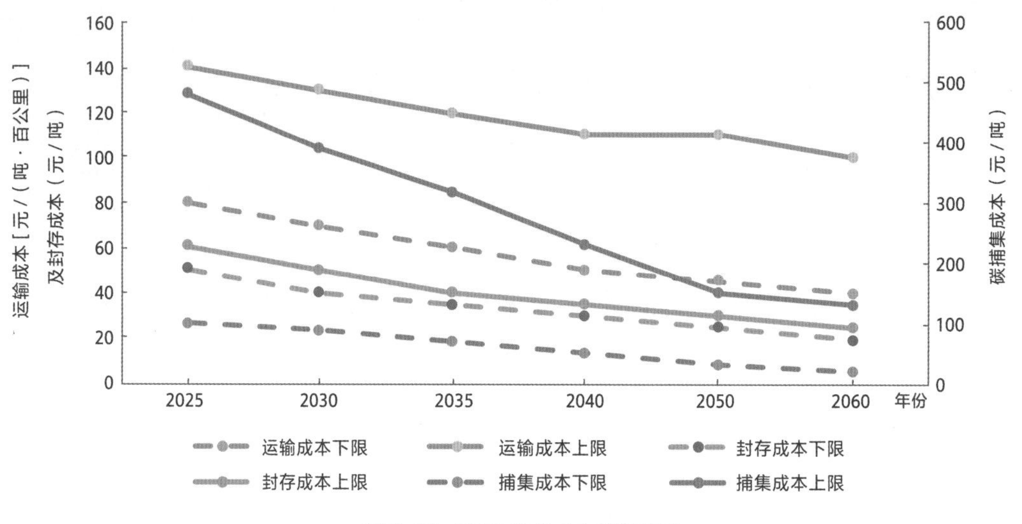

图 2-35 CCUS 技术成本发展趋势

技术成熟度及应用潜力预测

- 2030 年前为 CCUS 技术全流程示范阶段；2030－2040 年为一代技术成熟应用阶段，二代技术成本快速下降；2040 年之后 CCUS 技术步入大范围商业化推广阶段。
- 我国油气田、盐水层的理论封存潜力分别约为 3.4 亿、190 亿吨，预计近中期二氧化碳强化驱油将是主要的封存方式，中长期盐水层封存则是主力。

“煤电 +CCUS+ 新能源”协同发展是中远期煤电高质量绿色转型的重要途径。我国拥有大量优质煤电机组，正值“青壮年”期，煤电的发展与退出路径是我国面临的特殊战略性问题。我国存在 9 亿～ 10 亿千瓦高参数、大容量、低排放煤电机组资产，且我国煤电平均服役期仅为 12 年，发达国家平均约 40 年，若全部提前退役，搁浅资产规模可达 9000 亿～ 2.5 万亿元，同时也可能对系统安全稳定运行带来较大影响。CCUS 改造是我国解决煤电机组发展出路的关键战略储备技术，对我国实现碳减排目标意义重大。

“煤电掺烧生物质 +CCUS”模式，燃煤电厂掺烧生物质后，通过 CCUS 捕集二氧化碳，实现二氧化碳净零排放，是未来煤电低碳清洁化发展重要方向。

“风光制氢 + 煤电 CCUS”碳循环经济模式，将利用风光等新能源电解水制取的绿氢，与 CCUS 捕集的二氧化碳结合，大规模制取甲醇或甲烷等化工原料，发展碳循环经济，降低煤电 CCUS 改造后运行成本[13]。

我国煤电机组 CCUS 技术改造潜力大。我国适宜 CCUS 改造的燃煤机组主要分布在东部和南部地区，约有 3.9 亿千瓦的煤电机组在 250 千米范围存在合适的储存地点。

煤电 CCUS 的碳捕集率显著提升。当前第一代 CCUS 碳捕集效率在 80% 左右，未来随着新一代 CCUS 技术成熟，碳捕集效率可以快速提升至 90% 以上，煤电的碳排放系数能迅速降低至 40 克 / 千瓦时左右，煤电清洁化率大幅提升。

未来煤电 CCUS 改造的经济性将得到显著改善。根据测算，2030 年煤电 CCUS 改造后，初始改造成本高达 1544 元 / 千瓦，附加运行成本 0.362 元 / 千瓦时能耗增加 46%，但是 2035 年以后煤电 CCUS 改造经济性迅速改善，2060 年以后，煤电 CCUS 改造成本降至 272 元 / 千瓦，附加运行成本降至 0.136 元 / 千瓦时，能耗增量降至 24%，具有非常可观的商业化可行性。

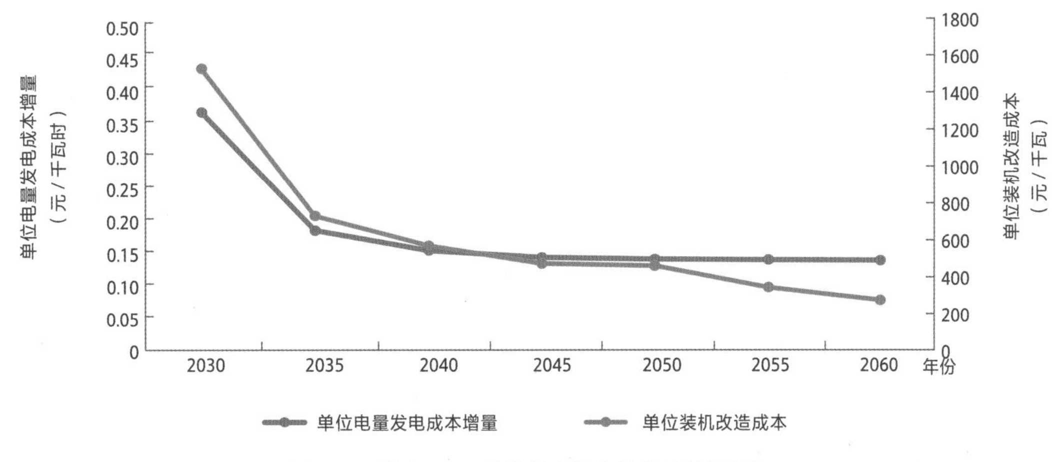

图 2-36 煤电 CCUS 改造技术经济性参数发展趋势

若 CCUS 不能实现技术突破和规模化商业应用，未来系统将基本难以保留煤电、气电等可提供惯量的传统电源，新能源渗透率和系统电力电子化程度将进一步提高，电力系统安全风险和电力平衡将面临重大考验。从经济性角度看，如不能保留 CCUS，2060 年煤电全部退出，较基准情景，远期需增加 5 亿～13 亿千瓦新能源装机和 10 亿千瓦以上新型储能，转型成本将增加 4.5 万亿元，增长幅度约为 7%。

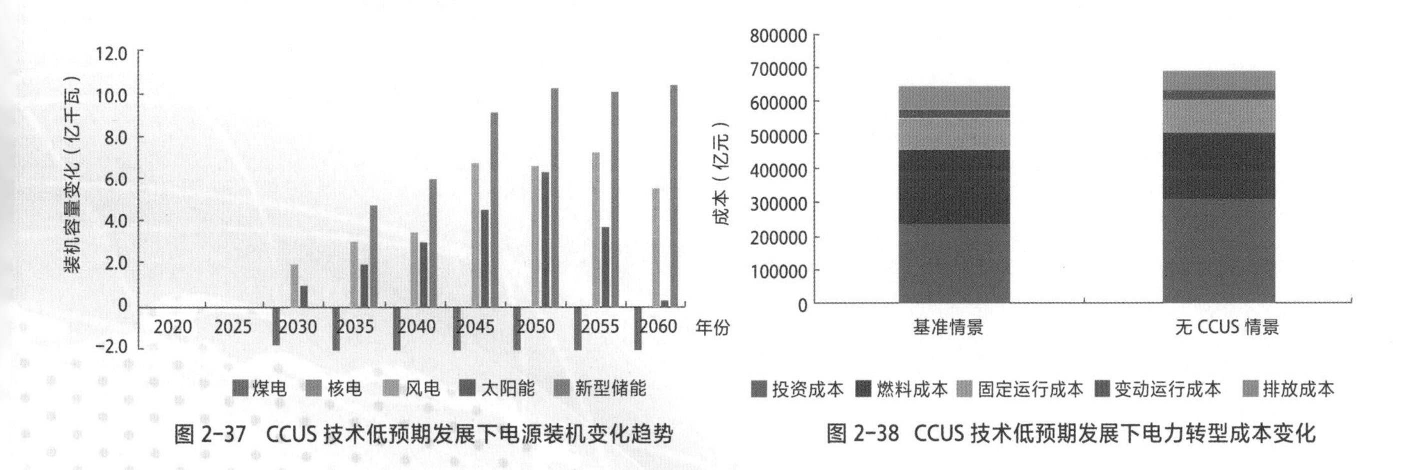

图 2-37 CCUS 技术低预期发展下电源装机变化趋势

图 2-38 CCUS 技术低预期发展下电力转型成本变化

内陆核电是否开发、核能综合利用技术均是影响电力"双碳"路径走向的重要因素

核电作为能量密度高、可同时提供电力和电量的非化石能源，在"双碳"目标下应大规模发展，但面临是否启动内陆核电、核电延寿等重大决策问题。

我国沿海厂址资源可支撑装机容量1.8亿~2.1亿千瓦（含在运在建项目），综合考虑年均开工6～8台机组的建设节奏及厂址资源使用情况，2035年后将基本开发完毕。

我国内陆核电厂址资源目前约2亿千瓦，从技术层面看，四代核电气冷堆技术固有安全性大幅提升，小型堆技术持续发展，具备内陆规模化开发应用条件，但需要综合考虑安全、环境、社会稳定等因素，探索内陆核电开发并加强核电延寿技术、法规、环评等关键问题研究。

- 基准情景下，2035年以后利用四代核电技术、小型堆技术实现内陆核电接续开发，预计2060年我国核电装机规模达4亿千瓦，其中内陆核电装机容量约为2亿千瓦。

- 若内陆2亿千瓦的核电厂址资源不能开发，为确保电力电量平衡，可选替代方案是加大火电和新能源开发力度，预计2060年火电、新能源、新型储能装机容量需分别提高2000万、8.4亿、3亿千瓦，推高整体电力供应成本1.5%（约1万亿元）。

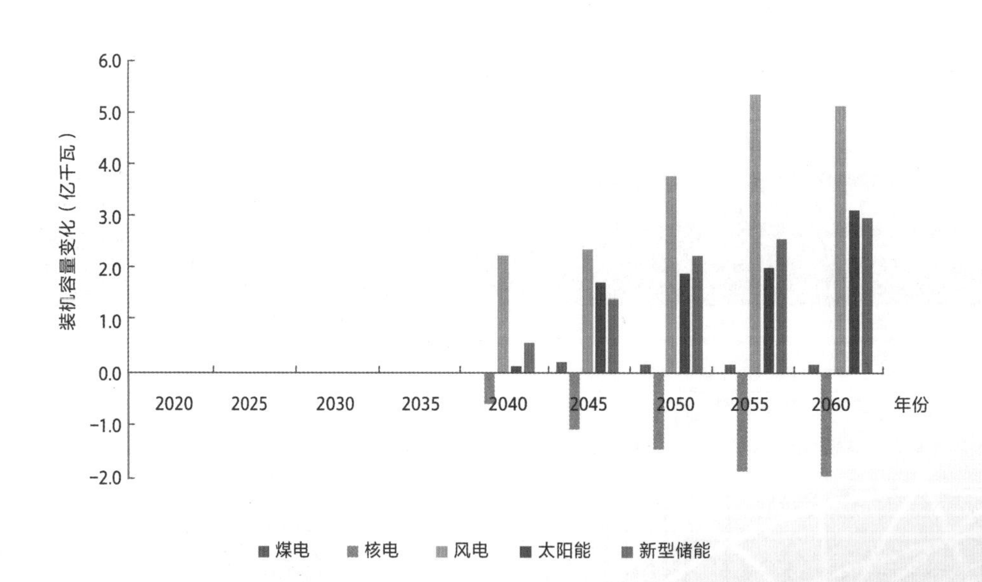

图2-39 内陆核电不开发情况下电源装机变化趋势

除传统的核能发电外，核能综合利用的内涵广泛，应用场景多样。未来可以充分发挥大型压水堆、高温气冷堆、模块化小堆、低温供热堆等各自的优势，紧密结合用户侧综合能源消费需求，实现供电、居民供暖、工业供汽、制氢、海水淡化等多场景综合利用。

核能供热主要有两种方式

基于现有的大型核电厂，利用核电站的抽汽向热网供热。比如，山东海阳利用核电厂余热向 450 万米^{2}的居民进行供热，成为全国首座“零碳”供暖城市。

在城市中或近郊建专门用于供热的低温核供热反应堆。国外积累了一定的经验，国内目前还没有建成的项目。

在“双碳”目标下，通过积极发展核能供热技术，能够有效替代热电联产、燃煤锅炉，从而减少能源电力碳排放。当前我国北方城镇供热面积约 140 亿米^2，未来考虑其中 15% ~ 20% 供热面积实现核能供热，预计可减少煤炭消耗 0.3 亿 ~ 4.3 亿吨标准煤，减少二氧化碳排放 0.9 亿~ 1.2 亿吨。

氢能发展不确定性将影响终端脱碳进程和新能源开发利用规模

绿氢有望弥补部分领域内电能替代受限的不足，助力能源消费侧深度脱碳。受技术特性影响，电能在航空、航运、钢铁生产、化工生产、高温工业热能、长途公路运输等高能耗、高碳排放领域有替代瓶颈。氢能与煤炭、油气同为化学能载体，在储运、燃烧等方面特性相似，通过可再生能源制取得到的绿氢，有望广泛应用于电能替代受限的领域，实现化石能源的深度替代及能源消费侧的深度脱碳。基准情景下，预计 2060 年新能源制氢电量达到 2 万亿千瓦时，年制氢规模 6000 万吨以上。

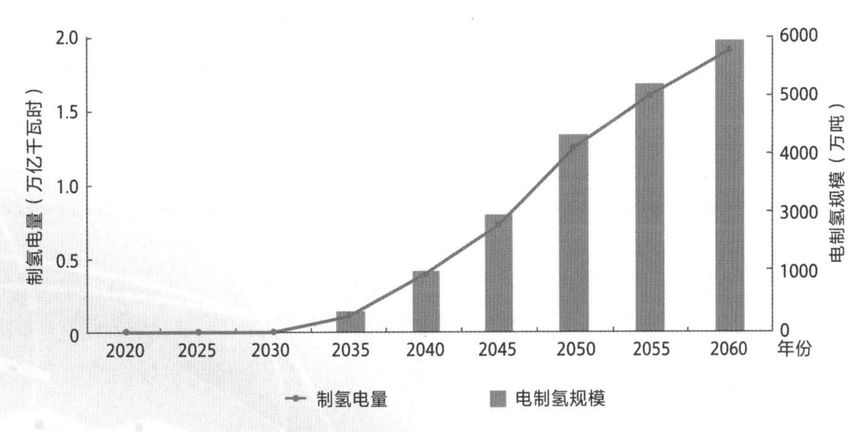

图 2-40 基准情景下电制氢规模变化趋势

电－氢耦合利用技术在氢气制取、氢气存储、氢能利用等多个环节均具有参与电网灵活互动调节潜力。一方面，电制氢可以作为高度可调节负荷，有效提升电力系统灵活性和安全性，促进新能源消纳利用。另一方面，电制氢可以与储氢设备、燃氢机组或燃料电池相结合，实现新能源的大规模、长时段存储与转换，有效保障新能源的可持续、大规模开发利用。近中期氢能技术主要在日内调峰、灵活爬坡等应用场景下发挥作用，预计 2030 年可挖掘调峰潜力 0.45 亿千瓦，远期将逐渐发挥顶峰保供、跨日 / 周 / 月 / 季电量平衡等灵活调节潜力，预计 2060 年具备跨季调节能力 1000 亿千瓦时。

表 2-4　　2020－2060 年氢能系统可提供灵活调节能力

年　份	2020	2025	2030	2035	2040	2045	2050	2055	2060
电制氢负荷（亿千瓦）	0	0.05	0.1	0.6	1.7	2.9	4.5	5.5	6
储氢（万吨）	0	0	0	7	34	88	190	244	289
氢燃料电池装机（亿千瓦）	0	0	0	0.01	0.05	0.13	0.27	0.34	0.40
日内调峰能力（亿千瓦）	0	0.04	0.07	0.45	1.22	2.08	3.24	3.85	4.21
日内爬坡能力（亿千瓦/小时）	0	0.03	0.05	0.38	1.02	1.74	2.70	3.21	3.51
顶峰保供能力（亿千瓦）	0	0	0	0.01	0.05	0.13	0.27	0.34	0.40
跨季电量平衡（亿千瓦）	0	0	0	0	100	300	700	900	1000

低成本电解水制氢是实现氢能可持续发展的关键，若氢能技术经济性发展不及预期，工业、交通等领域深度脱碳进程受阻，并将对电能替代手段更加依赖，导致全社会终端电气化水平进一步提升；另外，电制氢规模减小将降低新能源跨系统消纳利用能力，新能源跨周期消纳也将难以实现突破，从而对电力“双碳”路径产生深刻影响。对比基准情景，假设未来电制氢规模分别提升 50%、降低 50%，设置高、低电制氢发展规模情景，量化对比分析不同情景下电力“双碳”路径变化情况。

近中期

由于电制氢规模偏少，不同情景下电力“双碳”路径差异较小。

远期

相对于基准情景，2060 年高、低电制氢发展规模情景下，新能源装机规模增加 4.1 亿千瓦、降低 3.7 亿千瓦，煤电装机规模增加 3000 万千瓦、降低 2000 万千瓦。

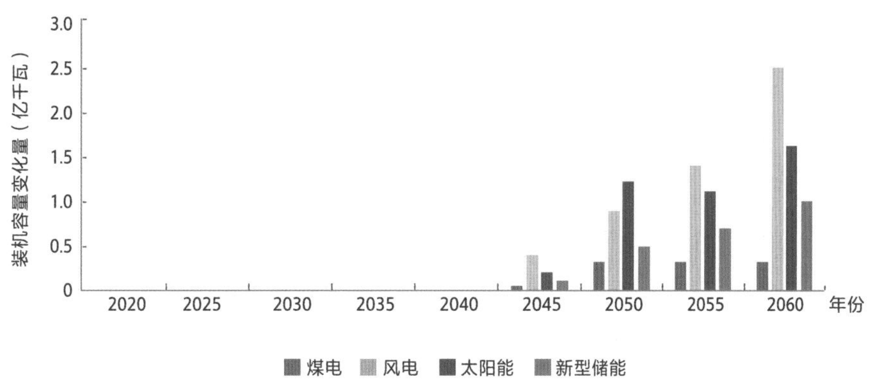

图 2-41　高电制氢发展规模情景下电源装机变化趋势

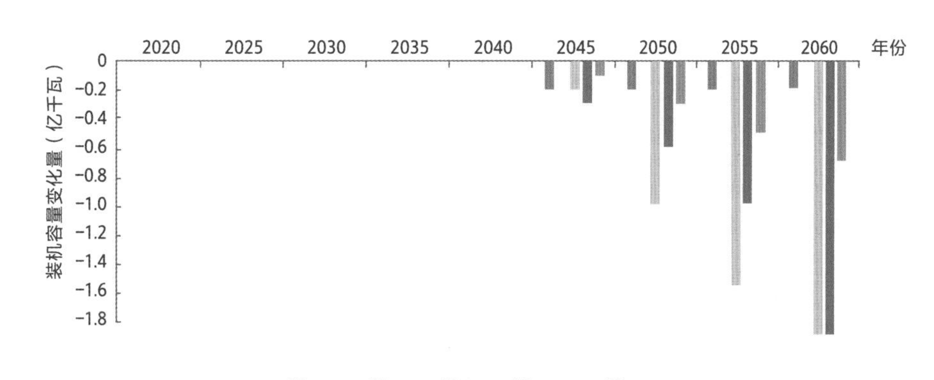

图 2-42　低电制氢发展规模情景下电源装机变化趋势

未来余热回收利用技术及其规模，将成为供需双侧影响电力“双碳”转型路径的重要因素

我国余热资源丰富，可挖掘利用潜力大。研究测算，2020 年我国可回收余热总资源平均值约 13 亿吨标准煤，其中工业余热资源约 5 亿吨标准煤。从目前工业余热现状来看，高温余热回收技术已经在我国的钢铁、水泥、冶金等行业广泛应用，但还有大量的低温工业余热未得到利用。

我国工业余热中温度低于 350℃的低温余热约占余热总量的 60%，基于水蒸气朗肯循环的传统发电技术，无法利用这部分温度较低、较为分散但总量巨大的能源。有机朗肯循环（Organic Rankine Cycle,ORC）发电技术以有机工质代替水推动膨胀机做功，对于 80~350℃的余热，发电效率为 10% ~ 20%，为工业低温余热资源回收提供了技术手段和装备。

从发电侧来看，量化分析低温工业余热发电对电力“双碳”路径的影响。在基准场景的基础上，考虑 50% 的低温工业余热资源用于发电，计算结果表明：2030 年煤电、新能源装机容量较基准情景分别降低 1100 万、3700 万千瓦，2060 年分别降低 700 万、6000 万千瓦。

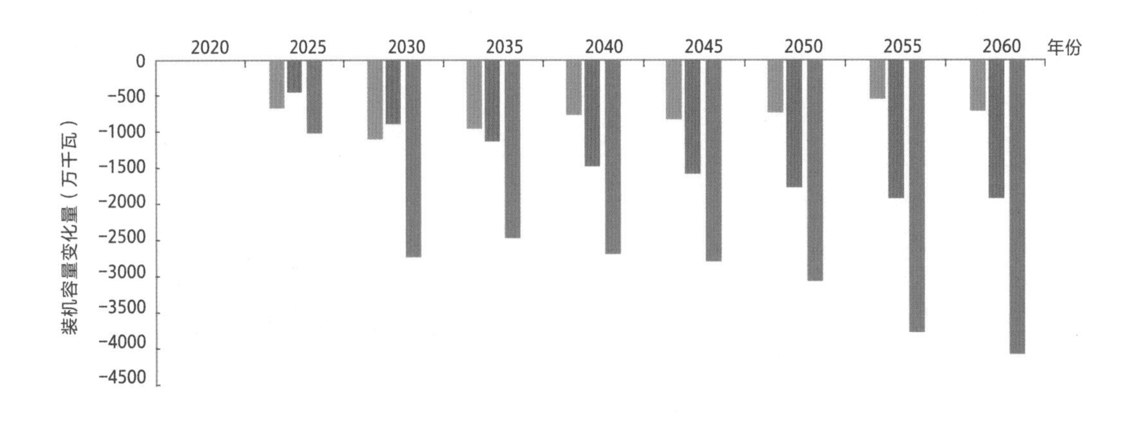

图 2-43　工业余热发电利用情景下电源装机变化趋势

我国对热能有巨大需求，从建筑运行中的供热、供热水，到工业生产中的热工艺过程和农业环境调控均需要大量的热能，但目前这些热能大部分仍由传统化石能源及设备提供。电热泵是一种通过输入少量电力即可利用低温热源制取高温热源的装置，其制热技术效率可达到电锅炉的2~8 倍，用于供给等量热负荷时耗电量更低，未来通过发展热泵技术来利用工业余热低温热源满足建筑、工业等场景的供热 / 冷需求。

从用电侧来看，量化分析“热泵 + 低温余热”供热 / 冷对电力“双碳”路径的影响。在基准场景的基础上，考虑 50% 的低温工业余热资源直接用于终端供热 / 冷，计算结果表明：2030 年煤电、新能源装机容量较基准情景分别降低 4500 万、1.5 亿千瓦，2060 年分别降低 3000 万、2.5 亿千瓦。

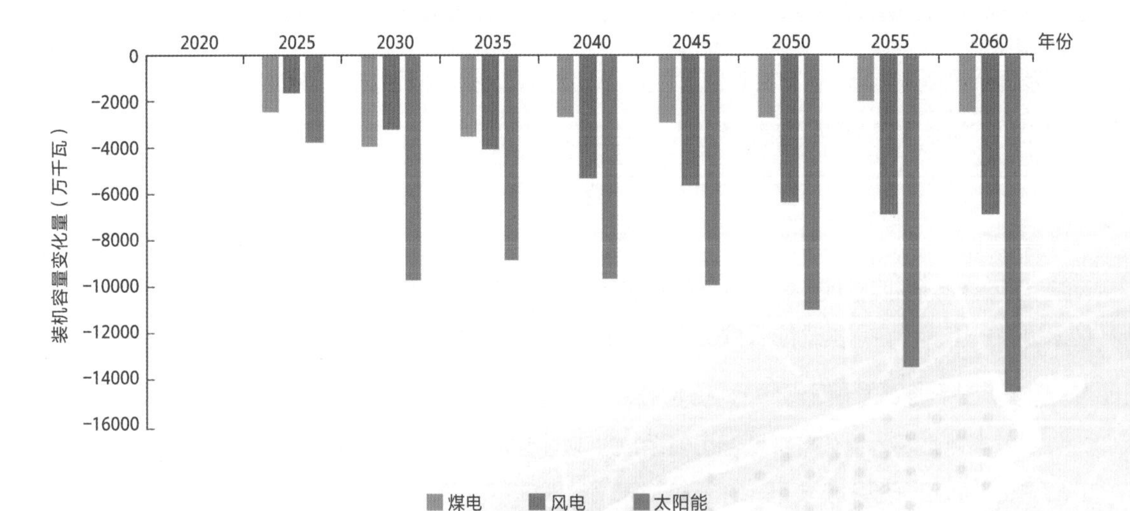

图 2-44　工业余热终端利用情景下电源装机变化趋势

未来生物质能利用技术及其规模，将成为提升煤电清洁化利用水平、电力系统碳减排自主贡献度的重要因素

生物界的碳通过燃烧、降解和呼吸三个过程重回到自然界，构成碳元素循环链，不会提升大气二氧化碳浓度，因此国际上称生物质能为零碳能源。

我国生物质资源丰富，主要包括农业废弃物、林业废弃物、生活垃圾、污水污泥等，当前我国生物质能开发潜力约为 4.6 亿吨标准煤。随着我国经济发展和消费水平提升，未来我国生物质资源潜力呈上升趋势，预计 2060 年可达 7 亿吨标准煤。

生物质能通过发电、供热、供气等方式，广泛应用于工业、农业、交通、生活等多个领域，是其他可再生能源无法替代的。若结合 BECCS 技术，生物质能将创造负碳排放。

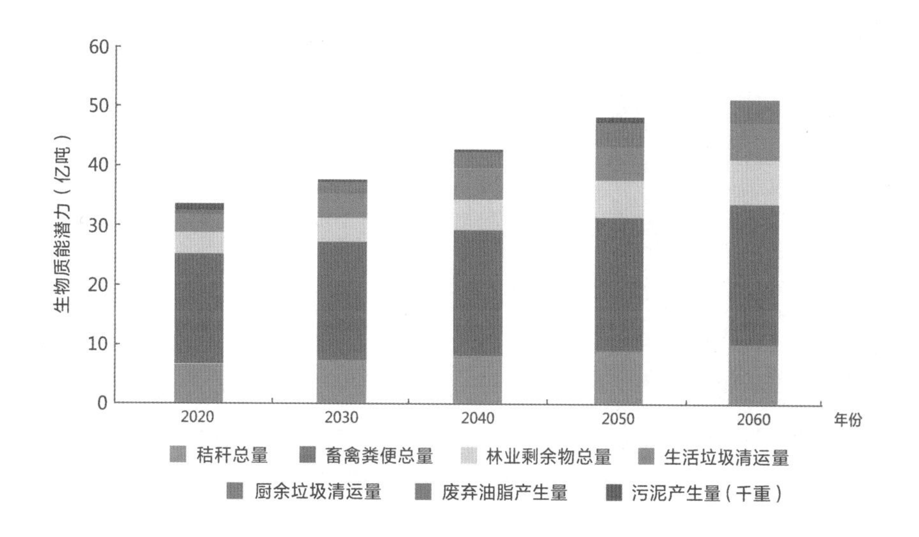

图 2-45 我国生物质能潜力分布情况

生物质能利用技术（含 BECCS）将为保障电力行业平稳有序实现“双碳”目标发挥重要作用。通过煤电掺烧生物质技术升级，可以显著降低煤电碳排放强度，缓解煤电退出压力，有利于保障电力供应安全；远期，煤电加快向灵活调节、应急备用功能转变，年发电利用小时数大幅降低，难以完全通过 CCUS 技术改造实现净零排放，通过发展生物质发电 +CCUS 技术（BECCS），成为电力行业唯一负排放源，有助于电力行业在不用借助自然碳汇的前提下，实现行业内部碳中和目标。

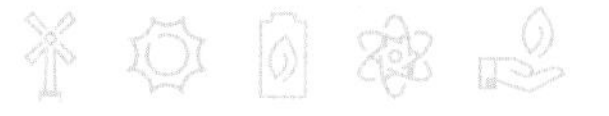

分阶段量化分析生物质能利用技术对电力双碳路径的影响：

1）电力碳达峰阶段，在基准情景下，设置煤电掺烧生物质技术路径，具体的，按照掺烧20%生物质能的标准，截至2030年累计改造煤电装机容量为5亿千瓦。相对于基准情景，煤电装机容量峰值不变，但煤电发电量峰值提高近2000亿千瓦时，碳达峰时间延后2～3年，电力碳排峰值降低约0.5亿吨，2030年新能源装机规模降低1.2亿千瓦。

2）电力碳中和阶段，在基准情景下，将生物质+CCUS技术改造规模下调50%，设置对比情景。量化技术表明，相对于基准情景，远期煤电装机规模降低1亿～2亿千瓦，新能源装机规模增加3亿～4亿千瓦，新型储能规模增加1.4亿～2.4亿千瓦。

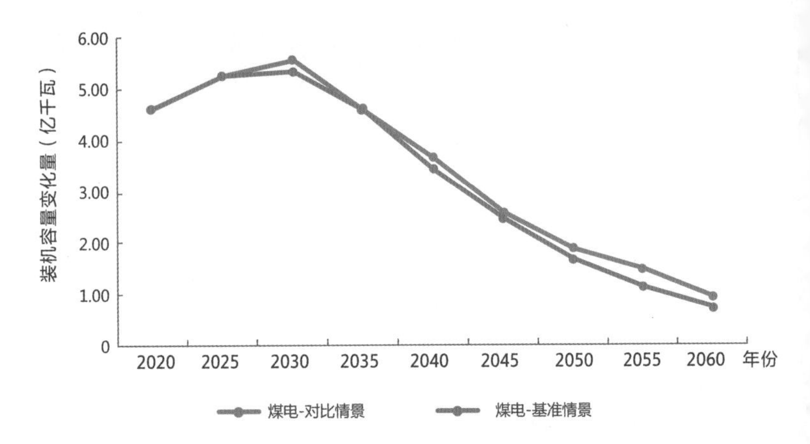

图2-46 煤电掺烧生物质对煤电装机的影响

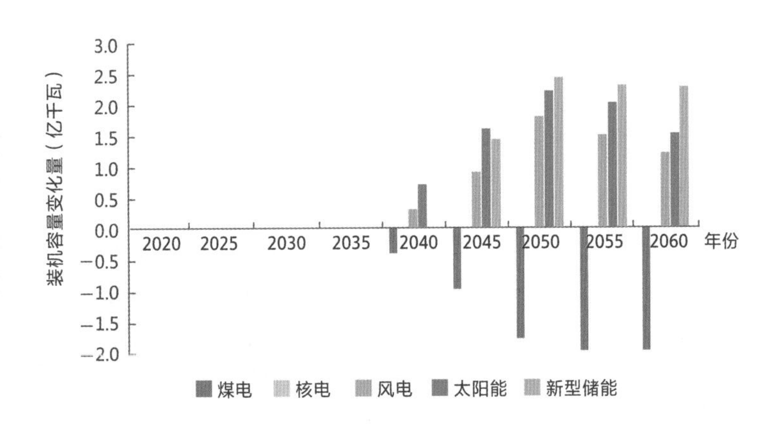

图2-47 生物质+CCUS技术改造规模对电源装机的影响

安全维度

未来提升我国能源安全的着力点在于统筹推动非化石能源发展和化石能源清洁利用，但降低油气对外依存度仍是近中期保障能源安全的工作重点

中长期看，保能源安全核心是降低油气对外依存度。随着中国经济的高速发展，过去10年我国对原油、天然气的需求不停增加，油气对外依存度不断增长。2011年中国原油、天然气对外依存度分别为55.9%、21.5%，2021年分别达到了72%、44%，10年间分别增加了16%、22%。综合考虑未来我国油气消费量及产能变化趋势，未来我国原油对外依存度仍将小幅上涨，2030年达到峰值，涨幅5%；天然气对外依存度上涨空间较大，涨幅约15%，2035年达到峰值。

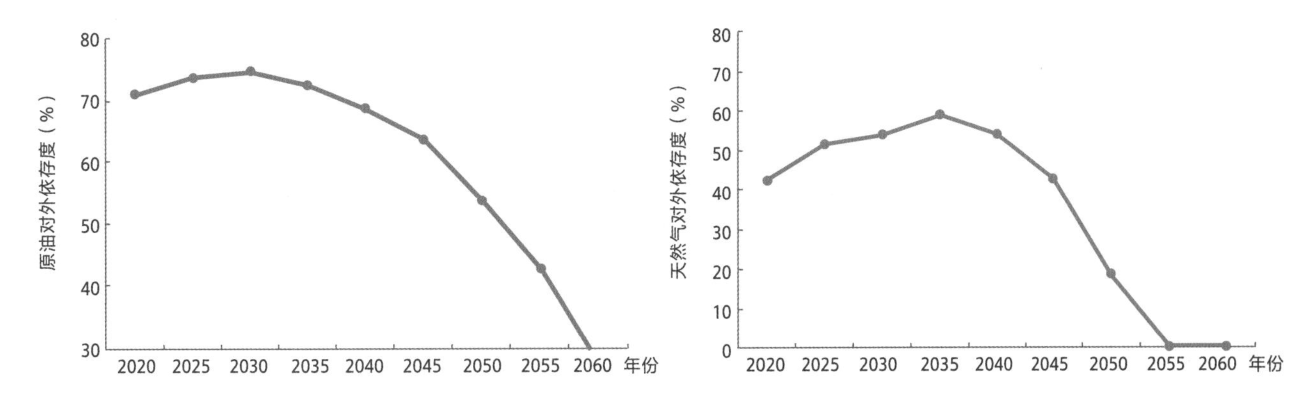

图 2-48 基准情景下未来我国油气对外依存度变化趋势

中长期来看，降低油气对外依存度仍将是保障我国能源安全的重点。以新能源为抓手，加快能源供给侧电气化发展、能源消费侧电气化替代，有利于充分发挥我国新能源资源禀赋、技术和产业优势，调整优化当前以油气资源为基础的能源地缘政治格局，提升我国能源安全保障能力，与此同时，也将降低油气对外依存度的外部压力，并对我国能源电力双碳路径产生影响。传导影响机理如下：

1）能源供给侧：降低发电侧天然气消费量，将导致天然气发电装机规模及发电量下降，进而导致新能源等其他电源装机需求提升。

2）能源消费侧：降低工业交通等部门的终端油气消费量，将该部分用能需求转移电力行业，将导致全社会用电量需求提升，提升新能源等电源发电需求。

在基准情景下，通过设置不同的原油、天然气对外依存度峰值下降目标，量化分析控制油气对外依存度对电力“双碳”路径的变化。

1）我国原油对外依存度峰值每降低 10%，预计 2030 年新能源装机容量提高 9 亿～ 13 亿千瓦，煤电装机容量提高 1 亿～ 2 亿千瓦；2060 年新能源及煤电装机变化不大。

2）我国天然气对外依存度峰值每降低 10%，预计 2030 年新能源装机容量提高 2 亿～ 3 亿千瓦，天然气装机容量降低 1000 万～ 2000 万千瓦，煤电装机容量将提高 300 万～ 500 万千瓦；2060 年新能源及煤电装机变化不大。

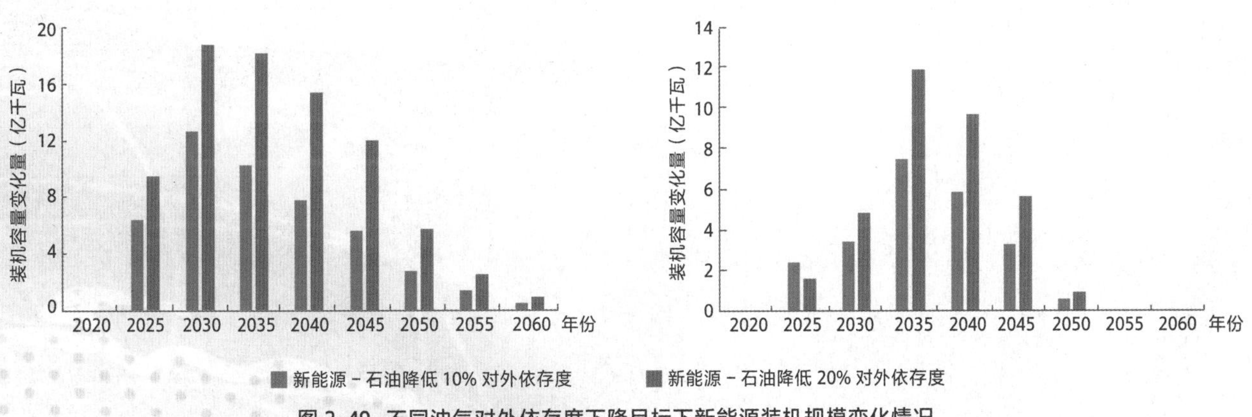

图 2-49 不同油气对外依存度下降目标下新能源装机规模变化情况

（**本章撰写人：**夏鹏、陈海涛、元博、伍声宇、鲁刚　**审核人：**金艳鸣）

路径实施篇

03

“双碳”目标下能源电力科技创新

科技创新是“双碳”转型的第一动力，在高质量发展中的功能和作用更加突出，科技自立自强的重要性和紧迫性更加凸显。“双碳”转型是复杂系统性工程，面临全方位挑战，必须充分发挥科技创新的引领作用，全面考虑与技术发展的一体化布局，突出融合创新、集成创新和协同创新，以系统思维谋划科技创新与“双碳”转型。

3.1 科技创新与“双碳”转型的关系

纵观能源发展历史，科技创新引领每一次能源转型。面向“双碳”，我国必须坚持科技是第一生产力、创新是第一动力，完善科技创新体系，加快实施创新驱动发展战略，以关键技术的重大突破支撑高质量发展。

图 3-1 科技创新是第一生产力

“科学技术是生产力”是马克思主义的基本原理，马克思深刻地指出：“社会劳动生产力，首先是科学的力量。”“大工业把巨大的自然力和自然科学并入生产过程，必然大大提高劳动生产率。”科技创新之于能源“双碳”转型意义深远，新一轮科技革命和产业变革与我国加快转变经济发展方式将形成历史性交汇，为我们实施创新驱动发展战略提供了难得的重大机遇[14]。

从历史规律看：科技创新是每一次能源转型背后的重要驱动力

第一次能源转型，以蒸汽机技术为代表的能源科技创新推动煤炭走上历史舞台。

第二次能源转型，以内燃机技术为代表的能源科技创新使石油和天然气成为经济社会发展的新血液，带来汽车、航空、化工等一系列新的支柱型产业。

第三次能源转型，主导能源将从化石能源转向可再生能源（光伏、风电、水电、核电等），克服可再生能源开发的技术瓶颈以及提升能效是关键。

从应对挑战看：科技创新是解决能源转型各种问题的根本出路

能源低碳转型不可避免地带来了诸如安全稳定运行风险突出、系统成本上升、清洁低碳化任务加重等挑战，技术进步无疑是解决这些问题最锐利的武器。当前我国支撑碳达峰碳中和的绿色科技在基础研发、示范推广、标准体系等方面还存在不足，必须依靠科技创新，依托新理论、新方法、新材料和新设备，加快重大前沿科学技术难题攻关。

"双高"电力系统面临规划运行机理不清晰挑战

未来保障电力系统安全稳定运行需要突破其多能耦合规划机理、形态演进机理与安全稳定分析基础理论。

我国能源生产与消费面临降碳挑战

依托新型清洁能源发电技术、CCUS 技术等实现电源侧降碳。

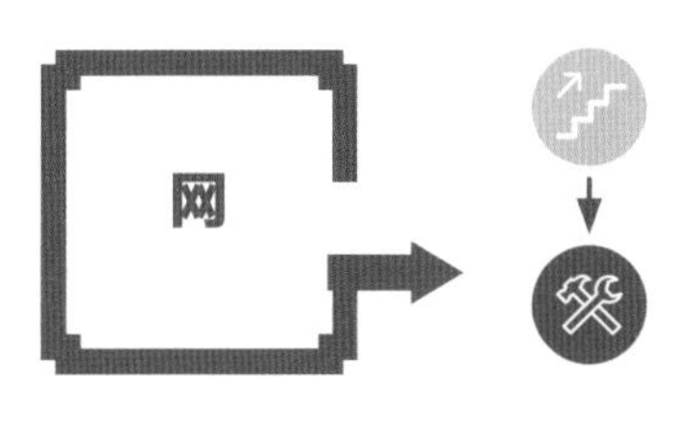

交流电网形态逐步演化，维持稳定运行的物理基础被不断削弱

加强“沙戈荒”大基地外送技术攻关，突破灵活柔性输电等技术应用，提升电网运行灵活性，提高资源配置能力；建立“双高”电力系统稳定性认知、分析的新理论；推动建设适应分布式、微网等发展的智能配电网。

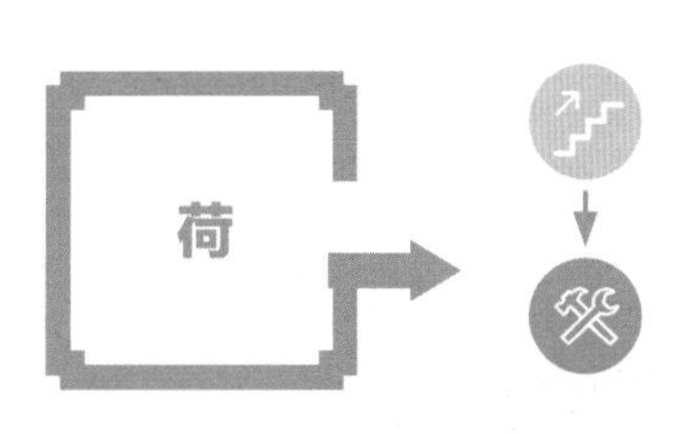

需求侧面临提升能源效率挑战

依托多能转换与能源综合利用技术，实现电能与其他能源的高效转换和互补利用，助力用能清洁化和提升能源系统综合效率。

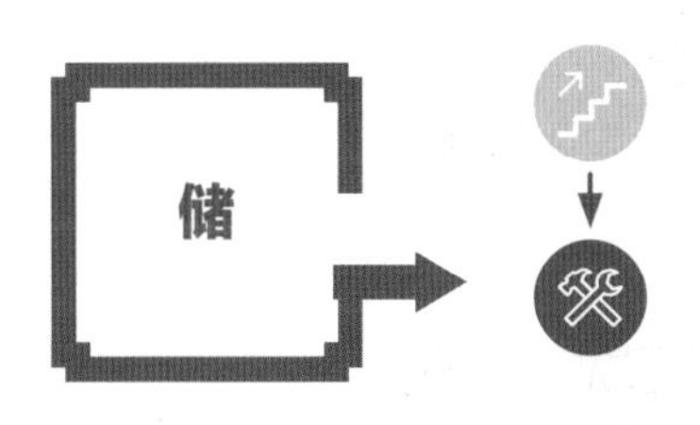

电力系统发用电实时平衡模式深刻变化

依托能够与电能高效双向转换且能够大量长期存储的储能，使“发一用”实时平衡变为“发一储一用”实时平衡，以储能为媒介实现发用电逐步解耦。氢能是满足长周期平衡调节需求的重要技术手段。

从驱动变革看：科技创新是引领能源高质量发展，驱动经济社会系统性变革的关键动力

科技创新将驱动能源生产消费模式的全方位变革，带来产业革命和经济社会的系统性变革，也将带来发展模式的全方位转变。面向经济社会发展主战场，以能源科技革命引发产业革命，转化为经济社会发展推动力。坚持产业化导向，加强行业共性基础技术研究，努力突破制约产业优化升级的关键核心技术，为转变经济发展方式和调整产业结构提供有力支撑。以培育具有核心竞争力的主导产业为主攻方向，围绕产业链部署创新链，发展科技含量高、市场竞争力强、带动作用大、经济效益好的战略性新兴产业，把科技创新真正落到产业发展上。

从全球竞争看：科技创新是实现科技自立自强，占据科技竞争主动权和制高点的必然选择

碳达峰碳中和本质上是一场技术创新和发展路径创新的竞赛。能源技术革命将触发新的工业革命已是共识，只有通过掌握核心技术，抢占新工业革命的制高点，成为新一轮竞赛规则的制定者和主导者，才能在未来的能源体系中占据主动。当前，全球许多国家和地区在积极布局绿色低碳产业、发展清洁技术。

从碳汇机理的研究、碳源碳汇的监测与核算，到高效储能、氢能、CCUS 等关键核心技术的突破，再到重点行业的节能减排、绿色转型发展，只有在这些具有前瞻性的领域占据领先地位，才可能在竞争中占据主动[15]。

各个格子 21 件专利
丰田自动车株式会社
松下电器产业株式会社
株式会社 LG 新能源
三星 SD 株式会社
日本电池株式会社
其他公司
正极活性材料
非水电解质
电解质
电池组
燃料电池
正极活性物质
电解液
锂离子
固体电解质层
二次电池
固体电解质
组合物
正极材料
锂离子电池
氧化物
全固态电池
聚合物
化合物
锂二次电池
活性材料

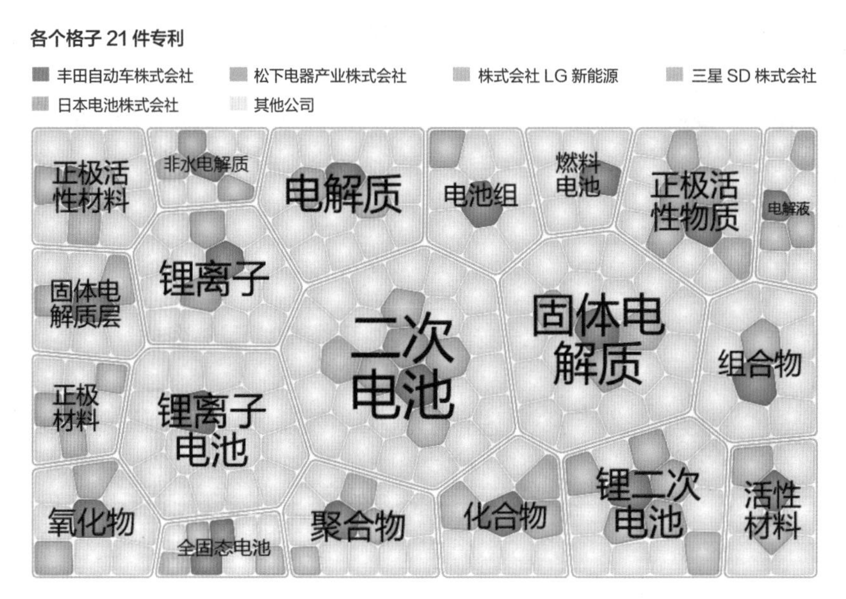

图 3-2 全球机构新型储能领域专利分布

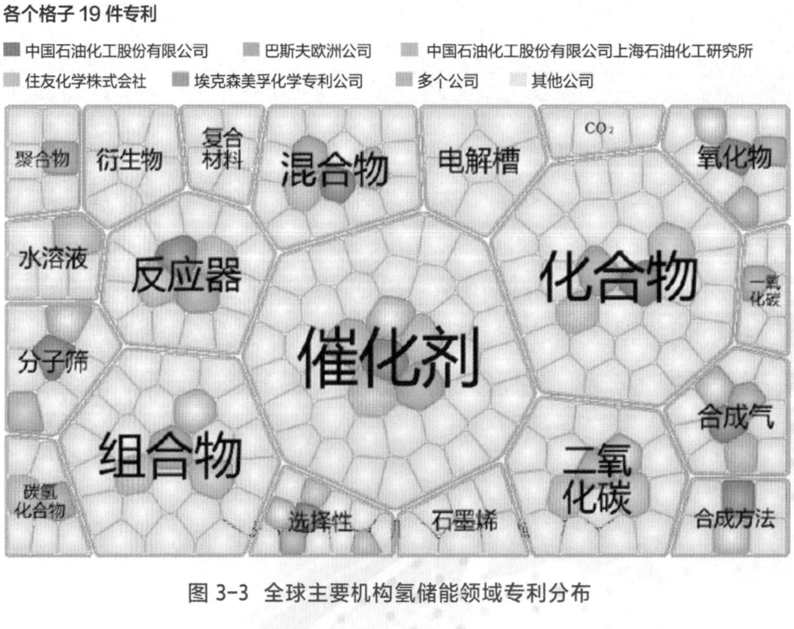

各个格子 19 件专利
中国石油化工股份有限公司
巴斯夫欧洲公司
中国石油化工股份有限公司上海石油化工研究所
住友化学株式会社
埃克森美孚化学专利公司
多个公司
其他公司
聚合物
衍生物
复合材料
混合物
电解槽
CO₂
氧化物
水溶液
反应器
化合物
一氧化碳
分子筛
催化剂
合成气
组合物
二氧化碳
碳氢化合物
选择性
石墨烯
合成方法

图 3-3 全球主要机构氢储能领域专利分布

3.2 “双碳”目标下的关键能源科技创新

能源电力“双碳”具有强技术驱动特征，然而能源科技创新具有显著不确定性，未来关键低碳技术的线路布局、突破方向、突破时点及性能指标均会产生路径“切换”的影响。一方面，新型储能、CCUS、氢能等前沿技术在已设计的实施路径中不可或缺，但这些技术的研发突破、商业应用等面临强不确定性。另一方面，近 40 年跨度中可能出现潜在的、难以预见的颠覆性技术，使电力“碳中和”走上完全不同的发展路径。

表 3-1　“双碳”目标下关键能源电力技术

技术	近中期	中远期
新型清洁能源发电技术	突破深远海风电及超大型海上风机技术、先进太阳能热发电技术；水电以生态保护为前提，兼顾开发经济性，以基地化开发为主	推动新能源的低成本、大规模、高效率开发利用，大幅提升大规模新能源基地稳定运行和送出能力
新型储能技术	抽水蓄能优先发展；电化学储能率先达到规模化应用水平，形成以抽水蓄能和电化学储能为主，多类型储能协同发展的储能体系	突破大容量、长寿命、跨季节储能技术
CCUS 技术	建成多个基于现有技术的工业示范项目并具备工程化能力；现有技术开始进入商业应用阶段并具备产业化能力；部分新型技术实现大规模运行	CCUS 系统集成与风险管控技术得到突破；CCUS 技术实现广泛部署，建成多个 CCUS 产业集群
先进核电技术	突破核岛先进主泵、核电站数字化仪控系统及关键芯片、多用途高效能小型先进反应堆、大型核电基地核能综合利用等技术	突破可控核聚变关键技术
氢能技术	全面布局可再生能源制氢、氢能高效储运和利用技术及装备，实现关键装备全面国产化和应用，技术水平跻身国际领先	形成多元化氢能源利用体系，强化氢能在工业、能源领域替代，突破电—氢—碳耦合过程建模与仿真、长周期平衡等技术
多能转换与综合利用技术	突破需求响应技术；研发专业化普查应用工具；建立全流程数字化信息平台，实现项目精准化管理、专业化运维、科学化认定	突破能效计量与能源高效利用技术；突破以数字孪生、人工智能、区块链为核心的节能与综合能源技术
电力数字化技术	突破一体化封装传感器、异构融合管控、隐私数据安全共享、智能调控等技术	突破超高速可穿戴传感器、通信与计算融合、全环节实时仿真计算、智慧能源电力系统等技术
余热回收利用技术	突破热泵与工业全环节过程的有机枢纽互联技术；突破余热资源分类和评估技术	突破有机朗肯循环和氨水卡琳娜循环发电技术
规划仿真与先进电网技术	建立新型电力系统供需平衡基础理论；构建机电、电磁多时间尺度的大电网暂态仿真分析系统；突破广域分散协同优化控制理论	进一步提升新型电力系统仿真分析、运行控制能力；突破解决更高比例新能源带来的全新稳定问题

新型清洁能源发电技术

风电、太阳能发电、水力发电作为主要的可再生能源，现有技术体系相对成熟完备，未来将平稳快速增长，是能源清洁低碳转型的主力军。

发电技术方面，重点开展深远海域海上风电开发及超大型海上风机技术、先进太阳能热发电技术等关键技术规划部署，推动新能源的低成本、大规模、高效率开发利用。水电发展应以生态环境保护为前提，兼顾开发的经济性，以基地化开发为主，严控中小型水电站建设。

利用技术方面，为解决高比例新能源并网带来的安全运行和高效消纳难题，要深入认识新能源发电等装置及系统动态特性与暂态行为，实现新能源从“被动适应”到“主动支撑”转变。重点攻关新能源并网主动支撑技术、分布式新能源并网智能控制技术。大幅提升大规模新能源基地稳定运行和送出能力。

新型储能技术

新型储能可实现能量的大规模转移，有效解决新能源出力不确定性带来的电力电量平衡痛点难点问题，是未来提升电力系统灵活性、解决新能源消纳的重要手段。

电化学储能将成为碳达峰进程中发展速度最快、应用前景最广的新型储能技术，预计 2025 — 2030 年达到规模化应用水平。压缩空气、飞轮等新型储能技术到 2030 年的技术经济性水平都将显著提升，凭借其功率或能量成本在特定应用场景中的比较性优势，基本能实现规模化应用。面向远期，大容量、长寿命、跨季节储能技术将实现突破，形成源网荷储柔性协同[16]。

2025 年	2030 年	2060 年
技术成熟度初步具备支撑规模化应用需求	电化学储能突破高能量比电池技术；相变储热突破高稳定性、高能量密度与低成本技术；实现以抽水蓄能和电化学为主，多类型储能协同	压缩空气、储热等大容量、长寿命、跨季节储能实现商业化，实现电 – 冷 / 热的多类型能源网络柔性互联，实现海量分布式储能的聚合

图 3-4 储能技术分阶段发展路线

碳捕集、利用与封存（CCUS）技术

CCUS 是目前实现大规模化石能源零排放利用的唯一技术选择，是碳中和目标下为电力系统保留大规模传统惯量电源的主要技术手段。

技术发展路径

到 2025 年：建成多个基于现有技术的工业示范项目并具备工程化能力。第一代捕集技术的成本及能耗降低 15% 以上；突破陆地管道安全运行保障技术，建成百万吨级输送能力的陆上输送管道；部分现有利用技术的利用效率显著提升并实现规模化运行。

到 2030 年：现有技术开始进入商业应用阶段并具备产业化能力。第一代捕集技术的成本与能耗目前降低 15%~20%；第二代捕集技术的成本与第一代技术接近；突破大型二氧化碳增压（装备）技术；现有利用技术具备产业化能力，并实现商业化运行。

到 2035 年：部分新型技术实现大规模运行。第一代捕集技术成本及能耗降低 20%~30%；第二代捕集技术实现商业化应用，成本比第一代技术降低 10%~15%；新型利用技术具备产业化能力，并实现商业化运行；地质封存安全性保障技术获得突破，大规模示范项目建成，具备产业化能力。

到 2040 年：CCUS 系统集成与风险管控技术得到突破。初步建成 CCUS 集群，CCUS 综合成本大幅降低；第二代捕集技术成本比当前捕集成本降低 40%~50%，并在各行业实现广泛商业应用。

到 2050 年：CCUS 技术实现广泛部署。建成多个 CCUS 产业集群。

先进核电技术

核电能量密度高、清洁高效，出力水平相较新能源更加平稳可控，能有效保障电力安全可靠供应[17]，未来将保持平稳增长。

技术发展路径

核电重大技术方向主要集中在关键“卡脖子”设备及燃料技术、核能综合利用技术、小型堆和核聚变技术。

表 3-2　　核电关键技术近中期发展目标

关键技术	近中期发展目标
核岛先进主泵	重点突破 CAP1000 屏蔽主泵国产化和批量化生产核心关键技术
核电站数字化仪控系统及关键芯片	在现有仪控原理样机的基础上，进一步开展工程样机的设计、制造和集成测试
多用途、高效能小型先进反应堆	实现小型轻水反应堆全部关键设备国产化和大面积推广应用
大型核电基地核能综合利用关键技术	突破核能供热、海水淡化、制氢以及其他应用场景的总体方案设计
乏燃料循环后处理、中低放废物处置技术	突破乏燃料离堆储运技术、PUPEX 系统标准化设计和处理装备自主化研制
可控核聚变关键技术	建设聚变堆燃料循环系统研究设施，建立热室及相关遥操维护平台，进一步研究和发展能直接用于商用聚变堆的相关技术
事故容错 (ATF) 核燃料技术	开展 ATF 燃料的研发工作，同步改进和开发以现有 UO_2-Zr 燃料系统为基础的燃料，重点突破 ATF 燃料关键技术

氢能技术

氢能技术可为电力系统提供灵活调节的手段，以绿氢为媒介的电 — 氢 — 碳综合利用可有效应对未来高比例新能源电力系统的跨月、跨季等长周期平衡难题，推动电能替代受限领域深度脱碳，助力实现碳减排与循环利用。

技术发展路径

- **近中期，**以降成本、提高可靠性和安全性为出发点，全面布局和推动可再生能源制氢、氢能高效储运、氢能利用方面的关键技术和装备，实现氢能产业链关键装备全面国产化和应用，同时技术水平跻身国际领先。

- **远期，**以实现氢能源供应更加安全经济、氢能源利用更加高效可靠、氢能源产业更加集聚发展为总体目标，制氢成本国际领先，形成以氢储能、氢发电、氢交通等为主的多元化氢能源综合利用体系[18]，突破电 — 氢 — 碳耦合过程建模与仿真技术、电 — 氢 — 碳融合下长周期平衡技术、"双碳"演进路径优化技术，拓展可再生氢在工业领域替代的应用空间，扩大氢能替代化石能源应用规模。

制氢产业

- 加快可再生能源制氢和绿氢消纳的应用示范。
- 持续提高碱性电解水技术水平，降低可再生能源电解制氢的成本。
- 持续攻关 PEM 和 SOEC 电解水技术。
- 加快煤制氢耦合 CCUS 的示范论证及技术研发。

供氢产业

- 加快高压气氢储运技术和装备研发应用。
- 加速大规模氢气液化与液氢储运关键技术研发。
- 布局管道规模化输氢及综合利用关键技术。
- 建立大容量、低能耗、快速加氢站技术与装备体系。

用氢产业

- 交通领域以重卡、公交等商用车为突破口，建立柴改氢工业示范。
- 发电领域，推动固定式燃料电池电站示范和应用。
- 天然气管网掺氢可以有效解决大规模可再生能源消纳问题。
- 提升氢储能系统在大容量、长周期储能系统中的竞争力。

图 3-5 氢能产业关键技术发展目标

氢能技术发展预期影响终端脱碳进程和新能源开发利用规模。若未来氢能技术经济性发展不及预期，终端部门的深度脱碳压力将传导至电力行业，提高电力低碳转型需求。若未来绿电制氢规模发展不及预期，将导致终端部门脱碳对电能替代更加依赖，全社会终端电气化水平进一步提升；另外，电制氢规模减小将降低新能源跨系统消纳利用能力，新能源跨周期消纳也将难以实现突破，从而对电力"双碳"路径产生深刻影响。

多能转换与综合利用技术

“双碳”目标要求能源消费侧全面提升能效，推动风光水火储多能融合互补、电气冷热多元聚合互动。利用人工智能等数字化技术加强用能分析与能效管理，深入挖掘需求侧响应潜力，推进高耗能行业用能转型。

- **节能与综合能源。**利用先进的物理信息技术和创新管理模式，整合区域内多种能源形式，打通多种能源系统间的技术、体制和市场壁垒，实现多种异质能源子系统的协调规划、运行和管理。重点攻关冷—热—电—气等耦合关键技术，构建以数字孪生技术为核心的综合能源数字仿真系统，突破以人工智能技术为核心的综合能源系统智慧运维系统、以区块链技术为核心的能效监测与碳核查等技术。

- **需求响应。**通过价格、激励、交易等机制利用可调节负荷参与电网调峰，缓解时段性供需矛盾；利用市场化手段，在弃风弃光时段，调动储能、电动汽车等资源参与深度调峰，促进清洁能源消纳利用；利用可调节负荷的互动响应特性，引导用户实施技术节能、管理节能策略，提升用能效率。重点突破多元场景下用户负荷综合感知与特性分析、潜力评估、聚合及柔性互动、仿真、设备平台等技术。

- **能效计量与能源高效利用。**低压台区是低碳消费的最小区域单元，是分布式能源、氢能、储能等能源形态广泛应用的重点区域，“双碳”对以低压台区为单元的能源供给、消费模式及能效计量、测量控制方式将产生极大影响。重点突破适应分布式能源多回路一体化测量、交直流混合测量、能源系统及设备能效评估分析等关键技术。

电力数字化技术

通过推进网源协调发展与调度优化，促进清洁能源并网消纳，提升能效与终端电气化水平，保障电力设备与物联终端安全可靠，有效构建能源互联网体系等应用途径，实现新型电力系统的数字化、智能化升级，最终促进“双碳”目标的实现[19]。

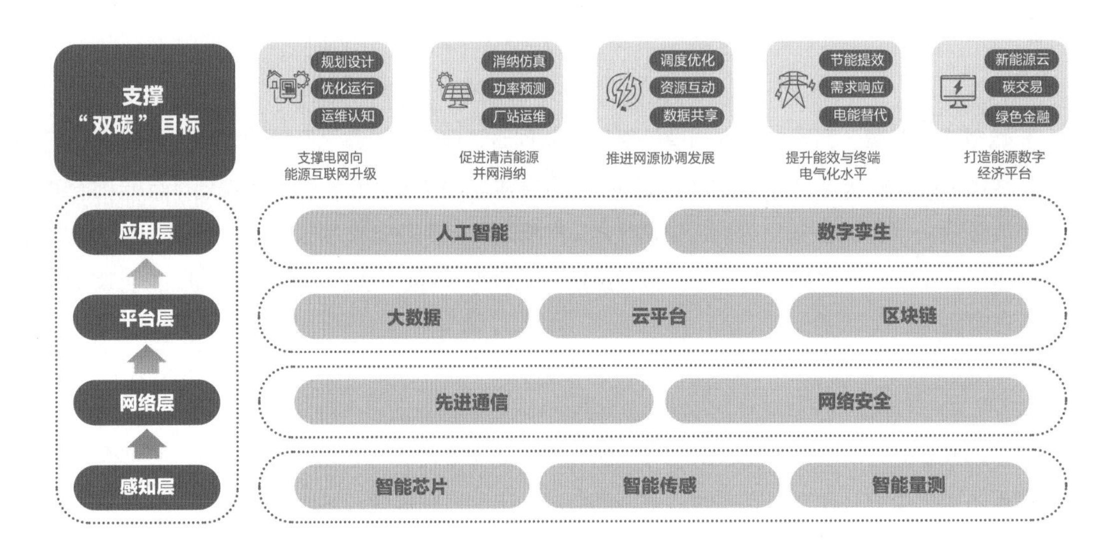

图 3-6　电力数字化技术体系

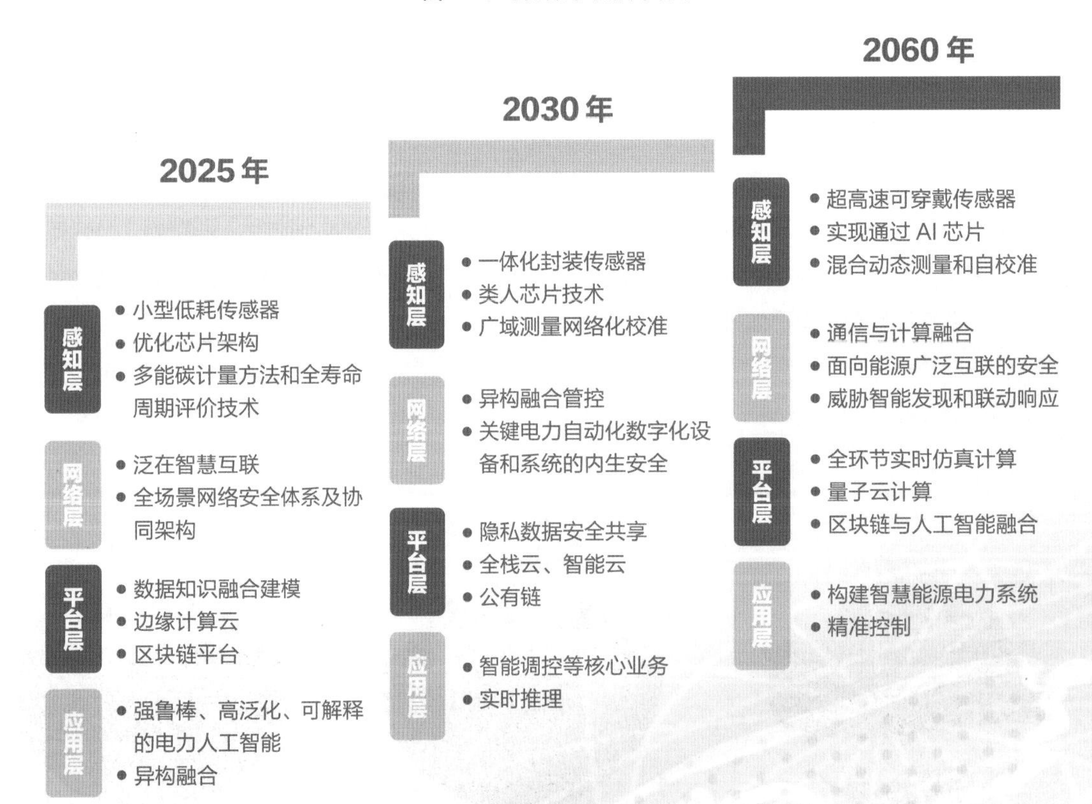

图 3-7　电力数字化技术体系发展路径

余热回收利用技术

我国拥有潜力巨大的不同品位热能。余热评估技术方面，突破余热资源精准分类和量化评估方法。余热热泵技术方面，重点突破与工业全环节过程的有机枢纽互联技术，以满足各工业余热资源可循环回收的需求。余热发电技术方面，重点突破有机朗肯循环和氨水卡琳娜循环发电技术，研发兆瓦级以上有机循环发电系统。

规划仿真与先进电网技术

第一代电力系统供需平衡理论

近中期

充分考虑供需双侧特性对气候、天气条件的依赖性，以及供需双侧与系统调节资源的高度不确定性，建立新型电力系统供需平衡基础理论。

电力系统仿真分析及安全高效运行技术

近期

仿真分析：研究“双高”电网的精细化建模与仿真技术，构建机电、电磁多时间尺度的大电网暂态仿真分析系统。安全高效运行：建立“双高”电力系统过渡过程及稳定认知、分析的新理论，突破广域分散协同优化控制理论。

远期

进一步提升新型电力系统仿真分析、运行控制能力，突破解决更高比例新能源甚至全新能源电力系统带来的全新稳定问题。

先进电能传输技术

近期

突破新型直流输电技术、新型柔性输配电装备技术、大容量远海风电友好送出技术。

远期

突破全新能源发电直流组网技术，实现新能源发电无源并网，充分发挥大规模新能源多点汇集和送出方面明显优势，推动更高比例新能源接入。

图 3-8 规划仿真与先进电网技术发展路径

3.3 能源科技创新与“双碳”路径一体化布局分析

能源电力“双碳”转型与能源系统科技创新内在一体，能源系统科技创新战略与规划布局是实现“双碳”目标的重要支撑。基于一定技术进步预期的能源电力“双碳”路径规划也将对能源科技路线选择、突破方向、技术经济性水平提出具体要求。

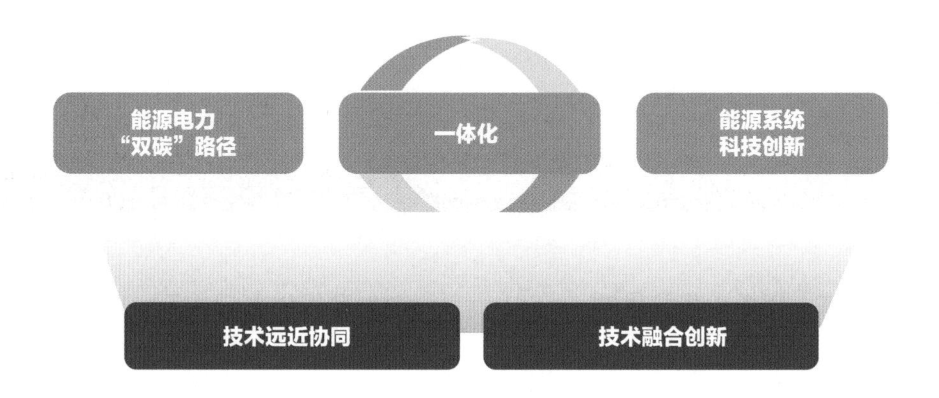

图 3-9　能源低碳转型与能源科技创新一体化布局的基本逻辑

以系统思维统筹谋划能源电力“双碳”路径与能源系统科技创新一体化布局

“双碳”路径和节奏与科技创新的方向和时点相互依赖、相互影响

一方面，能源科技创新的战略布局、攻关方向、路线图、时间表决定着能否预期实现碳中和战略目标，影响着“双碳”推进的路径设计、节奏权衡不同的成本与技术风险等。另一方面，“双碳”路径的规划是基于一定技术进步预期，对各类能源品种的技术路线、创新重点、突破时点、技术成熟度、技术经济性有具体要求。

“双碳”推动能源生产与消费全环节深刻变化，对技术创新的协同性要求提高

“双碳”目标实现需要能源供应消费全环节协同推进，不同环节技术发展既相互依赖，又需要以一定的节奏相互匹配，如高效清洁能源发电技术与新型储能、先进输电技术等需要协同推进才能满足新能源高效消纳要求，氢能开发利用技术要与氢能在工业、交通、电力等领域的应用技术相匹配，终端电气化技术的推广应用要与供给侧电力供应清洁化技术发展节奏相匹配，才能实现协同降碳。

这需要面向能源生产与消费尤其是电力发输配用全流程，整体推进各环节技术创新布局和节奏，为支撑能源转型提供系统性解决方案。

综上，“双碳”目标下能源转型与能源系统科技创新是内在一体的，必须以系统观念开展转型路径与科技布局间战略与规划的协同

远近协同驱动：统筹现有可用技术二次升级和未来颠覆性技术创新突破，推动能源技术实现整体性换代跃迁

能源转型不会“一蹴而就”，更不是“另起炉灶”，要统筹好常规技术与颠覆性技术创新突破，支撑能源系统稳步转型的同时实现能源技术革命性的科技换代创新。

常规技术

相对成熟，进一步挖掘技术潜力的难度较低，但难以支撑远期新型电力系统全新形态。

+

颠覆性技术

适应远期高比例新能源电力系统，但技术攻关难度大，突破和应用时点不确定。

融合创新驱动：统筹集成创新和单点式分散创新，建设面向未来的国家科技创新体系

以“单点式”突破带动整体性突破，以整体性突破促进“单点式”创新协同互补，实现科技创新整体价值大幅提升，促成良性循环。

集成创新

新型电力系统构建迫切要求深入推进跨专业、跨领域深度协同、融合创新。

单点式创新

仍需要持续攻关能源领域关键零部件、核心材料等相对独立的高精尖技术创新。

能源科技创新和“双碳”转型路径的四类一体化典型布局

综合考虑技术进步自然发展趋势与面向2060年碳中和对技术进步的倒逼要求，按照能源“双碳”转型路径与科技创新一体化布局的整体思路，统筹提出四类一体化转型路径，对应不同技术项目布局方向和适度的突破目标。

	能源科技创新需求	主要路径特征
均衡型一体化布局路径	“十五五”期间电化学储能技术经济性接近抽水蓄能水平;2040年以后长时储能技术取得突破并开始商业化应用;2035年以后第二代CCUS技术开始进入商业化应用阶段，2040年前后在火电领域大规模推广应用。	2030年以后电力碳排放进入峰值平台期，峰值约为46亿吨；2030年、2060年非化石能源消费占比分别为25%、82%，非化石能源发电量占比分别为46%、91%。
清洁强化型一体化布局路径	“十五五”期间电化学储能大规模商业化推广;2030年以后长时储能技术突破并开始商业化应用;CCUS技术加快突破，2030年以后第二代CCUS技术开始商业化应用，2035年前后开始在火电领域大规模推广应用。	较均衡型一体化布局路径，2028年前后电力碳达峰，峰值降低3亿~4亿吨，2030年、2060年非化石能源消费占比分别增加5%、2%，发电量占比分别增加7%、2%。
安全强化型一体化布局路径	强化煤炭清洁利用技术;深入推进煤电节能降碳改造、灵活性改造、供热改造;中远期推广应急备用煤电运行技术;CCUS技术在火电领域应用规模需求提升，需加强二氧化碳物理封存、生物化学利用技术攻关，进一步提升碳汇能力;加强终端部门尤其是交通领域油气清洁替代技术攻关。	较均衡型一体化布局路径，2030—2032年电力碳排放达峰，峰值提高2亿~3亿吨。远期煤电大量留存，二氧化碳年捕集量提高3亿~5亿吨。
经济强化型一体化布局路径	通过加速推广节能提效技术、安全有序推进终端电能替代技术，降低能源消费、减少能源投资、提升转型经济性。比如，“十五五”期间深入推广热泵技术在工农业、建筑领域应用，积极开展钢铁行业电弧炉替代高炉+转炉，加快推广交通领域电动汽车应用，2030年以后工业低温余热发电技术实现商业化推广。	较均衡型一体化布局路径，一次能源消费需求峰值降低但全社会用电量需求增加，2030年增加0.25万亿~0.5万亿千瓦时；2030年以后电力碳排放达峰，峰值提高1亿~2亿吨。

“双碳”目标下能源科技创新协同路径

“双碳”目标的实现需要创新提供持续演进发展的动力，鉴于能源低碳转型复杂度高、系统性强的特点，需要突出持续开放式创新的理念，尤其是注重协同创新、集成创新，实现多主体的协作和技术创新在更高层面的集成。

健全完善能源科技协同创新顶层设计

分层分类，发挥好政府在关键核心技术攻关中的组织作用，系统部署行业交叉融合技术攻关、标准制定和产业化推广应用，为能源技术协同发展奠定好规划基础。

建立健全重大集成创新项目的全流程“软技术”支撑体系

建立高效决策体系、产学研用创新联合体、全生命周期全环节协同工作机制，应对项目决策复杂程度高、跨部门资源整合难和项目全流程管控难等难题。

搭建新型电力系统为代表的一体化高水平的自主创新发展平台

突出企业科技创新主体地位，由龙头企业牵头，联合政府、高校、科研院所、国家级实验室等，形成新型电力系统原创技术“策源地”。

以重点城市和城市群为核心打造世界级电力产业集群

以集群的方式在重点城市（群）凝聚“产学研用”各方力量，围绕技术总装布局产业配套资源，打造电力产业集群。

推动构建专业全谱系覆盖且常态化高效运转的科技创新协同工作专家支持网络

以重大事件驱动，建立宏观战略层面科学决策、重大科技项目评审机制，发挥专家“智囊团”和把关作用。探索常态化机制，每年固定召开国家级科技创新专家支持网络工作会议、论坛等。

（**本章撰写人：**吴聪、夏鹏、鲁刚　**审核人：**王炳强）

04

新型电力系统产业发展形态

能源电力产业是现代化产业体系的重要组成部分，相较国外，我国电力系统产业具有一系列特点，包括完备的全产业链布局、世界领先的电力工业技术、规模最大的新能源产业、广阔的国内外市场和丰富的创新技术应用场景。面向新发展格局、“双碳”目标与新型能源体系等多重战略目标，我国电力产业要走出一条以掌握关键核心技术为主线，以提升产业链供应链韧性和安全水平为重要目标，以高质量供给和数字化基础设施为牵引，以畅通电力与各类资源要素的互联互通为关键任务，以高新技术产业化应用和商业模式创新为主要方式的中国特色能源电力产业崛起之路。这个过程中，电力产业形态将发生重大变化，深刻认识其演进机理及产业形态变化趋势是引导能源电力产业高质量发展的关键，本报告从价值形态、企业形态、循环形态、空间形态四个维度，分析“双碳”目标下电力产业形态演化趋势，提出产业发展关键问题和政策需求。

4.1 电力产业在国民经济中的发展定位

在新发展格局、“双碳”目标与新型能源体系等多重战略叠加下，电力产业在服务经济社会发展全局中功能拓展、位置提升，立足中国式现代化发展愿景和现代化产业体系的建设要求，我国电力产业将依托自主技术创新支撑中国特色能源电力“双碳”道路，并在此过程中成为推动经济社会发展的广泛动能。

完备的全产业链布局。当前我国电力产业链覆盖以电能生产消费为核心的发输配用链条和以关键技术和装备为核心的研发制造链条，包括上游电力生产行业、中游输配电行业和下游用电行业，并涵盖勘探设计、设备制造、信息通信等相关支撑产业。放眼全球，我国是为数不多的电力整体产业链条和各环节细分链条较为完备的国家。

世界领先的电力工业技术。我国在风电、太阳能发电、特高压、电动汽车、储能等行业技术领先、自主化程度高，尤其是在特高压输电领域具备完整的技术标准体系，是世界上唯一掌握大规模推广建设特高压输电全套关键技术的国家[20]。

规模最大的新能源产业。我国在新能源领域已形成了健全高效的光伏、风电产业链，产业规模全球领先。光伏制造产业在全球具有主导地位，光伏产业链中多晶硅、硅片、电池片和组件等主要环节平均市场占有率超过70%。2022 年我国新增风电装机容量约占全球的 47%。龙头企业数量领先，全球前十风电整机制造企业超半数是我国企业[21]。

广阔的国内外市场和丰富的创新技术应用场景。从国内看，我国有 14 亿多人口以及 4 亿多中等收入人群，人均国内生产总值突破 1 万美元，是最具潜力和优势的大市场。从国外看，全球绿色投资的缺口达到 28 万亿美元，其中 57% 位于亚太地区，“一带一路”国家均对建设高质量、高韧性、成本合理且能够提供绿色电能的电力基础设施存在大量需求。国内外市场为我国电力产业提供了丰富的创新技术应用场景。

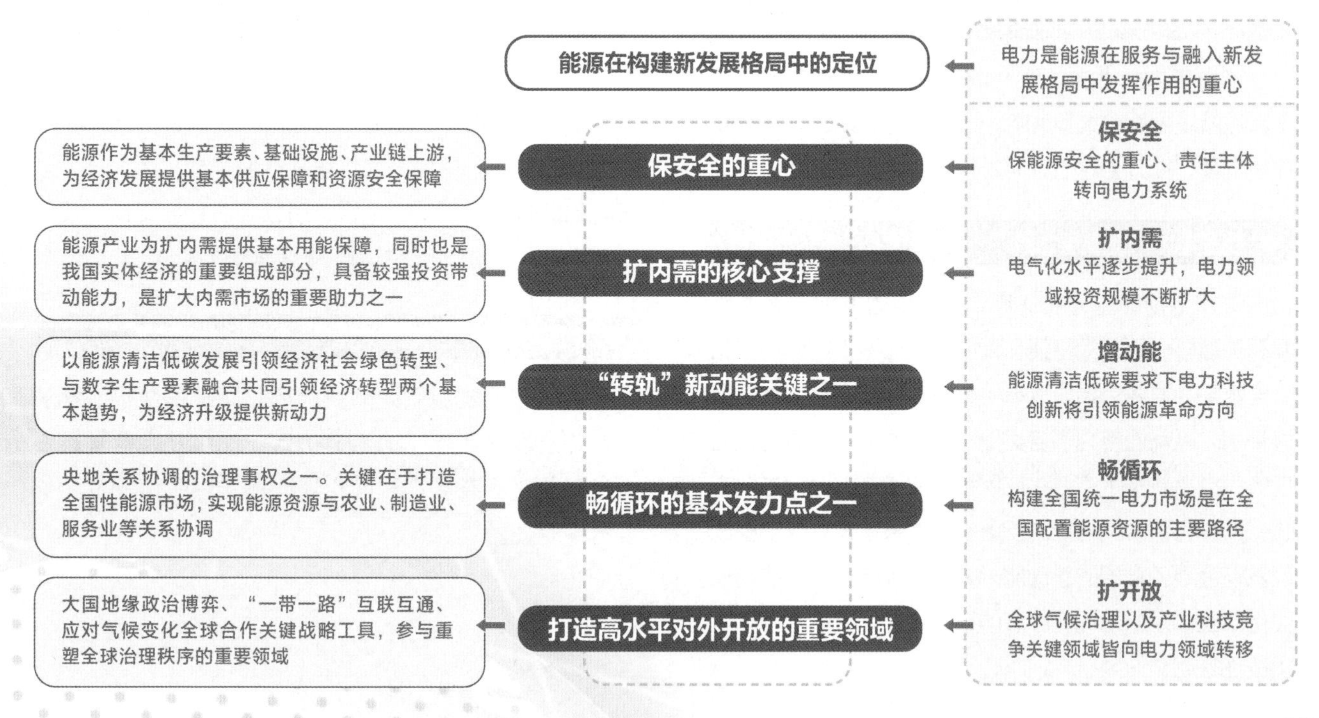

电力产业定位新变化：从当前以化石能源为底色演变为以技术创新为基础的新型电力系统产业链

电力的产业属性增强

经济领域培育新动能的新需求和能源领域构建新型电力系统的新目标具有内在一致性，电力的产业属性将持续增强。能源供需形态变化将带动技术和装备的新一轮变革，电力产业整体具备成为新的主导产业的潜力。未来电力产业链通过应用新科技成果、新兴技术形成升级换代的现代能源经济活动，以新能源、新材料、新基建等技术的重大创新与融合应用为代表，带动整个产业形态、生产形式、组织方式、商业模式等的深刻变革，带来巨大新增投资、拉动内需市场、创造大量就业岗位，为经济发展带来新的增量空间，将成为低碳经济的支柱产业。

要通过打造新型电力系统产业链塑造我国能源国际竞争力。低碳技术是未来国际竞争焦点，也是新型电力系统产业发展的核心特征。“技术为王”将在“双碳”进程中充分体现，要积极研究与谋划、系统布局、组织力量、特殊支持，力争以技术上的先进性获得电力产业上的主导权。

电力作为基础设施属性的突出变化是更加清洁绿色且与经济耦合关系更为紧密

电力在经济发展和生产过程中渗透率不断提高，与经济耦合关系进一步加深。一方面，工业、交通、建筑电气化水平持续提高，2060 年将分别从目前的30%、30%、5% 提升至 50%、75%、50%，对电力依赖程度显著增强[22]。另一方面，随数字化技术在经济发展和生产过程中渗透率不断提高，电力作为数字化基础设施的必要条件，未来将成为“基础设施的基础设施”[23]。

要以完善现代基础设施体系建设保障能源安全和提高能源资源配置效率。“双碳”目标下能源基础设施的发展重心将从化石能源领域向新能源驱动的新型基础设施转变，需要重点解决在保障能力建设、结构接续调整、安全稳定运营等方面的挑战，完善现代能源基础设施体系建设。

● 立足中国式现代化的要求

能源电力行业要切实在增强维护国家安全能力、不断塑造发展新动能新优势、协同提升软硬实力、推动绿色发展、提升全球治理能力和水平中发挥关键作用。

● 我国电力产业发展之路

依托当前的基础和优势，我国电力产业发展要以掌握关键核心技术为主线，以提升产业链供应链韧性和安全水平为重要目标，以高质量供给和数字化基础设施为牵引，以畅通电力与各类资源要素的互联互通为关键任务，以高新技术产业化应用和商业模式创新为主要方式，通过完善现代化能源基础设施体系建设，成为引领经济社会绿色发展的新动能，并以能源电力产业推动现代化产业体系与现代化经济体系、治理体系的深度融合和良性互动。

● 立足我国电力行业特征

在当前新发展格局、“双碳”目标与新型能源体系等多重战略叠加下，电力产业在服务经济社会发展全局中功能拓展、分量提升，将呈现产业规模扩大、技术创新驱动增强、与新基建融合、引领经济社会绿色发展等四大趋势，电力与经济的耦合关系将更加紧密。

● 中国特色的产业崛起之路

通过塑造发展新动能新优势，提升企业核心竞争力，并建设高效顺畅的流通体系，优化并完善基础设施和产业空间布局，从而实现产业链供应链韧性和安全水平提升。

4.2 电力产业链及发展形态展望

深入理解产业形态发展趋势是实现新型电力系统产业演进规律认知升维的关键

电力产业链覆盖电能产品生产和服务提供全过程，是以满足终端用户用能需求为目标，把各种一次能源通过对应发电设备转换为电能，并经由输配网络输送至终端用户的基础性产业，提供经济社会发展的基本要素，同时各个环节上下游延伸研发、勘探、设计、装备、应用、服务等一系列产业，其特点是产业链条长、结构复杂，是扩大内需、带动经济增长的重要工业部门。

对电力产业发展形态刻画可以从价值、企业、循环、空间四种形态展开

电力产业发展形态的变化可从价值形态、企业形态、循环形态和空间形态四个维度进行分析。这四个维度在相互对接的均衡过程中形成了产业链。这种“对接机制”是产业链形成的内模式，作为一种客观规律，它像“无形之手”调控着产业链的形成。新发展格局和现代化产业体系下产业升级和畅通国民经济循环的要求，将带来电力产业发展形态的巨大变化。

- **价值形态：**一系列互不相同又相互关联的生产经营活动，构成创造价值的动态过程，描述产业链的形态、结构和价值创造过程。
- **企业形态：**由企业主体通过物质、资金、技术等流动和相互作用形成的企业链条，描述产业链的构成主体。
- **循环形态：**包括物料获取、加工中间件或成品，将成品送至用户的企业和部门构成的网络，描述产业链的循环形式。
- **空间形态：**同一种产业链条在不同地区间的分布，描述产业链的地域布局。

四种形态的对接关系：

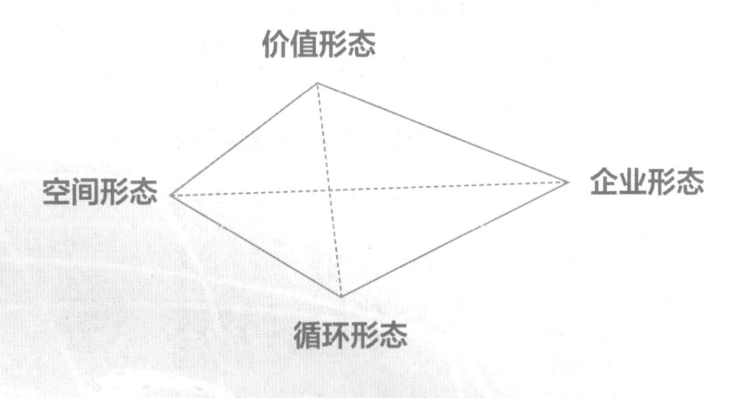

图 4-1 产业形态概念示意图

价值形态是产业创造价值的核心机制和模式，是产业链的核心，其他形态为价值形态服务。

企业形态是产业链的组织形式，表征了为适应价值形态和创造模式而形成的企业状态，描述了产业链不同环节的层次和关联程度。

循环形态表征了完成价值创造过程所需的关键要素的生产、组织和流动模式。

空间形态则描述了价值在空间和地域上的分布形式。

新型电力系统是破解经济、能源、环境协同发展瓶颈的重要聚焦点

结合外部环境的重大变化，面对中国式现代化建设目标的新要求，我国电力产业链将从当前以化石能源为底色演变为以技术创新为基础的新型电力系统产业链。

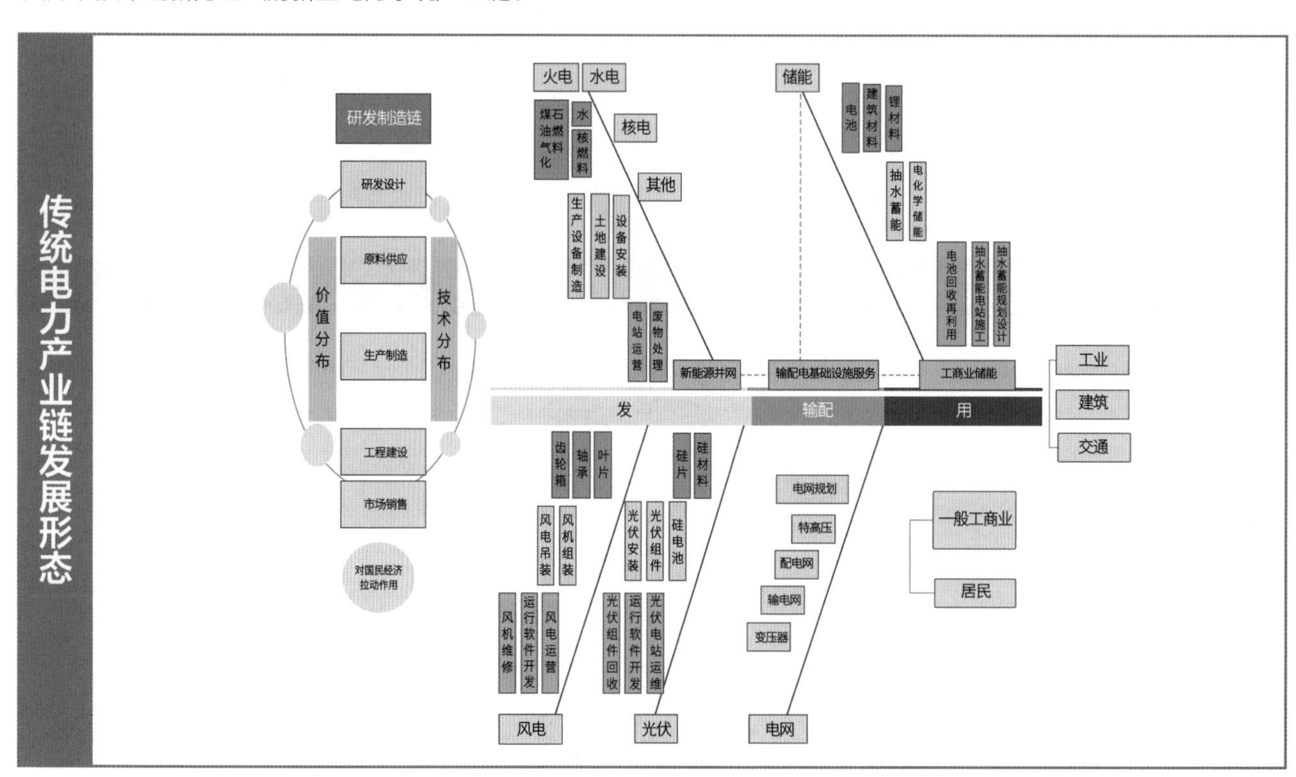

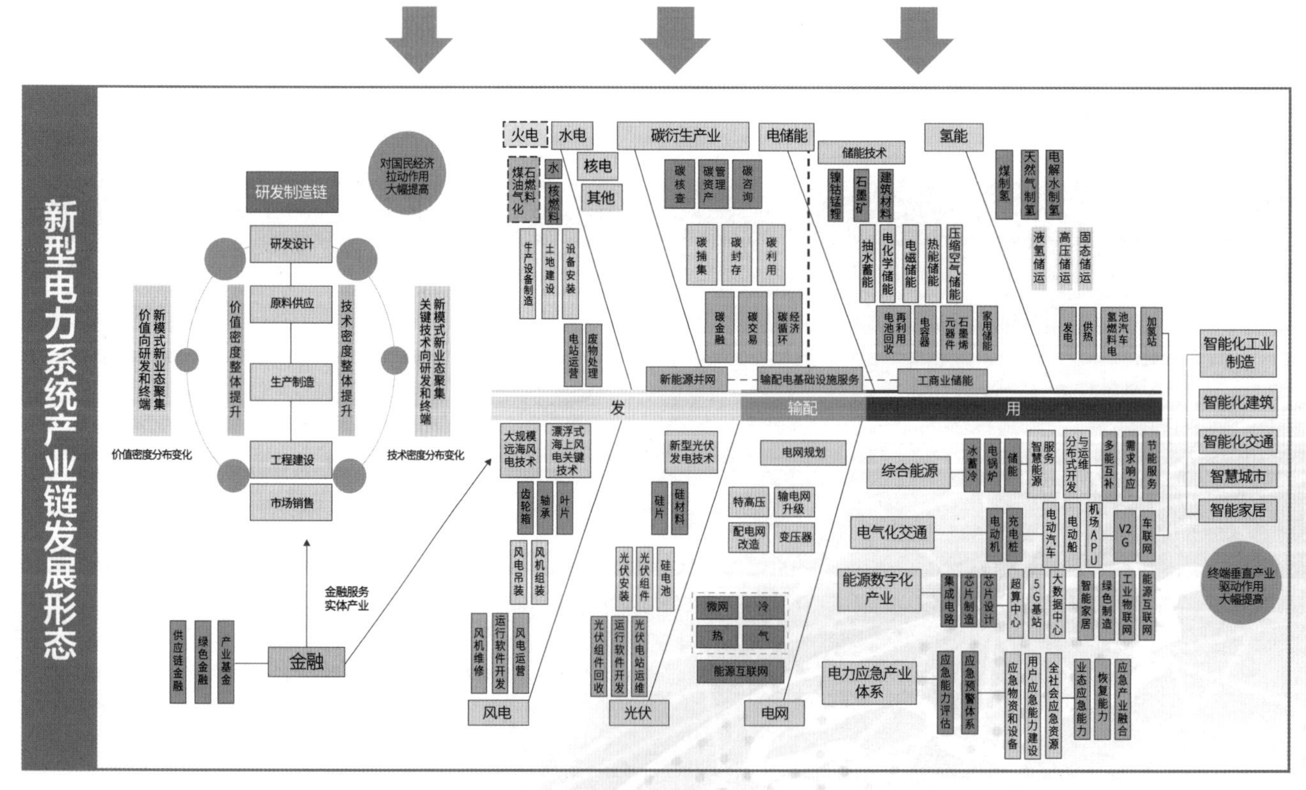

图 4-2 新型电力系统产业链发展形态展望

对比传统电力产业链发展形态，新型电力系统产业链的整体发展呈现新趋势

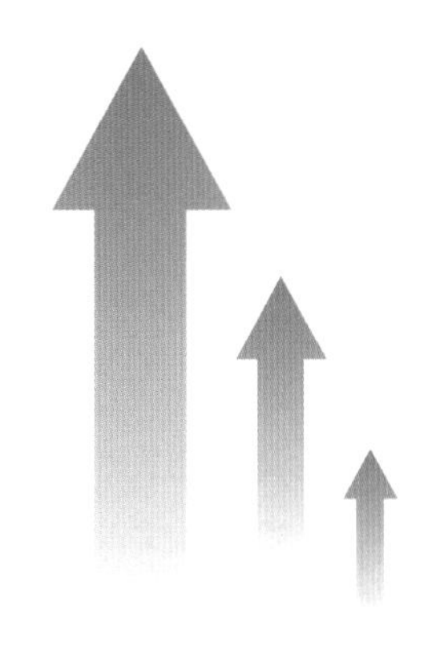

产业链上下游大幅延伸，新能源的大规模发展，使得电力产业链上游由煤油气等一次能源资源向关键矿产资源延伸，研发制造领域大幅延伸至高精尖装备研发，催生一批高精尖技术密集型衍生产业，用户侧链条延伸至综合能源利用、智慧园区、微网等领域。

新业态新模式极大丰富，催生储能、氢能、CCUS、电力保供应急、电动汽车、综合能源、智慧能源、碳循环经济等大量新业态、新模式。

电力全产业链呈融合发展态势，电能生产者与消费者融合，大电网与分布式微电网融合，终端冷热气跨领域融合，充电桩等能源基础设施建设与交通、工业、建筑等行业跨界融合。

电力要素与碳、数字、金融等要素高度贯通，衍生绿色金融、能源数字产业、碳衍生产业，衍生价值向多元化、高附加值方向发展。

价值形态演变

● **对新型电力系统产业链未来价值形态发展的判断：以科技和产业的大融合带来新的价值创造模式和增量蓝海价值空间。**

未来电力产业链价值形态升级将以创新为核心，在发输配用和研发制造各个环节上通过技术创新和业态创新实现结构调整、产品升级、服务优化、价值环节攀升。国内看电力产业与经济社会发展耦合程度和范围进一步加深，新价值创造模式带来新经济增长动能，国际看我国在全球电力产业价值链的地位和治理能力升级。

企业形态演变

● **对新型电力系统产业链未来企业形态发展的判断：细分产业专精特新企业、复合型企业涌现，枢纽企业产业链长重要性不断增强。**

未来电力产业链企业形态呈现细分产业专精特新企业数量多、跨领域复合型企业多、产业链枢纽和“链长”企业重要性日益提升等特点。技术密度提高、产业细分程度增加、数字化融合、新模式新业态等新型价值创造模式将重塑新型电力系统产业链企业形态。

循环形态演变

● **对新型电力系统产业链未来循环形态发展的判断：形成以电为中心的多种能源和碳资源、金融资源、人力资源等关键要素循环体系。**

未来电力产业链在循环形态上将从以电力资源优化配置为主体，转向以电为中心，多种能源流和碳流、业务流、信息流、金融资源、技术、人力资源等关键要素的多层次融合一体复杂循环体系，电力产业链上下游联动增强，要素循环体系拓展融合，循环水平进一步提升。

空间形态演变

● **对新型电力系统产业链未来空间形态发展的判断：国内与国家区域协同发展战略相协调，国际上形成全球资源配置和市场格局。**

与国家区域协同发展战略相协调，积极适应普遍服务区域均衡化及区域间、城市间产业转移的需求；国际上充分利用全球创造性资源要素，形成全球资源配置和市场格局。

4.3 新型电力系统产业价值形态演化趋势

清洁能源发电比重提升和火电转型

预计 2030 年后火电装机容量达到峰值[24]，除退役替代外基本无新增项目，火电产业面临巨大转型压力。

碳衍生产业兴起

随工业、交通、建筑、电力等部门低碳技术应用，碳作为关键要素推动相关技术、金融、交易等产业兴起。

发电侧运营新模式

催生“新能源 + 互联网 +X”运营新模式；随 2030 年后氢能在工业还原剂、客货运等领域应用需求增加，新能源以多种二次能源形式、多种途径传输和利用，因地制宜发展出多种形态新能源制氢 / 气 / 热等多种“P2X”运营新模式。

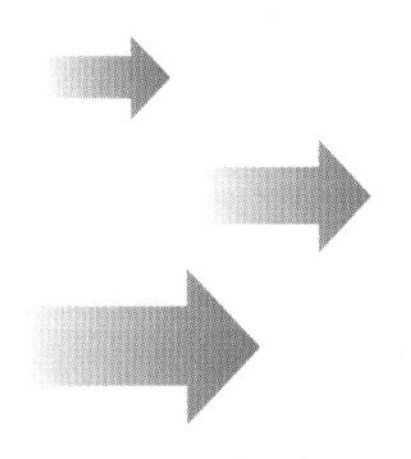

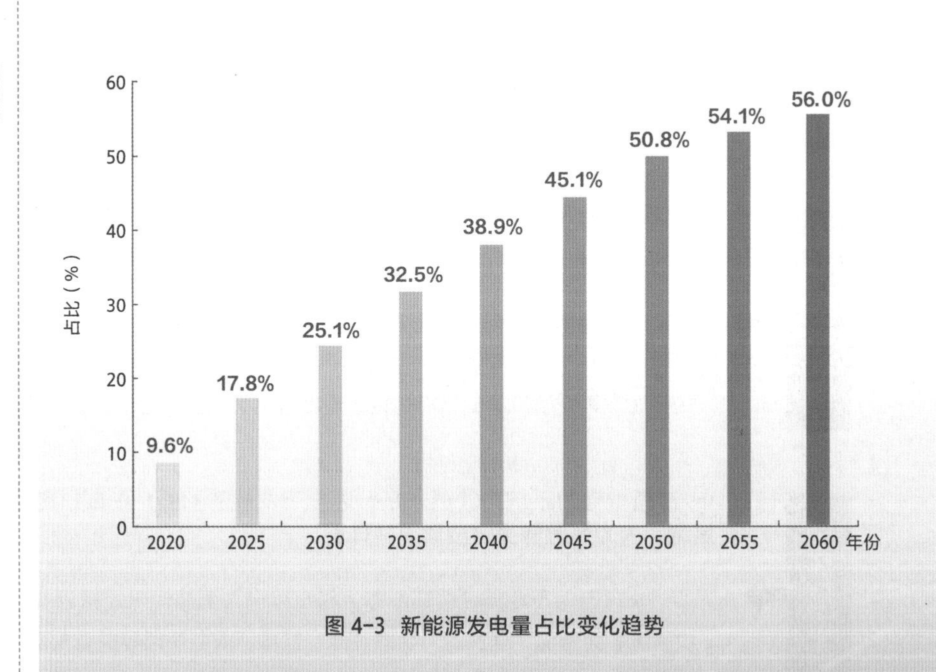

图 4-3 新能源发电量占比变化趋势

发 电

传统基础设施投资仍有空间

电力需求持续增长，特高压和传统输配电网基础设施改造升级仍将是电力行业投资的重要组成部分。

电网向能源互联网转型升级

技术上与数字化基础设施融合，形态上冷热气电基础设施融合，带来效率提升和跨领域的新模式和新业态。电网由单一满足电力输送、资源配置需求扩展至综合用能服务和跨系统协同优化。

电网发展形态和价值创造逻辑更新

大电网与微电网融合发展，能源生产关系由线性向网状拓展，形成园区、城市等新型能源综合利用系统。

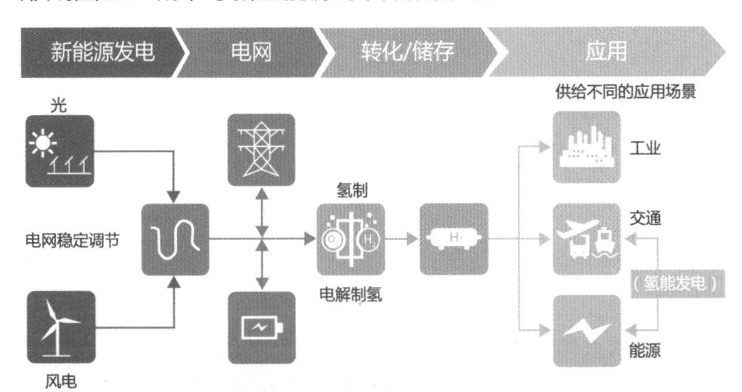

图 4-4 电氢能源转化新业态

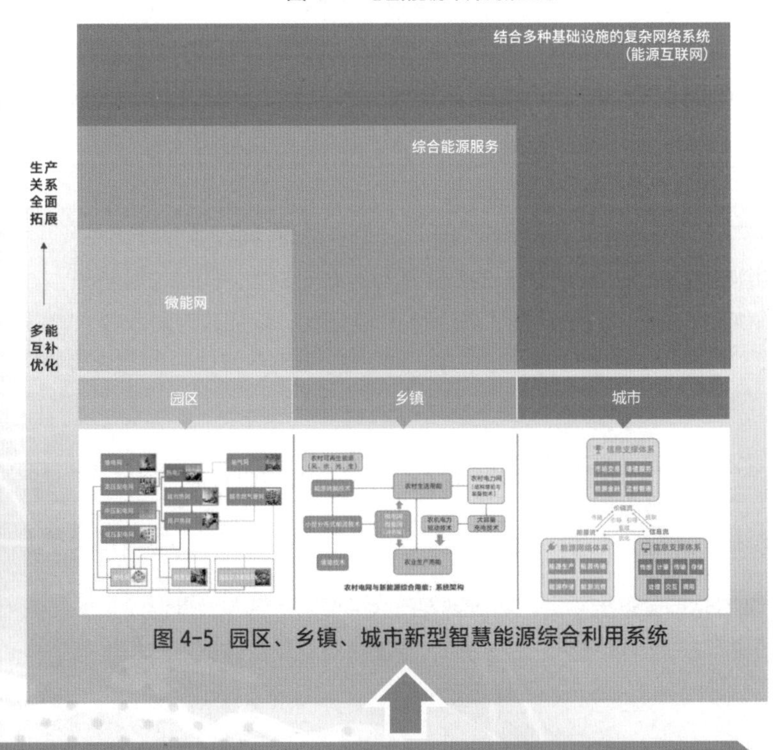

图 4-5 园区、乡镇、城市新型智慧能源综合利用系统

用能侧产业规模和价值大幅提升，发输为主的产业发展模式向发输配用全链条均衡发展转变

未来高质量供给和数字化基础设施牵引下，用户侧个性化、差异化用能需求将形成新的广阔增长空间和模式业态。个性化、多样化产品服务供给能力和需求增加，带来“长尾效应”。

电力对垂直产业的驱动范围和能力增强

预计工业、交通、建筑领域电气化水平 2030 年达到 38%、17%、40%，2060 年达到 65%、57%、76%，运转更依靠绿色低碳电力驱动，电力产业也将从提供电能产品扩展至触及生产工艺流程、商业模式、产业重塑的解决方案。

数字化激发电力价值增长新活力

随数字化和信息基础设施完善，电力大数据从当前发输配侧为主向消费领域进一步延伸，透视电能消费与经济社会活动的深刻逻辑关系将带来巨大潜在价值挖掘空间。

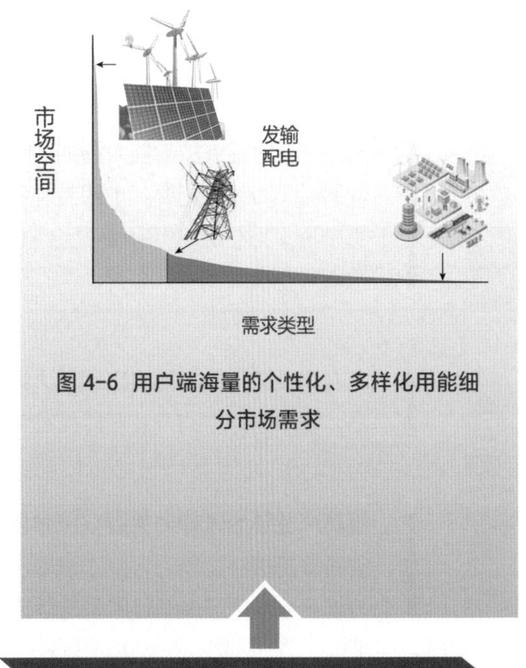

图 4-6 用户端海量的个性化、多样化用能细分市场需求

输电　配电　用电

研发制造链条

电力研发设计和装备制造的技术和价值密集度大幅提高

新型电力系统依赖科技创新突破，保障系统安全的“双高”电力系统规划运行控制技术，提高发电效率和经济性的新型清洁能源发电技术，脱碳必备的CCUS、氢能等新技术都远未成熟，目前可预见的以及其他难以预见的颠覆性技术突破将带来巨大价值增量空间。

供给和用能模式的个性化、多样化将催生海量细分产业链条

供给侧和需求侧的海量新需求、新场景、新模式、新业态将带来研发制造链条的进一步细分，在细分产业发展过程中挖掘和创造出大量价值空间。

数字化、智慧制造、工业互联网赋能带来研发制造效率和智能化水平进一步提升

通过联通电力制造业内部环节，实现设计、研发、生产、管理和服务等各环节、全要素的泛在互联与数据的顺畅流通。

价值形态演化带来的新影响

新的价值创造模式和蓝海空间意味着电力产业链将有超大规模的投资需求，预计“十五五”电力产业年投资需求将较“十二五”“十三五”增长2～3倍[25]。

电力产业对经济拉动能力增强，假定“十四五”“十五五”“十六五”期间GDP年均增速分别约为5.6%、4.9%、3.9%，测算“十四五”期间新增电力投资对GDP增长的贡献率可达8%以上。同时，新能源每投资100亿元，可提高社会总产出300亿～400亿元，贡献GDP约80亿元，增加政府财政收入约10亿元。

电力产业链利益格局将出现较大调整，化石能源产业面临转型和退出，也可能出现颠覆性技术的降维打击；发输电为主的产业发展模式将向发输配用全链条均衡发展转变。

提高产业链治理能力关键在技术创新、数字化基础设施平台、标准制定三大环节。上游关键是通过技术创新提高核心竞争力，并通过输出设计和标准在全球价值链占据高点，下游关键是掌握数据入口和基础设施平台，更好地满足新型市场需求。

4.4 新型电力系统产业企业形态演化趋势

企业数量及规模：从大型集团为主向大量新技术企业、细分产业链企业共同繁荣的产业链结构格局调整

特定领域专精特新、独角兽企业进一步涌现。预计 2030 年碳达峰至中和时期，电力年均降碳需求达到 1 亿～ 2 亿吨 / 年，电气化减碳新需求将对研发制造链条的新技术和新应用场景产生更高要求；同时，为进一步提升系统灵活性，储能、电动汽车等环节技术复杂度提升和应用场景多样化将催生一批特定领域的专精特新、独角兽企业[26]。

差异化小型市场出现，专业化企业服务细分需求。当前以发输电大型国有企业为主的发输配用链条，随着智慧能源、能源互联网新业态新模式、需求侧细分服务需求增多，将形成一系列差异化小型市场及专业化企业。

“专精特新”企业：专注于细分市场、创新能力强、市场占有率高、掌握关键核心技术、质量效益优的排头兵企业。

企业在产业、产品、市场等方面都具备专业性

经营管理精细化，实施长期发展战略，注重社会责任培养

市场定位、功能定位差异化，掌握独有技术，产品难以被模仿

技术和运营模式新颖化、研发投入比例高

企业发展模式：不同细分产业主体跨界融合，出现大量复合型企业

未来电力产业链需兼顾纵向产业上下游一体化延伸和横向能源品种跨界融合的双重趋势，能源互联网、电动汽车、碳循环经济、P2X、数字化、能源工业互联网等新技术、新业态给跨领域、跨行业企业提供更大发展舞台。

产业链枢纽企业发展模式呈依托核心技术和依托平台、数据优势两种特点

依托核心技术拓展业务链条。

依托核心技术优势向上下游拓展，采用横向做大、纵向做强模式，构建业务生态。

依托平台和数据优势拓展业务链条。

依托平台和数据优势，拓入口、聚要素、搭平台、创生态，对产业发展未来组织模式、管理模式、商业模式、产业价值链产生影响。

电力产业链企业形态演化带来的新影响

影响一

更充分竞争的市场结构。产业链细分和研发制造链产业属性的增强将使小型企业也具备生存空间和技术研发动力，电力产业链中民营企业和混合所有制企业的数量和影响力持续提升，所有制形式和市场主体多元化将使市场竞争更为充分。

影响二

企业创新主体作用更加突出，技术创新以产业技术和应用技术为主，市场不断细分情况下，企业更具有创新需求嗅觉，在市场不断细分、产学研转化要求提高等因素影响下，各类创新要素将向企业集聚。

影响三

关键枢纽企业的产业链长作用不断增强。产业链的融合发展和细分化将对产业链枢纽企业提出更高要求，需要产业链领导者引领制定产业链图、技术路线图、应用领域图、区域分布图，从全局出发制定做大做强做优产业链工作计划，推动产业实现健康可持续发展。

影响四

世界级“名片”企业重要性提升，需形成有国际竞争力的“龙头”企业主体。重点电力企业的核心高端技术、设备、业态、平台应与国际对标，着力打造具有国际先进水平的龙头企业，不断提升核心产品国际竞争力及整体解决方案供应能力。

4.5 新型电力系统产业循环形态演化趋势

在能源电力系统形态变化下，电力行业承担的重大减排责任将推动电力产业链形成以电为中心，多种关键要素的多层次融合一体复杂循环体系。以电能和碳排放权相结合形成的“电一碳”产品、技术产品、金融资本和服务、高水平职业人才都将成为关键的循环要素，电力领域也将成为推进能源治理现代化的重要发力点。

电力产业链循环形态

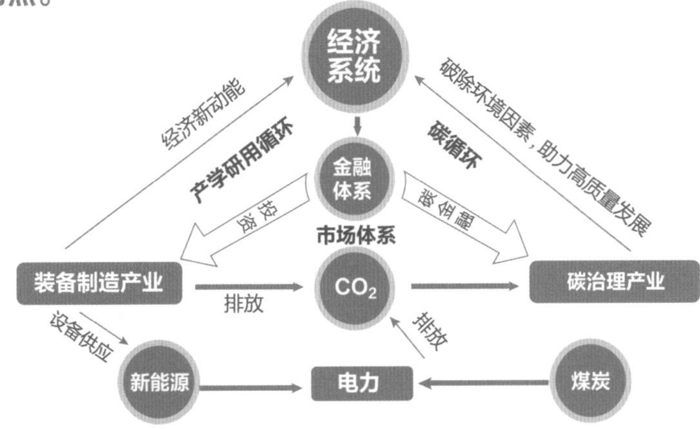

电力与能源系统

以电为中心融合新型基础设施建设，形成跨领域智慧能源系统循环体系。电热冷气等跨系统的综合能源循环要素紧密耦合，源网荷储深度融合，实现互补互济、循环畅通。通过冷热回收、蓄能、热平衡、智能控制等方式，实现能源的循环利用，形成以电力为中心的智慧能源系统大循环。

电力与碳要素

碳进一步向资源化循环经济要素转变，形成“电一碳”市场循环体系新格局，成为全国统一大市场组成部分。以电能和碳排放权相结合形成的“电一碳”产品为循环要素，通过“电一碳”产品交易实现用能权和碳排放权在上下游市场的循环流动。通过碳交易、碳核查、碳捕捉、碳封存与碳利用，实现电力产业链上碳要素的循环利用，畅通循环经济发展过程中的碳约束堵点，并带动碳金融进入良性循环。

电力与技术产品要素

以技术、产品、服务等为循环要素畅通、联通国内外市场。以电力供应链、产业链、产学研一体化等为载体，发挥内需潜力，畅通国内市场内循环。充分发挥技术创新型产品的市场竞争优势，联通和利用国际市场，实现国内国外市场大循环，形成高附加值产品的市场畅通循环形态。

电力与金融资本要素

“电力产业 + 平台 + 金融”模式推动金融资源脱虚向实，金融和实体产业形成良性循环。依托绿色金融、产业链金融等模式，借助新型电力系统相关技术创新和政策引导等措施，吸引金融资本进入到有资金需求的关键产业。同时，以高新技术催生的新模式、新业态产生的利润资金流可反馈于金融资本，从而形成金融和实体产业发展的良性循环。

电力与人力资源要素

以企业为主体形成电力产业链高水平技术人才培养与流动机制，实现人才的循环畅通。以高精尖人才和高水平职业技术人才为循环要素，采用企业产学研人才培养模式，依托项目实现高精尖人才在企业、高校、政府之间的高效循环流动，激发人才的创新活力。以企业为主体形成高端职业人才培训体系，实现产业技术人才的高效培养。

4.6 新型电力系统产业空间形态演化趋势

发输配用链条

不同区域的电力普遍服务将更加均衡化。我国电力覆盖率达到100%，已基本解决无电人口问题。未来电力普遍服务将向缩小城乡电力消费量、供电可靠性差距和实现供电服务均等化方向迈进。

电力服务将更加“泛在化”。电力与供热、供气系统及交通系统等耦合加强，呈现“泛在化”特点。配电网将与信息互联网深度融合形成全新的智能配电网，成为智慧城市基础设施和综合服务核心平台，为供电、供热和交通出行提供集成服务，大幅拓展电力服务空间和形态范围。

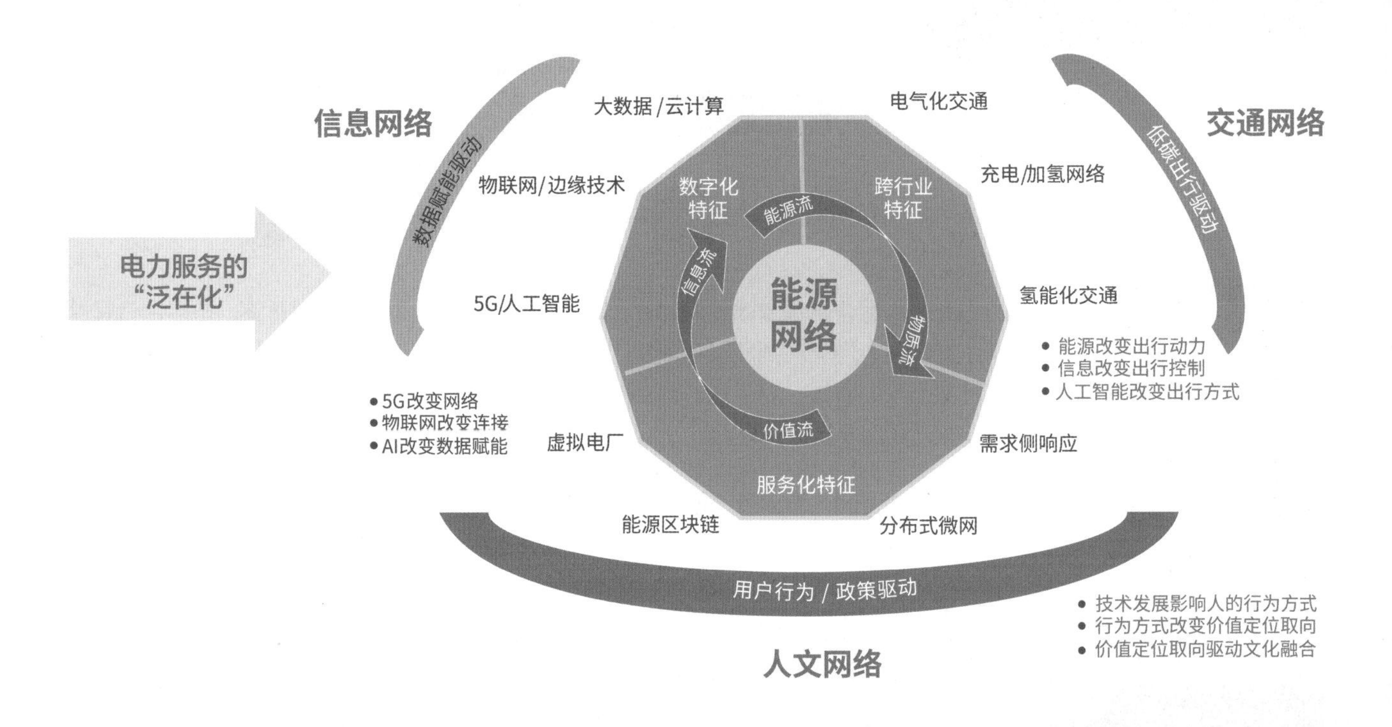

研发制造链条

产业空间转移和布局更为均衡。相较传统生产要素，技术创新和数字化技术的流动性和可复制性更强，不同地区均有促进新技术、新动能发展的机遇。叠加中西部地区能源资源优势，技术革命和数字化将推动电力产业链缩小因要素分布不均衡造成的区域发展差距。

空间布局由增长极、点轴开发模式向串珠式、网络化演进。以中心城市和城市群为核心打造世界级电力产业集群。同时，随着产业链细分，中小城市抓住产业链某个环节成为配套专业化中心，逐步形成多中心、网络化、开放式的电力产业链区域空间布局[27]。

电力产生的经济价值的区域分布情况或将出现变化。电力资源普遍流向高附加值地区。使用投入 — 产出法测算的 2019 年各省单位度电产生的经济价值显示，广东、湖北、湖南、上海、安徽、江苏等经济水平位于全国前列的受端地区度电价值整体较高，东北和西北省份大多处于全国较低水平。未来随着区域电力产业链水平的提升，电力产生的经济价值的区域分布情况或将出现变化。

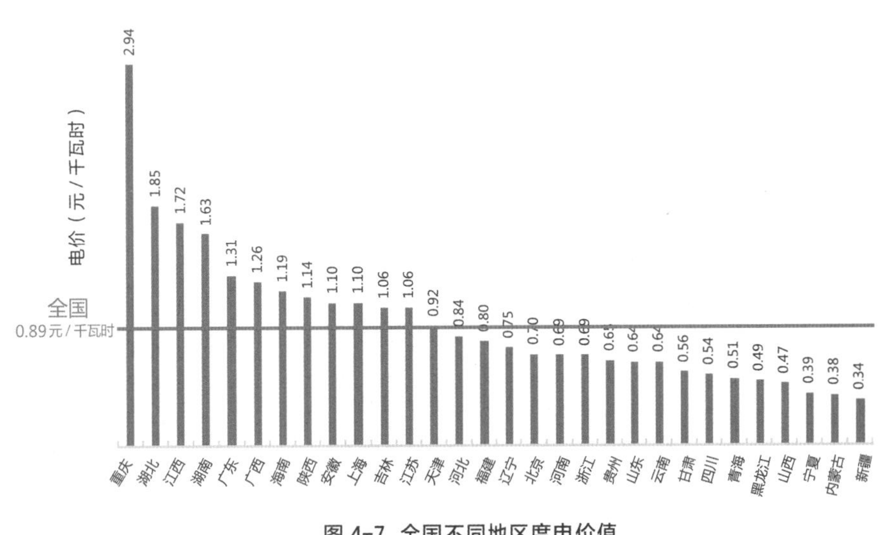

图 4-7　全国不同地区度电价值

国际上形成全球资源配置和市场格局，充分吸引全球创造性资源要素。关键矿产资源形成全球供应链配置格局，研发设计、装备制造等环节形成“以我为主、全球嵌入”的布局模式；基于共建“一带一路”绿色发展推动工程建设输出，助力“一带一路”国家电力基础设施互联互通；充分吸引和利用全球创新资源形成全球范围内的开放的创新联合体新格局。

东西部地区产业转移与新型电力系统产业链布局模式的相互影响

东西部地区产业转移对能源电力规划影响日趋显著

区域协同发展战略下用电需求增长潜力向中西部和东北地区转移，带动发输配用整体规划布局调整。我国国内多措并举促进产业向中西部和东北地区梯次转移，承接省份面临较大发展机遇。河南、湖北和湖南等省以及东北地区在装备制造业领域具有良好发展基础，中西部和东北地区积极承接东部地区产业转移面临较大投资机遇，电力需求增长布局可能有较大调整，相应对整体电力发输配用规划调整提出更高要求。

产业转移能够有效促进新能源消纳，降低新能源发展的系统成本。以 2025 年为基准年测算，西北地区 GDP 每增加 1.1 个百分点，全社会用电量增速增加 1 个百分点，新能源利用率平均增加 0.56 个百分点，系统成本下降约 0.018 元 / 千瓦时。

新型电力系统产业布局需要助力破解东西部地区产业转移面临的多重困境

当前产业西移模式以存量高能耗型产业产能置换、劳动密集型产业转移等为主，面临产品附加值低、能耗指标不足、转移动力减弱等问题，发展规模和空间受限。从新能源产业看，存在“西部资源外送 — 东部研发制造 — 西部使用产品”不利于解决发展不平衡的循环。

- **营商环境待提升，**产业规划设计，配套体系不完善，技术难以自立自强。
- **生态环境较脆弱，**我国22个限制开发地区中西部占了17个，纳入重点生态功能区转移支付范围的县（市、区、旗）占全国的60%以上[28]。
- **能耗指标仍约束，**《2021年上半年各地区能耗双控目标完成情况晴雨表》的通知中，西部多省份因能耗双控目标未完成被实施预警。
- **国际竞争力不足，**常规外向型劳动密集型产业受产业转移规律、中美贸易摩擦和东南亚发展中国家打造政策洼地吸引制造业集聚的影响，外迁趋势明显。

西部资源富集地区提高电力产业链水平和资源附加值的驱动力增强，未来需要结合资源和市场优势，以增量产业布局为重点，探索新的产业转移模式。以新能源为代表的新型电力系统产业链在西部地区布局可以有效解决西部地区产业发展困境，同时促进西部新能源大规模就地消纳。

新型电力系统产业链增量空间大、产品附加值高、带动能力强。到2060年，我国新型电力系统产业链投资规模将超过100万亿元，是西部地区2021年GDP总额的4倍多。同时，大体量、高质量的全产业链投资将有效带动西部地区经济发展。

相较其他产业，新型电力系统产业链在西部地区布局具有资源、市场等多重优势[29]**。**西北地区风光资源丰富，预计2060年新增风电、光伏装机容量超过全国新增装机规模的1/3。随着大兆瓦风电机组应用增多，整机和叶片运输难度增大，在西部地区布局全产业链的优势愈发显著。同时，西部地区锂、钴、镍等关键矿产资源优势明显，新能源产业集群的形成将大大提升产业竞争力。

“一带一路”国家能源领域投资需求潜力巨大，西部地区具有区位优势。据测算，2030年我国参与“一带一路”国家光伏和风电发电项目潜力为2.4亿～7.1亿千瓦，由此带动的相关装备制造和项目建设投资将超过万亿元。西部地区借助陆海新通道和“一带一路”建设，输出工程、技术、装备和标准等的成本优势将逐步显现。

新能源全产业链式布局将重塑西部地区竞争力，进一步降低西部地区用能成本，提升低碳竞争力，同时吸引其他相关产业布局，为新能源就地消纳提供足够空间。

“十四五”是新能源相关产业规划布局的关键窗口期，需要把握时间窗口，做好新能源产业发展的顶层设计和相关配套协同。

4.7 新型电力系统产业发展的政策需求

从产业属性角度而言，产业链的发展需要投资拉动，投资成本在产业链上的疏导过程，不可避免地会带来整个产业链成本的上升；从基础设施角度而言，需要消费侧稳定合理的用能成本来保证经济社会平稳运行，电力产业链发展在实际中面临电力价格不能太高的约束。

加强顶层设计，科学规划路径，在不同发展阶段制定有针对性的发展战略：在新型电力系统产业的**导入时期**，制定适当的扶持政策，促进产业链的健康发展，合理监管，加强引导原始创新，通过技术突破寻求成本下降空间，降低电力低碳转型成本；在新型电力系统产业**发展成熟期**，应实施完善的监管措施，保障电力产业链的基础设施属性稳定运行，实现产业属性与基础设施属性的动态平衡发展。

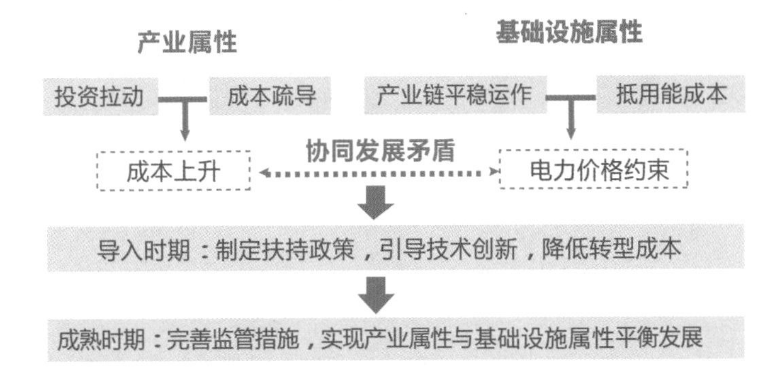

技术创新支持

◇ 以提升电力产业基础能力和产业链水平为目标选择产业政策标的，支撑颠覆性创新技术的研发和创新性科技成果的转化。
◇ 扶持企业形成在细分产业技术研发中的主体地位，探索“企业主导 + 科研机构 + 政府支持 + 开放合作”的创新组织模式。
◇ 充分发挥我国新型举国体制优势，在战略性、基础性、前瞻性领域集中力量联合攻关。
◇ 充分考虑产业链供应链安全，合理规划新型电力系统产业技术发展路线的战略选择。

金融支持

◇ 以产业链金融、绿色金融、产业基金等新业态提高电力产业链金融服务能力。
◇ 创新投融资方式，调动社会资本积极性解决产业链融资难题。
◇ 建立全国性碳核算体系，明确投资效益预期和碳信用资产的价格预期。

人才培养支撑

◇ 引导高端新型电力系统职业技术人才教育培训产业发展方向。
◇ 妥善安置以劳动密集型化石能源产业为主的就业群体，对化石能源相关产业工人进行再就业培训。

央地关系协调以及产业协同

◇ 以中央政府统筹管理为主，发展区域性能源电力市场，增强政策资源分配的透明性。
◇ 依托国家区域战略，增强区域间电力产业协同性，解决发展不平衡不充分问题。
◇ 助力能源富集地区发展高附加值能源产业，从全国与区域层面统筹规划碳、电力、能耗等指标分配。
◇ 建立细分行业协会和联盟，推动产业高效协同，突破地区壁垒，共建信息共享平台。

国际交流支持

◇ 利用现代信息技术，开辟线上展会等平台，为企业输出更高水平的电力技术和装备提供渠道。
◇ 推广应用中国标准，培育与开发多领域国际标准，积极争取国际标准组织高级别职位，探索组织创立国际新型电力系统标准组织。
◇ 探索国际项目投资、收购等发展模式，作为业主方在采购方面优先向国内先进技术装备倾斜。

（**本章撰写人：**贾淯方、鲁刚、元博　**审核人：**谭雪）

05 能效提升与碳减排

党的二十大提出要加快发展方式绿色转型，节能提效作为能源领域落实全面节约战略的重要抓手，将在促进经济社会发展全面绿色转型、提升重点行业能源利用效率、降低单位国内生产总值能耗及二氧化碳排放等方面发挥愈加重要的作用。本报告从新形势下节能提效的重大意义切入，提出自下而上的终端重点领域能效水平测算方法；采用该方法，基于对我国能效水平现状的调研以及对能效提升主要影响因素的分析，研究了近期（2023－2025 年）、中期（2023－2030 年）、远期（2030－2060 年）相应领域的能效提升路径，涵盖用能技术、用能结构、用能管理等方面，并综合预判了各领域能效变化趋势，最后提出了促进我国能效提升的有关建议。

5.1 能源效率现状及能效提升主要影响因素

党的十八大以来，我国全面节约战略持续加速推进。近年来，《中共中央国务院关于完整准确全面贯彻新发展理念做好碳达峰碳中和工作的意见》《“十四五”节能减排综合工作方案》等重要文件进一步强调要不断提升能源效率，推动经济社会发展全面绿色转型。在“双碳”目标下，面对能源需求的刚性增长，节能提效将有利于缓解能源供应紧张局面，同时起到降低二氧化碳排放、保护生态环境、引领绿色产业发展等关键作用。

本报告提出了自下而上的终端重点领域能效水平测算方法，基于细分行业的单品能耗、技术类别、产品数量等关键指标，结合对典型行业企业的调研以及计量分析模型等，以定量与定性分析相结合的方式，研判了 2025、2030、2060 等水平年重点领域的能源利用效率。基本计算公式和行业分解图如下，其中，*EE* 为能效水平，*OR* 为产值占比，*j* 为领域，*i* 为细分产品，*t* 为时间。

$$EE_{j,t}=\sum_{i} EE_{ij,t}\times OR_{ij,t}$$

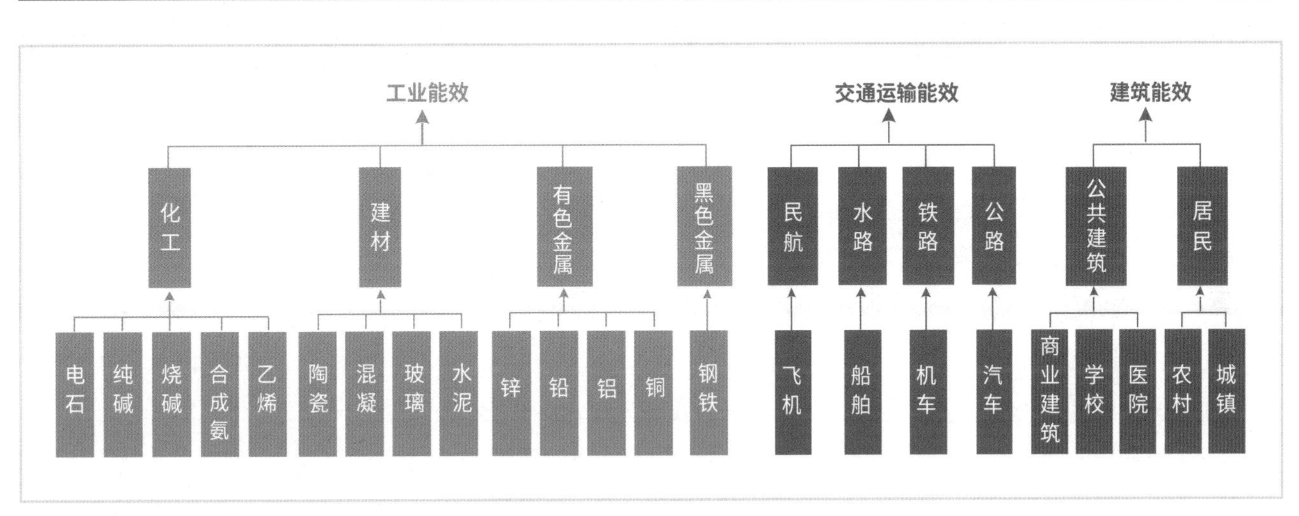

图 5-1 重点行业领域测算分解图

工业领域

能效计算主要涵盖黑色金属、建筑材料、有色金属和石化化工等高耗能行业及其细分产品，基于国家政策规划和细分产品技术标准来预测产品需求量和单位产值能耗，推算工业能效水平。

建筑领域

主要涵盖北方城镇供暖建筑、城镇住宅（不含供暖建筑）、公共建筑（不含集中供暖建筑）、农村住宅等，考虑建筑结构、建筑运行终端能耗产品等，结合建筑面积测算建筑能效水平。

交通运输领域

主要涵盖公路、铁路、水运、民航等类别，并细分至各终端用能设备，通过典型类别能耗监测统计计算各类交通工具的能效水平。

“十四五”以来，我国组织实施节能减排重点工程，如重点行业绿色升级工程、交通物流节能减排工程、城镇绿色节能改造工程等，推动能源效率持续提升。“双碳”目标下，生态优先、节约集约、绿色低碳发展将深入推进，需要进一步深刻认识和挖掘节能降耗的巨大潜力与价值。

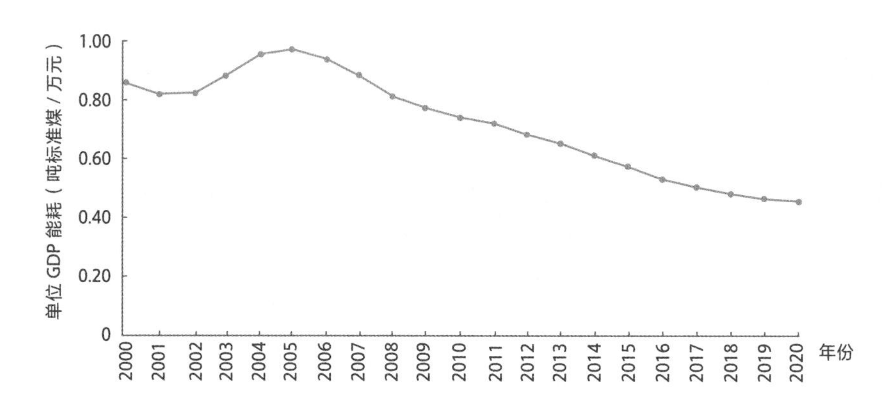

图 5-2 我国全社会单位 GDP 能耗走势

工业能效

工业领域是我国能源消费和碳排放的主要源头，推进其节能提效对实现“双碳”目标将起到关键作用[30,31]。

> 我国吨钢综合能耗快速下降，2020 年已降至 545 千克标准煤 / 吨，达到国际先进水平。

> 我国有色金属重点产品综合能耗持续下降，2020 年电解铝交流电耗为 13186 千瓦时 / 吨，仍高于先进国家产品能耗水平；铜冶炼综合能耗为 286 千克标准煤 / 吨，已低于先进国家产品能耗水平。

> 我国建材和石油化工行业重点产品综合能耗持续缓慢下降，大部分产品高于先进国家产品能耗水平。2020 年水泥、原油、乙烯、合成氨、烧碱、纯碱综合能耗分别为 118、89、830、1423、865、330 千克标准煤 / 吨，电石综合能耗为 3073 千瓦时 / 吨；平板玻璃综合能耗为 12 千克标准煤 / 重量箱，低于先进国家产品能耗水平。

建筑能效

建筑领域随自身节能标准的不断提升以及绿色低碳建筑的逐步推广，总体能耗强度持续下降[30-32]。

> 2020 年，北方地区城乡建筑供热（包括农村）平均综合能耗为 13.7 千克标准煤 / 米^2。城镇居住建筑单位面积能耗为 12~13 千克标准煤 / 米^2，约 70% 的消费能源为电能；农村居住建筑单位面积能耗约为 10.1 千克标准煤 / 米^2，主要消费能源种类是电力、燃煤、液化石油气、燃气和生物质能（秸秆、薪柴）等；公共建筑单位面积能耗为 24.7 千克标准煤 / 米^2。

> 我国单位建筑面积能耗总体低于世界发达国家建筑能耗水平。

交通能效

> 交通领域近年持续迅速发展，能源消费量占全社会终端能源消费量的比重不断提高，节能提效重要性愈加凸显[30,31]。

> 2020年，公路、铁路、水运和民航单位运输周转量能耗分别为392、44.3、36.8、4649 千克标准煤/（万吨 · 千米），比上年分别上升2.1%、12.4%、2.5%、10.9%。电气化铁路单位运输周转量电耗为237.9千瓦时/（万吨 · 千米），轨道交通平均周转量电耗为1300 千瓦时/（万人 · 千米）。我国铁路运输能效水平位列世界先进，公路和水运仍有一定差距，航空与全球相当。

能源效率的变化是一个复杂的过程，其影响因素包括宏观层面的政策法规、中观层面的能源消费结构和产业结构，以及微观层面的能源价格、技术进步等。能源产出效率提升要依靠政策、技术、市场等多维度协同发力。

技术进步：
影响着能源开采、运输、储存和终端使用的全过程，是提高能源利用效率、实现节能降耗的根本途径。

能源结构调整：
能源结构通过两个方面影响能源利用效率，即不同能源品种的构成和不同用能环节的构成。

产业结构优化：
通常高能耗产业比重大并且上升快，能源强度将增大，能源利用效率就要下降。

能源及碳排放价格变动：
价格通过直接与间接两种途径影响能源利用效率，即能源本身的价格和能源替代品的价格。

政策法规制定实施：
通过能效相关的政策、法律、规划、标准等的制定与实施，有效引导或倒逼效提升。

表 5-1 近年我国能效相关政策

发文时间	文件名	部分内容
2021年9月	《关于完整准确全面贯彻新发展理念做好碳达峰碳中和工作的意见》（中发〔2021〕36号）	提升数据中心、新型通信等信息化基础设施能效水平，推行建筑能效测评标识，抓紧修订一批能耗限额、产品设备能效强制性国家标准和工程建设标准
2021年9月	《完善能源消费强度和总量双控制度方案》（发改环资〔2021〕1310号）	从源头严控新上项目能效水平，新上高耗能项目必须符合国家产业政策且能效达到行业先进水平
2021年10月	《2030年前碳达峰行动方案》（国发〔2021〕23号）	推动城市综合能效提升，全面提升能效标准，建立以能效为导向的激励约束机制，推广先进高效产品设备
2021年10月	《关于严格能效约束推动重点领域节能降碳的若干意见》（发改产业〔2021〕1464号）	对标国内外生产企业先进能效水平，确定各行业能效标杆水平，以此作为企业技术改造的目标方向
2021年11月	《“十四五”工业绿色发展规划》（工信部规〔2021〕178号）	鼓励企业、园区建设能源综合管理系统，实现能效优化调控；积极推进网络和通信等新型基础设施绿色升级，降低数据中心、移动基站功耗
2022年1月	《“十四五”节能减排综合工作方案》（国发〔2021〕33号）	推进新型基础设施能效提升，加快绿色数据中心建设；大幅提升制冷系统能效水平；公共机构能效提升工程
2022年1月	《促进绿色消费实施方案》（发改就业〔2022〕107号）	加快节能标准更新升级，提升重点产品能耗限额要求，大力淘汰低能效产品
2022年2月	《关于完善能源绿色低碳转型体制机制和政策措施的意见》（发改能源〔2022〕206号）	各地区应结合本地实际，采用先进能效和绿色能源消费标准，深入开展绿色生活创建行动
2022年2月	《高耗能行业重点领域节能降碳改造升级实施指南（2022年版）》（发改产业〔2022〕200号）	炼油、乙烯、对二甲苯、现代煤化工、合成氨、电石、烧碱、纯碱等17行业节能降碳改造升级
2022年6月	《工业能效提升行动计划》（工信部联节〔2022〕76号）	推进重点行业节能提效改造升级，推进重点领域能效提升绿色升级，持续提升用能设备系统能效，统筹提升企业园区综合能效，积极推动数字能效提档升级
2022年7月	《工业领域碳达峰实施方案》（工信部联节〔2022〕88号）	提升重点用能设备能效，加快实施节能降碳改造升级，引导绿色工厂进一步提标改造，对标国际先进水平，建设一批“超级能效”和“零碳”工厂

5.2 “双碳”目标下重点领域能效提升实施路径

提升我国总体能效水平需要在工业、建筑、交通等各领域共同发力，充分释放出巨大的节能潜力。

工业领域

加快化解工业领域过剩产能是首要举措。坚决遏制“两高”项目盲目发展，加强重点行业过剩产能预警，提高“两高”项目节能环保准入标准。

▶ 黑色金属行业

未来，黑色金属行业将逐步形成产业布局合理、技术装备先进、绿色智能化水平高的发展格局，其中尤应重点关注钢铁行业。

> 近期（2023－2025 年）能效提升路径：提高炼焦和高炉能效技术，提高低能耗电炉钢比例；开展行业绿色制造和低碳发展相关评价，加快绿色制造和低碳发展等标准的制定。

> 中期（2025－2030 年）能效提升路径：提升短流程炼钢能效的同时进一步提升长流程炼钢能效，进一步提升低能耗短流程电炉钢的比例。

> 远期（2030－2060 年）能效提升路径：推进智能制造，以原燃料结构优化、流程结构调整、突破性低碳冶炼技术及 CCS 为主要路径实现深度减排。系统构建钢铁低碳发展全面支撑体系，合理规划、全流程全方位实施超低排放改造，借助“环保 + 工业互联网”实现管控治一体化。

> 能效趋势预判：综合技术改进、结构调整及行业发展预测，预计 2025 年、2030 年、2060 年我国黑色金属行业产值能耗将分别降至 2.7、2.2、1.5 吨标准煤 / 万元；吨钢综合能耗将分别降至 537、511、359 千克标准煤 / 吨。

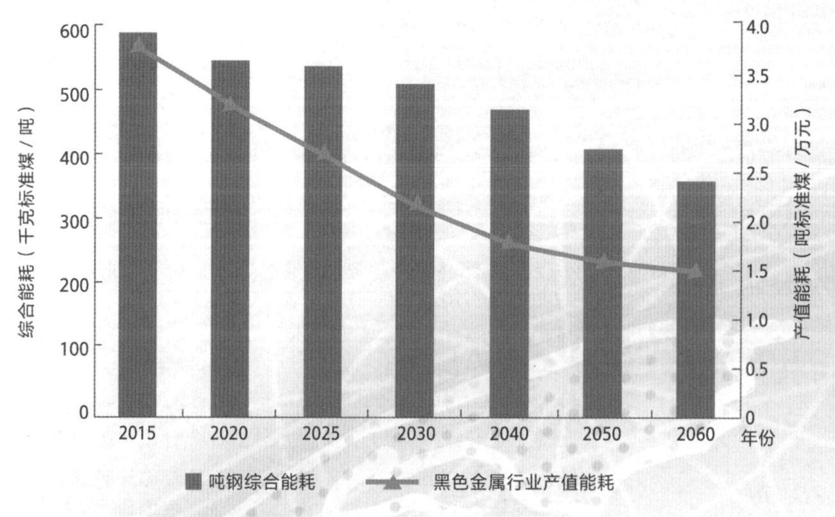

图 5-3 黑色金属行业能效走势

有色金属行业

未来，有色金属行业将加快结构优化提升、增强核心技术创新力、推动关键材料开发，再生有色金属也将成为重要抓手。

> 近期（2023－2025 年）能效提升路径：促进铜、铝、铅、锌等主要有色金属冶炼领域重大节能降耗先进技术推广应用，开发高效率、短流程、低能耗的加工冶炼技术，升级改进电解槽相关工艺和控制系统。

> 中期（2025－2030 年）能效提升路径：加快智能化改造，推动生产方式向智能、柔性、精细化转变，加快新材料的研发；大力发展再生金属、废弃物资源化等绿色循环产业，打造高效率的有色金属废料闭环回收体系。

> 远期（2030－2060 年）能效提升路径：加快推进碳捕集、碳封存等新技术应用，开展污染物和温室气体协同处置相关技术研发与示范推广；进一步推进高端化制造，实现有色金属材料链条向高端延伸，发展高性能新材料。

> 能效趋势预判：综合技术改进、结构调整及行业发展预测，预计 2025 年、2030 年、2060 年电解铝综合电耗将分别降至 12950、12820、12270 千瓦时 / 吨，铜冶炼综合能耗将分别降至 325、310、300 千克标准煤 / 吨。有色金属行业 2025 年、2030 年、2060 年产值能耗将分别降至 1.5、1.4、1.2 吨标准煤 / 万元。

建材行业

建材行业未来发展将更加注重智能制造数字转型、优化调整产业结构、构建行业节能管理体系等。

> 近期（2023－2025 年）能效提升路径：推广高效粉磨技术（辊压机终粉磨技术）、高效低阻旋风预热器、高能效分解炉及第四代冷却机技术装备等，用有热值垃圾或生物质燃料替代传统化石燃料。

> 中期（2025－2030 年）能效提升路径：构建建材工业低碳产业体系将成为重点，规范我国建筑领域混凝土的标准；提高水泥利用效率，通过更优、更细的管理促使水泥用量下降。

> 远期（2030－2060 年）能效提升路径：通过智能化技术来减少熟料煅烧过程的波动性、提高稳定性，达到节能减排效果。

> 能效趋势预判：综合技术改进、结构调整及行业发展预测，预计 2025 年、2030 年、2060 年水泥综合能耗将分别降至 112、108、98 千克标准煤 / 吨，平板玻璃综合能耗将分别降至 11.2、10.8、8.5 千克标准煤 / 重量箱。建材行业产值能耗将分别降至 2.0、1.8、1.4 吨标准煤 / 万元。

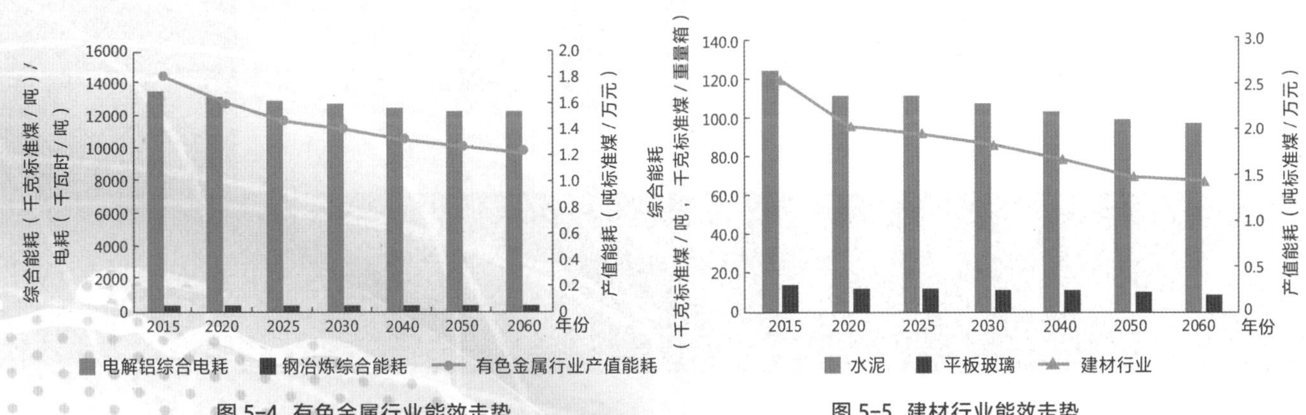

图 5-4 有色金属行业能效走势

图 5-5 建材行业能效走势

▶ 石油化工行业

石油化工行业未来将持续加大清洁能源和原料替代、优化行业产业链、融合信息技术提升管理水平。

> 近期（2023—2025年）能效提升路径：以降低能耗和减少碳排放为目标，持续加大研发包括以电力为动力的新型加热炉技术、传统石化与新一代信息技术深度融合的智能化技术在内的新技术、新工艺、新设备、新催化剂。

> 中期（2025—2030年）能效提升路径：开展生态产品设计，减少产品全生命周期碳足迹；推动企业积极参与碳排放权交易市场；部署一批具有前瞻性、系统性、战略性、颠覆性的低排放技术研发和创新项目，如绿氢化工厂等零排放石化企业设计、规划与构建等。

> 远期（2030—2060年）能效提升路径：绿氢、二氧化碳等取代油气成为石化企业的主要原料，新型行业产业链条基本建立；大幅开发具有生态补偿机制的碳汇项目；地热、核能等新能源及储能技术与新一代信息技术深度融合，有力支撑行业绿色用能。

> 能效趋势预判：综合技术改进，结构调整及行业发展预测，预计乙烯2025年、2030年、2060年单产能耗分别为799、789、770千克标准煤/吨，烧碱单产能耗将分别为817、795、720千克标准煤/吨。石油化工行业2025年、2030年、2060年产值能耗将分别为2.1、1.9、1.5吨标准煤/万元，产值能耗持续下降。

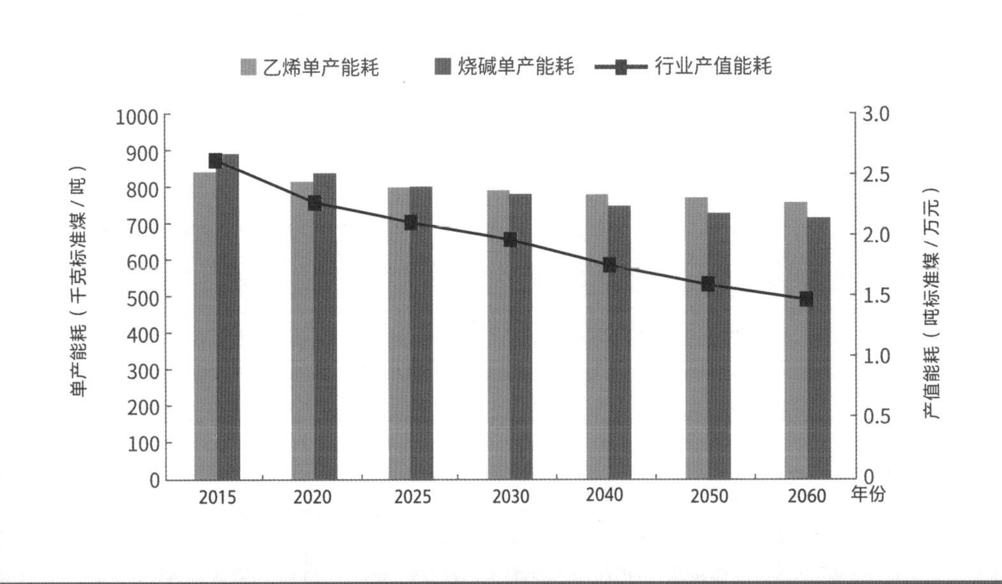

图5-6 石油化工行业能效走势

交通领域

交通用能将持续增长，加快转向电力和氢能，实现低碳替代技术的突破和推广是提高能效的关键。

▶ 公路

未来新能源汽车占比持续上升，公路运输向能效更高的水路和铁路运输转移。

> 近期（2023－2025 年）能效提升路径：技术提升包括轻量化技术、节能汽车技术、新能源汽车技术等；结构提升包括运输结构优化，具体是指将大宗货物运载量由公路运输向水路和铁路运输转移；管理提升包括车辆通行管理、驾驶员节能驾驶水平等运输组织管理水平等方面的提升。

> 中期（2025－2030 年）能效提升路径：管理提升主要包括通过信息化水平提升来提高能效管理水平；技术提升及结构提升重点是新能源汽车技术发展以及运输结构优化。

> 远期（2030－2060 年）能效提升路径：管理提升主要体现在智慧交通管理，实现自动化优化调度；技术提升及结构提升重点是颠覆性运输技术的突破等。

> 能效趋势预判：综合技术改进、结构调整及行业发展预测，预计 2025 年、2030 年、2060 年我国公路单位运输周转量能耗将分别下降至 340、310、264 千克标准煤 /（万吨 · 千米）。

▶ 铁路

提高铁路电气化率有利于提升清洁电能消费和能效水平。

> 近期（2023－2025 年）能效提升路径：技术提升主要为提升营运车辆技术水平，包括重载列车轻量化、研发新型节能机车；结构提升为推广电气化铁路，在牵引动力上引入新能源和可再生能源替代技术；管理提升包括车辆通行管理、驾驶员节能驾驶水平等运输组织管理水平的提升。

> 中期（2025－2030 年）能效提升路径：技术提升体现在智能技术应用，如新型智能列控技术、智能调度集中系统、北斗定位系统在轨道电路上的应用技术等；结构提升包括提高绿色铁路承运比重；管理提升主要体现在北斗卫星导航技术、5G 通信、大数据、人工智能技术优化铁路调度。

> 远期（2030－2060 年）能效提升路径：技术提升主要包括数字孪生铁路技术、智能牵引供电成套技术等，全面实现铁路运输智能化；结构提升主要包括进一步提升绿色铁路比重及运力；管理提升主要体现在全面实现铁路智慧化管理，大幅提升管理能力，降低能耗水平。

> 能效趋势预判：综合技术改进、结构调整及行业发展预测，预计 2025 年、2030 年、2060 年，我国铁路单位运输周转量能耗将分别下降至 37、34、24 千克标准煤 /（万吨 · 千米）。

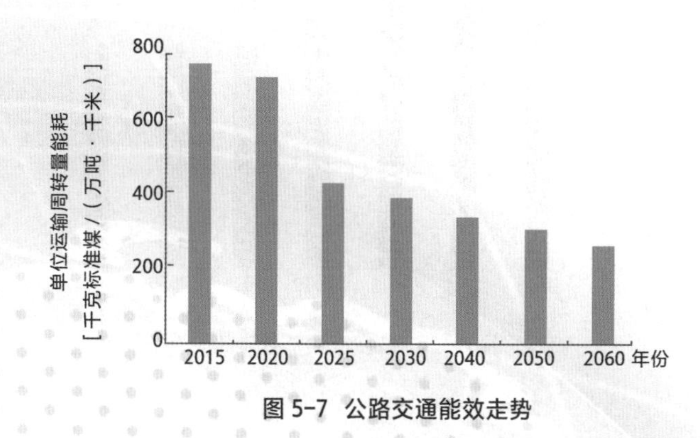

图 5-7 公路交通能效走势

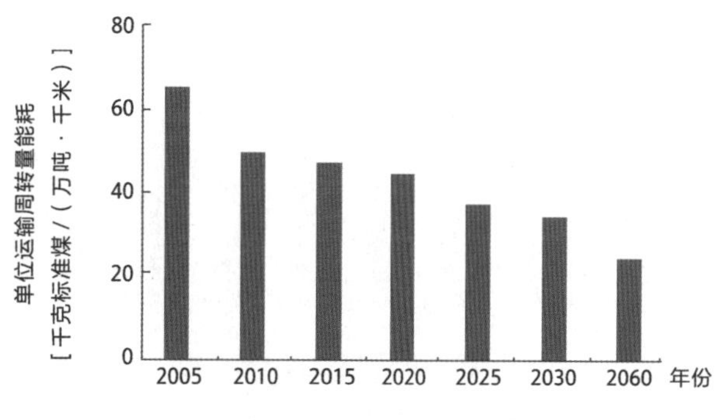

图 5-8 铁路交通能效走势

▶ 水路

通过港口岸电、推广电动船舶降低运输周转量能耗，加强氢能等新能源在船舶中的应用比重，进一步加大绿色船舶运力。

> 近期（2023－2025 年）能效提升路径：技术提升主要为提升船舶设计制造技术水平、推广船用节能产品等；结构提升主要为优化港口用能及运力结构；管理提升主要为优化航速管理和航运物流组织等。

> 中期（2025－2030 年）能效提升路径：技术提升主要体现在电气化等技术的创新和应用，提高电动轮船使用比重；结构提升主要为研发船用替代能源，优化运力结构；管理提升为加强智能化管理。

> 远期（2030－2060 年）能效提升路径：技术提升路径主要包括海洋领域生物燃料、氢燃料、电气化等技术的研究应用；结构提升路径主要包括加强氢能等新能源在船舶中的应用比重，进一步加大绿色船舶运力；管理提升路径为全面实现水运智慧化管理，提升能效水平。

> 能效趋势预判：综合技术改进、结构调整及行业发展预测，预计 2025 年、2030 年、2060 年我国水路单位运输周转量能耗将分别下降至 29、26、22 千克标准煤 /（万吨 · 千米）。

▶ 航空

推广廊桥岸电、航空发动机减重等技术，提高新能源在航空领域的应用比重。

> 近期（2023 — 2025 年）能效提升路径：技术提升包括推广应用桥载设备替代飞机 APU、航空发动机减重技术等；结构提升主要为推广“油改电”，研发生物航煤；管理提升为优化调度临时航线等。

> 中期（2025－2030年）能效提升路径：技术提升主要体现在飞机电气化等技术的创新和应用，大力研发电动飞机，并提高其应用于短途飞行的比重；结构提升包括提升电能、生物航空煤油替代比例，加强绿色飞机运输结构优化；管理提升为加强信息化技术的应用，提升智能化管理水平。

> 远期（2030－2060 年）能效提升路径：技术提升主要体现在生物航空煤油、电气化、氢能等技术在航空领域的应用；结构提升主要为进一步加大绿色航空运力；管理提升包括全面实现航空智慧化管理等。

> 能效趋势预判：综合技术改进、结构调整及行业发展预测，预计 2025 年、2030 年、2060 年我国航空单位运输周转量能耗将分别下降至 4101、4094、3960 千克标准煤 /（万吨 · 千米）。

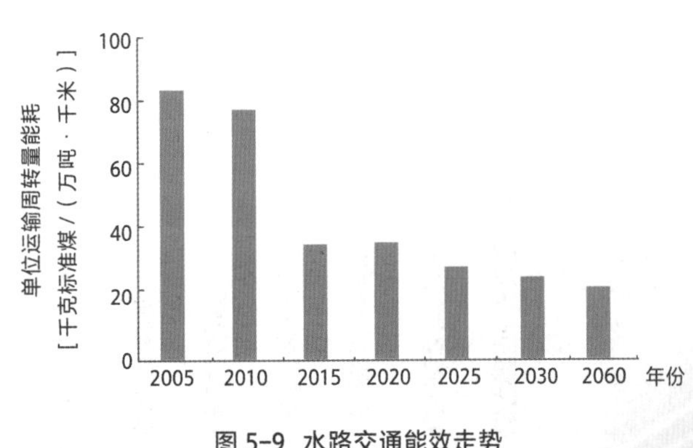

图 5-9 水路交通能效走势

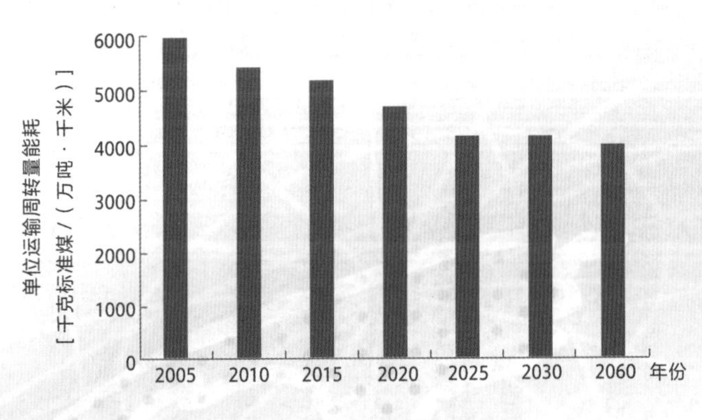

图 5-10 航空交通能效走势

建筑领域

建筑领域提升能效的主要途径是提升建筑节能标准，推广先进建筑节能技术，开展建筑绿色节能改造。

> 近期（2023—2025 年）能效提升路径：

在建筑物本体性能方面，提升围护结构保温性能，如增强外墙保温、更换保温门窗、增设暖廊等；在用能系统效率方面，提升建筑中照明、空调、采暖和电器等的运行效率；在改变热源结构方面，提高住宅中的燃气普及率和炊事电气化水平等；在综合能源推广方面，初步推广综合能源利用技术；在数字化技术应用方面，建筑能耗监测和管理平台初步推广。

> 中期（2025—2030 年）能效提升路径：

在建筑物本体性能方面，外墙保温性能进一步提升，保温门窗基本普及；在用能系统效率方面，普及各项终端高效用能技术；在改变热源结构方面，住宅中的燃气普及率和炊事电气化水平进一步提升；在综合能源推广方面，公共建筑技术升级由单项技术改造向系统综合改造转变；在数字化技术应用方面，建筑能耗监测和管理平台普及，能耗统计、能源审计、能耗监测技术基本成熟。

> 远期（2030—2060 年）能效提升路径：

在建筑物本体性能方面，高效隔热低碳围护结构普及；在改变热源结构方面，可再生能源建筑应用规模逐步扩大，建筑用能以电力为主；在综合能源推广方面，系统综合改造完全普及，实现多能协同优化互补；在数字化技术应用方面，建筑运行管理信息化、智能化技术完全成熟。

> 能效趋势预判：

考虑建筑物本体性能改善、用能系统效率提升、热源结构优化、综合能源推广、数字化技术应用等因素，预计 2025 年、2030 年、2060 年我国单位建筑面积能耗将分别为 11.4、9.6、6.2 千克标准煤 / 米^2 。

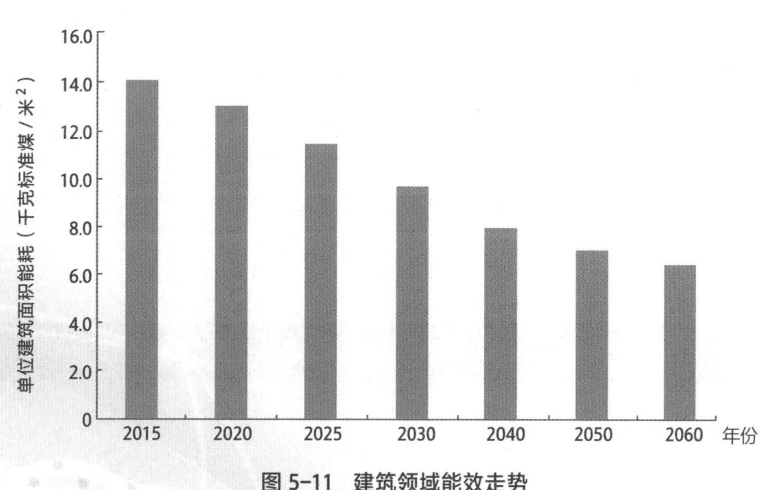

图 5-11 建筑领域能效走势

5.3 能效提升有关建议

制约我国节能提效的关键问题突出表现在综合能源系统及能效服务尚未普及，市场在能效提升中的作用不充分，先进能效技术研发应用尚存在瓶颈，能效综合人才培养认证体系有待健全，能效相关法律法规执行力度有待加强、标准体系仍需完善，提升全民节能意识仍有不足等方面，要多维发力共筑节能提效之路。

大力推广以电为中心的综合能源系统，带动能效产业发展壮大

一是打破除不同能源间的体制壁垒，构建综合能源服务的平台生态。先打破用户侧不同能源间的体制壁垒，发挥不同能源的优势特性，实现系统集成层面的能效提升；二是综合能源服务产业联盟等形式加快综合能源服务平台生态的构建，行业协会、龙头企业优势整合资源；三是加强统筹规划，针对综合能源系统初始投资较大、回收期较长的特点，建立起科学合理的财税补贴机制。

加快构建统一开放、竞争有序的市场体系，充分调动用户积极性

一是理顺供求关系，完善能源价格和激励机制，形成反映资源稀缺程度、环境成本的能源价格体系；二是将需求侧资源纳入能源系统规划和运行，配合市场改革进程探索需求侧管理新机制，引导用户积极参与能源市场互动；三是积极培育能效服务市场，推动商业模式和服务业态的创新，不断健全碳交易市场的运行机制，深化用能权有偿使用和交易。

加强国际交流与科技创新合作，打通能效技术研究到应用的产业链

一是完善国际科技交流与创新合作机制，积极搭建交流合作平台，定期展开多种形式的交流互动，不断提升我国高能效技术方面科研实力；二是完善产研协同的监管机制，严格规范合作中科研成果归属、产品生产成本分摊等具体内容，保护各主体在合作中的相关利益；三是建立成果转化激励机制，对在高能效产品成果转化方面做出突出贡献的各主体提供资金支持、减免税收等激励措施。

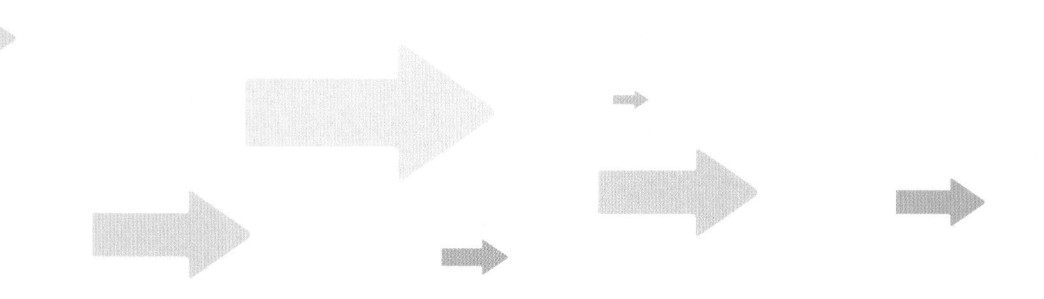

加强能效综合型人才培养并建立相应的认证体系

一是建立综合 5G、大数据、云计算等新兴技术以及用能节能等传统技术的能效综合型人才培养体系，探索成立一批专门的能效院系，设置完备的课程体系，加强与能源企业合作，共同开展理论和工程能力培养；二是设置能效相关的各级各类资格认证制度，对通过考试的人员颁发证书，引导企业选用经过认证的能效管理人员，同时积极与国际认证体系接轨，实现人才的双向流动。

加大能效法律法规执行力度、完善相关标准体系

一是以能效标准作为法律法规执行的准绳，完善能效的监督体系，将具有社会性质的有关部门也拉入监管范畴；根据时代发展情况及时更新奖惩标准，特别是提高对不满足能效标准企业或个人的处理力度，增强能效法律法规的威慑力；二是制定和完善各层级能效标准，为能效提升打牢法治基础，明确终端用能效率、终端电气化水平、碳排放量等指标，提升现有能效水平标准要求，定期发布能效技术推广目录。

加强对节能节电的宣传引导，营造全民崇尚节约的浓厚氛围

一是充分运用好“线上 + 线下”的各种宣传渠道，加大对节能节电宣传的频次、丰富宣传的形式、提升宣传的效果，积极推广生态文明、绿色低碳发展理念，增强全民节约意识；二是大力普及节能节电技巧和常识，有重点地引导各类用户掌握节约方法，真正形成节约用能、节约用电的生产和生活习惯。

（**本章撰写人：**贾跃龙、张玉琢、元博　**审核人：**赵秋莉）

06

传统能源与新能源优化组合

实现人与自然和谐共生的中国式现代化，调整优化能源结构、实现清洁低碳发展是核心举措。走好中国特色能源电力“双碳”道路，必须立足我国能源资源禀赋，坚持先立后破、通盘谋划，传统能源逐步退出必须建立在新能源安全可靠替代的基础上。推动新能源大规模高质量发展，要充分挖掘灵活调节煤电等传统能源的支撑潜力，推动煤电清洁高效利用，统筹各类调节资源建设与新能源发展相协调。同时，考虑我国新能源资源与负荷中心逆向分布国情以及新能源大规模外送对支撑和调节电源的需求，需要加大力度规划建设以大型风光电基地为基础、以其周边清洁高效先进节能的煤电为支撑、以稳定安全可靠的特高压输变电线路为载体的新能源供给消纳体系，走出一条具有中国特色的煤电与新能源优化组合发展之路。

6.1 传统能源与新能源协同发展关键问题

坚持立足我国能源资源禀赋，推动实现传统能源与新能源优化组合

“双碳”目标下，要实现能源清洁低碳转型和新能源安全可靠替代，必须立足我国以煤为主的基本国情，统筹协调发展和利用好各类能源。 经过三个“五年”规划期的快速发展，我国已成为全球新能源发展高地，在装机规模、发电量等重要指标上持续世界领先。未来以新能源供给消纳体系建设为代表，新能源将进入跨越式发展时代。

要适应新能源的随机波动性、弱支撑性，实现新能源规模化、高质量发展，需要科学认识煤电与新能源协同发展、相辅相成关系，实现存量改造挖潜和增量灵活制造并举，推动煤电和新能源优化组合，走出一条高质量协同发展之路。

作为实现“双碳”目标的重中之重，我国新能源将进入跨越式发展时代。 截至 2022 年底，我国新能源装机规模达到 7.6 亿千瓦，持续保持世界领先地位[33]，新增装机规模 1.2 亿千瓦，连续三年突破 1 亿千瓦。其中，风电装机规模达到 3.7 亿千瓦、连续十三年保持全球第一，海上风电装机规模达到 3205 万千瓦、蝉联世界第一；太阳能发电装机规模达到 3.9 亿千瓦、连续八年稳居世界首位。

国家《“十四五”可再生能源发展规划》指出，到 2025 年风电和太阳能发电量实现翻倍。预计到 2030 年，我国新能源发电装机规模将达到 15 亿 ~18 亿千瓦，超过煤电成为第一大电源[34]。预计到 2060 年，我国新能源发电装机规模达到 40 亿 ~ 50 亿千瓦，装机占比接近 2/3。

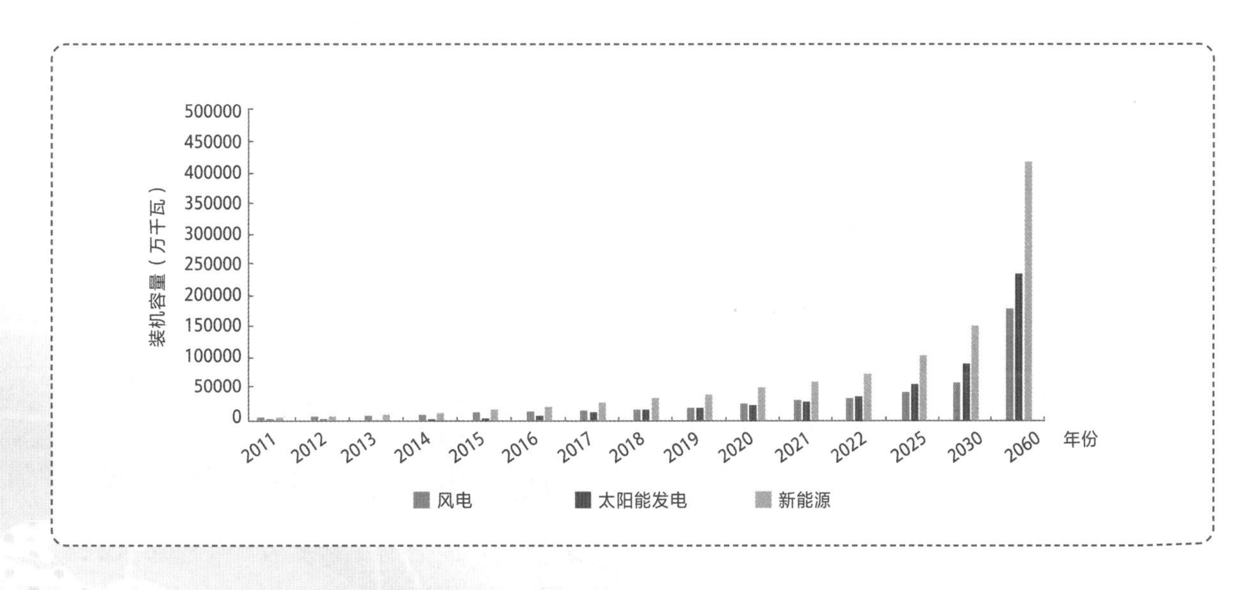

图 6-1 我国新能源装机规模变化情况

实现传统能源与新能源优化组合是促进新能源高质量发展、持续推动能源转型的重要举措。我国煤电资源丰富、技术水平领先、安全支撑能力强，规模巨大的优质存量机组改造后具备可观灵活调节潜力，与新能源发展存在强优势互补效应。近中期我国以煤为主能源结构难以发生实质性变化，通过促进煤电清洁高效发展，充分发挥煤电保电力、保电量、保调节的"三保"兜底保障作用。同时，煤电仍然是重要的调节资源来源，与新能源相辅相成、并非互斥，通过加快煤电功能定位转变和落实灵活性改造，可成为支撑新能源发展的优质资源。

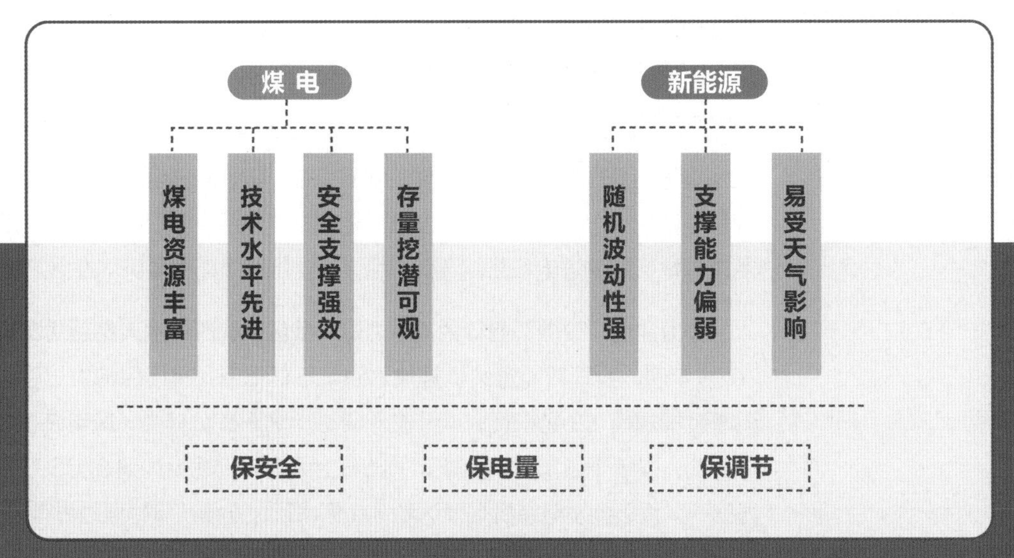

图 6-2　传统能源与新能源优化组合支撑新能源高质量发展

顶层设计上着力做好传统能源与新能源协同规划。坚持系统思维，优化顶层设计，立足以煤为主的基本国情，统筹发展与安全、转型与保供，推动煤电向基础保障性和系统调节性电源转变，有效支撑新能源大规模高比例发展。一方面，以煤电调节能力提升等灵活调节资源引导新能源优化配置；另一方面，以各级市场为平台，价格信号有效传导，充分引导挖掘煤电灵活调节潜力。

加强煤电存量改造与增量建设协同。"十三五"期间，国家电网有限公司经营区累计完成火电灵活性改造规模 1.62 亿千瓦，平均增加调峰深度 15.1%，其中，"三北"地区累计完成 8241 万千瓦、平均增加调峰深度 18.2%[35]。《全国煤电机组改造升级实施方案》提出，存量火电机组应改尽改，"十四五"期间完成火电灵活性改造 2 亿千瓦，平均增加调峰深度 15%~20%[36]。

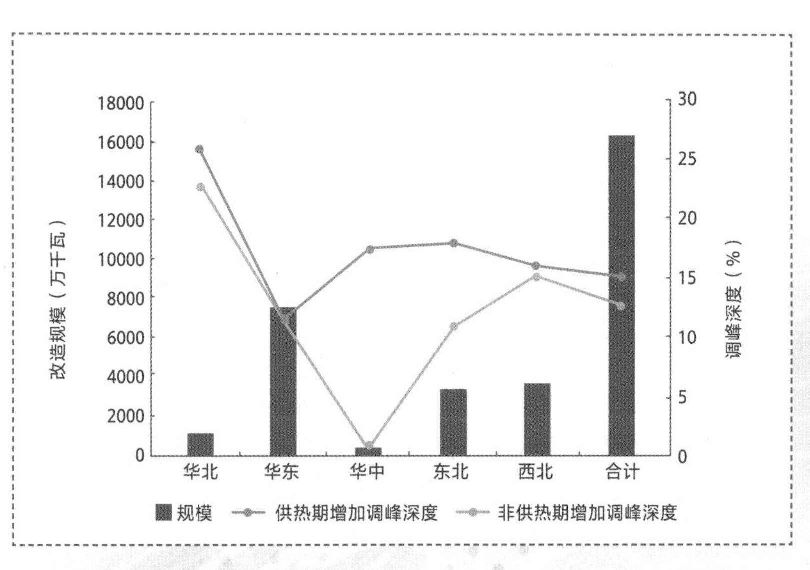

图 6-3　"十三五"期间国家电网有限公司经营区火电灵活性改造规模与平均增加调峰深度

数据来源：国家电网有限公司服务新能源发展报告（2021）

发挥清洁高效煤电作用，共建新能源供给消纳体系。作为“十四五”以及更长时期内新能源发展方式的重要组成，新能源供给消纳体系需坚持集中式与分布式开发并举，立足新型能源体系规划建设，统筹新能源产业“立”住与能源“立”住，在产业链现代化、市场完善、治理完备的共同驱动下，充分保障新能源“发得好”“送得出”，提高新能源电力供给质量和效率。

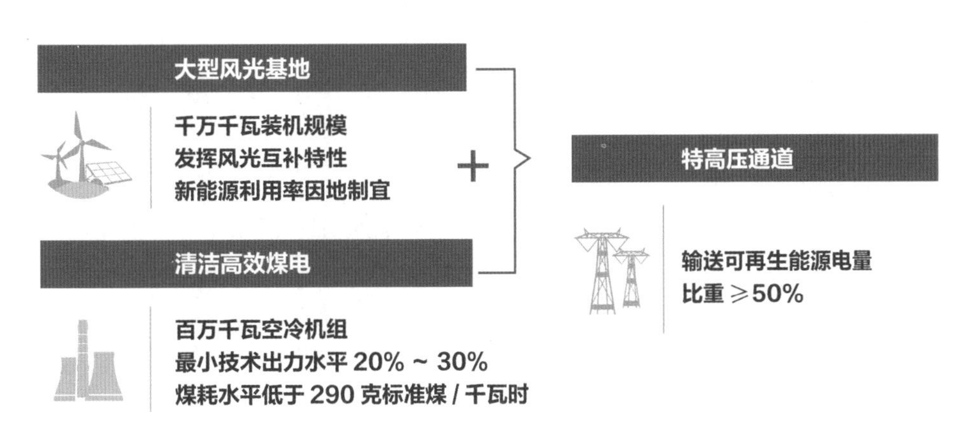

图 6-4　新能源供给消纳体系示意图

新能源跨越发展需统筹实现能源“立”和产业“立”

新能源发展两个“立”缺一不可。能源电力碳达峰碳中和需要坚持先立后破，传统能源逐步退出要建立在新能源安全可靠替代的基础上，要求新能源尽快“立”住，充分发挥新能源在能源保供增供中的作用，促进新能源及相关产业高质量发展，并做好两者间的统筹[37]。

新能源供给消纳体系构建原则。新能源“立”的问题必须着眼产业优化升级，服务地区间经济协同发展、协同降碳以及相应能源资源优化配置，从而使国民经济、产业布局、基础设施建设形成良性循环。整体来看，构建新能源供给消纳体系，统筹两个“立”，依托区域协调、城乡互补、陆海统筹等三类新能源开发利用模式和近中远期分阶段的三种具体发展趋势。

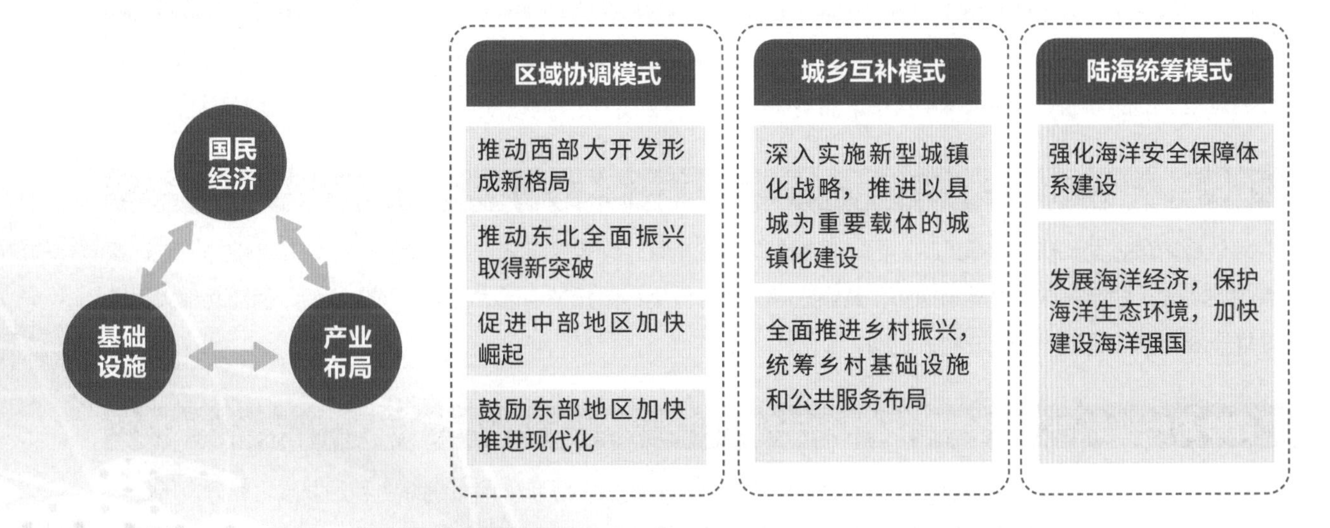

图 6-5　新能源供给消纳体系围绕能源“立”和产业“立”展开

多元供给、广义消纳的传统能源与新能源优化组合。多元供给：近中期统筹布局电力系统“源－网－荷－储”，强调整体协同性。**广义消纳：**中远期，随着新能源占比逐步提高，单纯依靠电力系统难以充分实现新能源利用，需要扩展更广义的消纳形式，主要表现为源网荷储各环节一体化程度加深、新能源直接利用、电力系统扩展到非电系统、供给与消纳融合等多种类型。

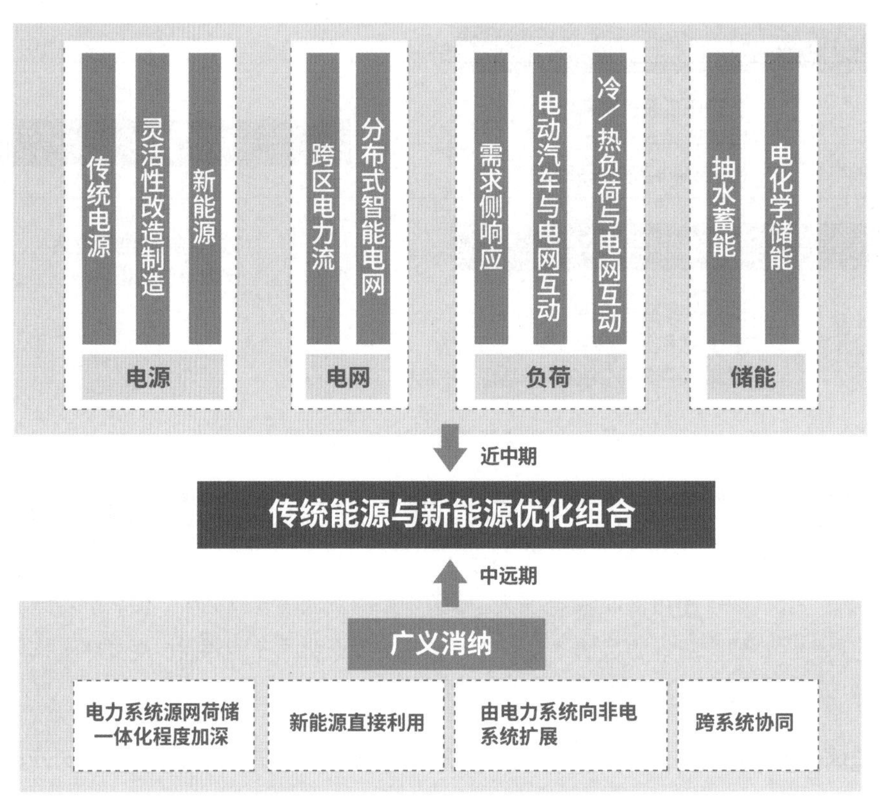

图 6-6 多元供给、广义消纳的传统能源与新能源优化组合

趋势 1：“绿电先行、产业跟随”趋势下，西部绿电增长与产业西移协同进行。

从全国布局来看，达峰后，东部地区碳排放总量逐步压减的过程，就是绿电增长、产业转型升级与部分产业西移的过程，西部地区则是利用绿电承接产业转移过程。

趋势 2：全国逐渐形成以东中部、西部北部绿电两大利用空间和与绿电西电东送相结合的基本格局。

碳达峰阶段，呈现东“分布式”、西“集中式”为主特征，绿电西电东送持续提高优化中东部结构。碳达峰至碳中和阶段：西电东送规模逐渐饱和，兼顾送电与互济作用；依托东中部大型海上风电基地、西部北部大型风光基地开发与就地就近消纳形成两大空间。

趋势 3：聚焦碳循环经济实现新能源跨系统消纳。

随着新能源装机规模和比重提升，新能源消纳由以电力系统为主逐步向跨系统综合利用发展，充分发展绿电制氢、气、热等 P2X 和跨能源系统利用方式，并与火电 CCUS 捕获的二氧化碳结合制取甲醇、甲烷等应用于工业原料领域。

6.2 新能源发展“量率”协同展望

“十三五”以来，新能源消纳能力有效提升，风光等利用率水平连续四年以上保持 95% 以上，提前完成《清洁能源消纳行动计划（2018—2020 年）》要求

近年来，通过多措并举、有效施策，风电利用率连续四年保持在 95% 以上，太阳能发电利用率连续五年保持在 95% 以上。2022 年，全国新能源发电量 1.2 万亿千瓦时，首次突破 1 万亿千瓦时，其中，风电 7624 亿千瓦时，同比增长约 16.3%，太阳能发电量 4276 亿千瓦时，同比增长 30.8%，风电、太阳能发电利用率分别达到 96.8% 和 98.3%。

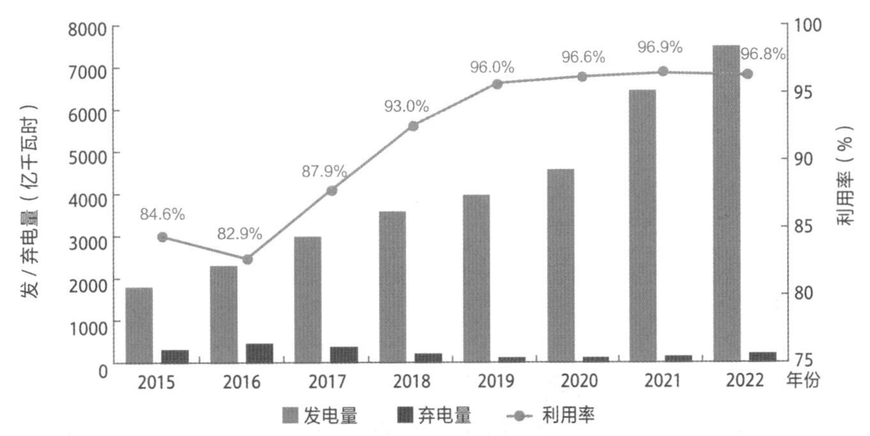

图 6-7 2015—2022 年我国风电利用率变化情况

数据来源：电力工业统计资料汇编等

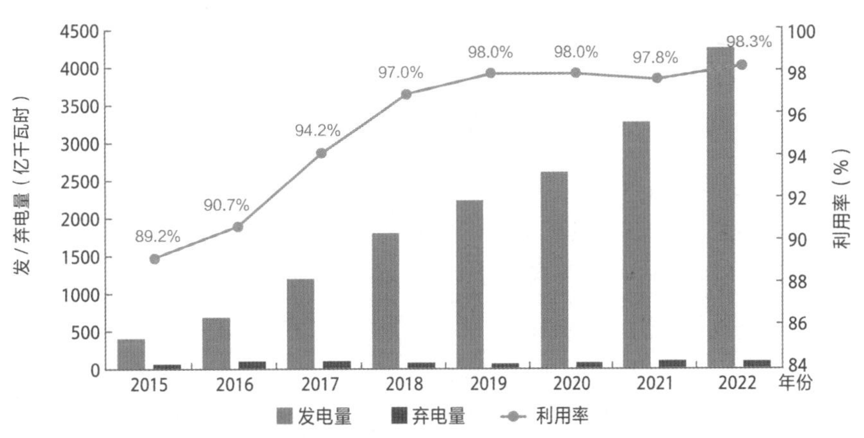

图 6-8 2015—2022 年我国太阳能发电利用率变化情况

数据来源：电力工业统计资料汇编

从全国范围来看，“十三五”期间，有 12 个省（自治区）风电利用率提升到 95% 以上，甘肃、吉林、新疆等省（自治区）利用率提升幅度在 22 个百分点以上，全国范围内风电利用率 95% 以上省（自治区）达到 28 个。有 4 个省（自治区）太阳能发电利用率达到 95% 以上，甘肃、新疆等省（自治区）利用率提升幅度在 20 个百分点以上，全国范围内太阳能发电利用率 95% 以上省（自治区）达到 30 个。

我国新能源发电利用水平不断提升背后是多措并举、综合发力，主要集中在加强特高压通道建设、推动灵活性电源建设、优化调度运行、加快电力市场建设、发挥政策指引等方面

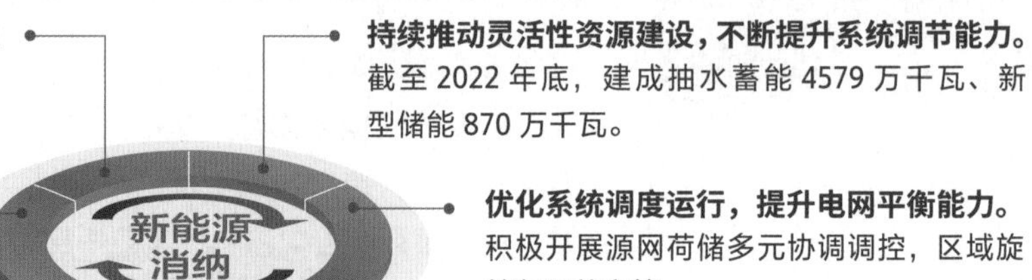

加强大电网建设，持续提升新能源资源优化配置能力。截至 2022 年底，全国跨区送电能力提升到 1.9 亿千瓦。

持续推动灵活性资源建设，不断提升系统调节能力。截至 2022 年底，建成抽水蓄能 4579 万千瓦、新型储能 870 万千瓦。

加快电力市场建设，发挥市场资源配置决定性作用。2022 年，市场化交易电量约 5.25 万亿千瓦时、同比增长 39%，占全社会用电量的 60.8%。

优化系统调度运行，提升电网平衡能力。积极开展源网荷储多元协调调控，区域旋转备用共享等。

持续完善政策机制，发挥政策引导作用。
陆续建立风光发电投资监测预警机制，可再生能源电力消纳保障机制等。

随着新能源跨越式发展成为趋势，装机容量占比和发电量占比持续提升，保持新能源高利用率压力持续增加，未来既需进一步利用好发挥好已有促进消纳经验，夯实保障新能源高效利用基础，又需要推动新能源消纳利用认识理念和管控机制创新，更高层次实现新能源发电量与新能源利用率协同[38-40]。

面向“十四五”及中远期新能源发展和消纳要求，需要提前研判、精细分析、积极应对

按照国家“十四五”可再生能源发展规划要求，未来五年我国新能源发电量规模达到翻倍目标，根据本报告“双碳”转型路径章节研究，预计 2025 年新能源装机规模达到 11 亿 ~14 亿千瓦，“十四五”年均新增装机规模在 1 亿千瓦以上，可能提前五年达到 2030 年 12 亿千瓦装机规模的要求。

针对国家电网有限公司典型区域“十四五”新能源消纳情况开展量化测算研究。结合目前已开展研究判断，2025 年典型区域新能源装机规模在 9 亿 ~11 亿千瓦，新能源装机占比将从 2020 年的 25.7%，增加到 2025 年的 34.9%，2030 年进一步提升到 39.4%，消纳压力进一步提高。

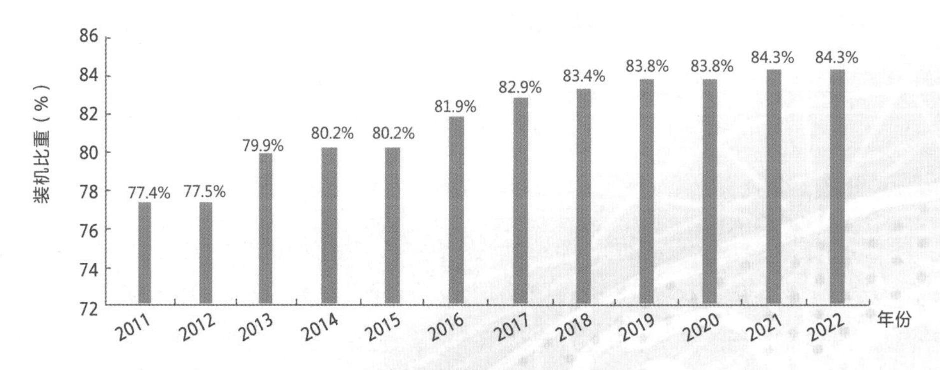

图 6-9　2011—2021 年典型区域新能源装机占全国装机比重

数据来源：电力工业统计资料汇编

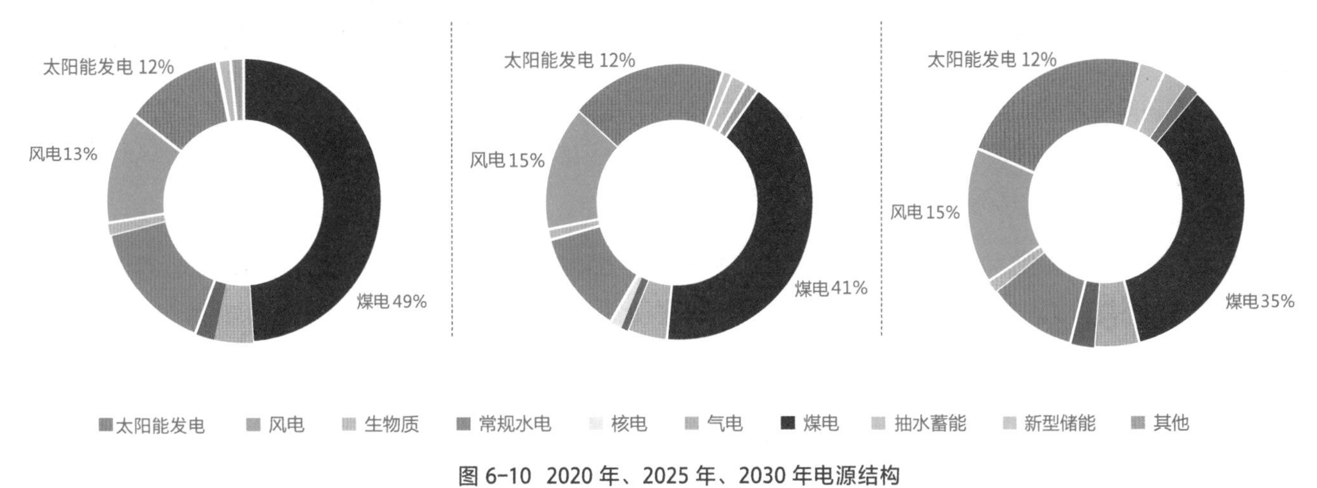

图 6-10 2020 年、2025 年、2030 年电源结构

数据来源：2020 年数据来自电力工业统计资料汇编；2025 年、2030 年数据来自国网能源研究院有限公司“双碳”路径研究

以 2025 年为规划水平年，负荷需求、电网通道以及常规电源等其他重大边界条件保持不变，考虑典型区域新能源装机规模中、高两方案，其中，高方案比中方案装机规模高 30%，利用国网能源研究院有限公司自主研发的全景电力系统运行模拟分析平台 NEOS，分析 2025 年不同装机规模下新能源消纳利用情况。

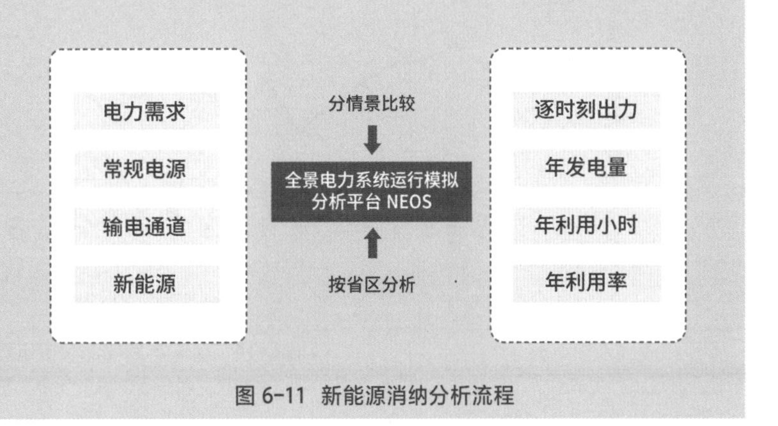

图 6-11 新能源消纳分析流程

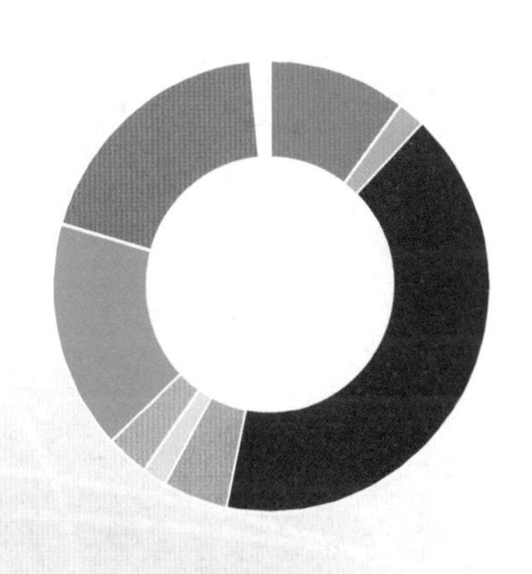

图 6-12 2025 年典型区域电源结构（中方案）

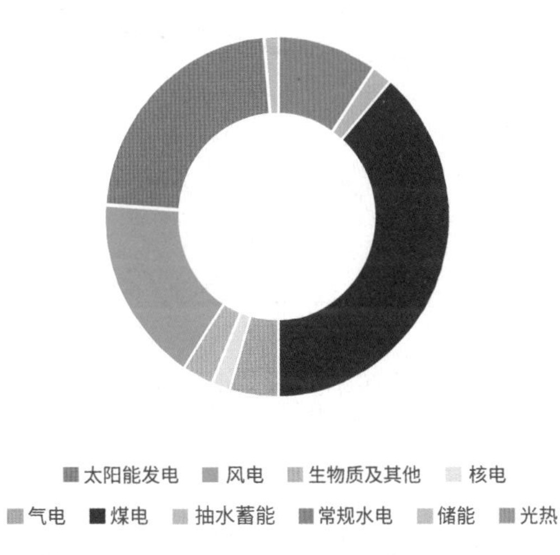

图 6-13 2025 年典型区域电源结构（高方案）

在其他边界条件不变情况下，随着新能源装机和发电量比例提升、规模扩大，各省区新能源利用率有所降低

新能源利用率随着新能源电量渗透率提高而下降，风电弃电量相对更大。方案对比分析，中、高方案下典型区域新能源利用率分别为 95%、90.7%，意味着新能源装机规模增加 30%，利用率降低 4.3 个百分点，新能源发电量增加 11.5%，新能源弃电量结构中太阳能发电占比提升 7.3 个百分点。

新能源利用率低于 95% 的省份由“三北”为主进一步向中部地区扩延。中方案下，西北、东北大部分省份，华北、华中部分省份新能源利用率低于 95%；高方案下，西北、东北、华北、华中绝大部分省份新能源利用率低于 95%。

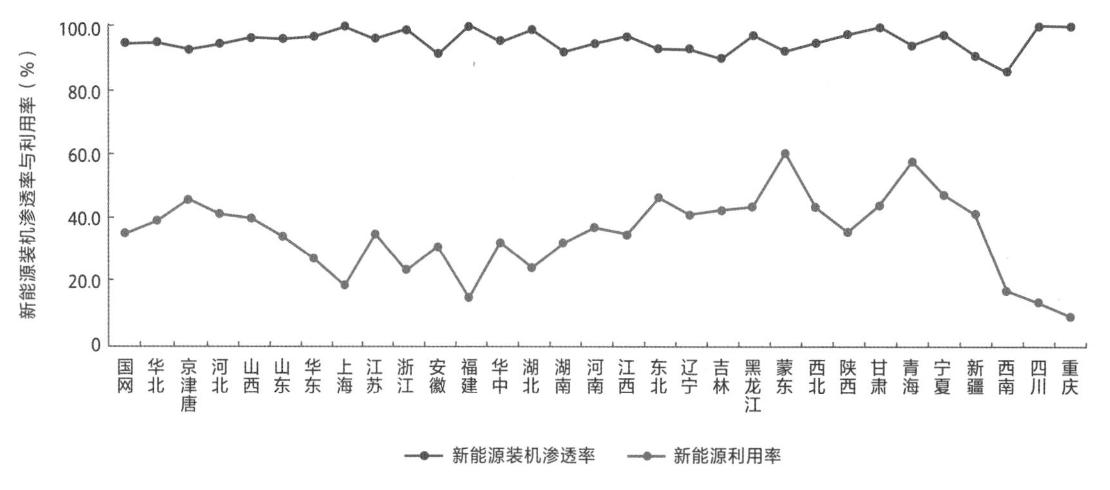

图 6-14　2025 年新能源装机渗透率与利用率（中方案）

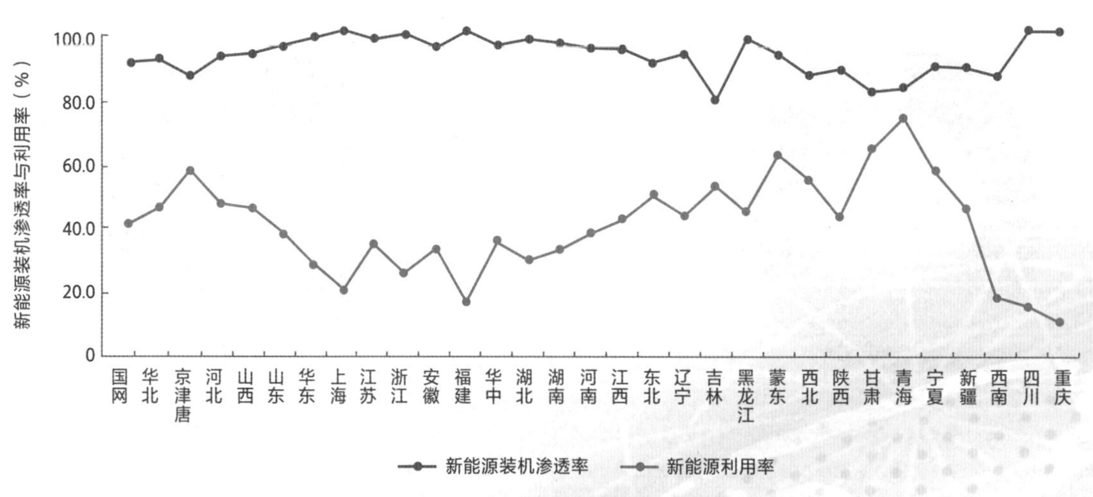

图 6-15　2025 年新能源装机渗透率与利用率（高方案）

新能源弃能时空分布特征变化趋势明显，突出表现为两个“聚集”— 空间上向新能源资源富集地区聚集，时间上向午间光伏大发时段聚集

新能源弃能主要集中在新能源资源富集地区。

> 中、高方案下，“三北”地区新能源弃电量占比分别达到 70% 和 87%。

新能源弃能季节特征由供暖季为主逐渐向春秋季转移。

> 高方案下，典型区域 2 月、3 月、5 月、10 月新能源弃电量占比高，合计达到 53.2%，6 － 8 月份新能源弃电量占比较低，合计约 9.2%。

> 夏秋季弃光、弃风分别占全年弃电量的 10.8%、7.8%，冬春季弃光、弃风分别占全年弃电量的 64.7%、68.5%。

新能源弃能时段特征由负荷低谷时段向午间光伏大发时段聚集趋势加强。

> 新能源弃能时刻主要集中分布在中午 11 －17 时，约占全年弃能量的 67%，较“十三五”初期增加了 52 个百分点。

> 从电源品种看，风电弃能分布在负荷低谷时段（3 － 6 时）及午间光伏大发时段（11 － 17 时），弃能量占比分别为 16.1%、48.0%；太阳能发电弃能分布集中在午间光伏大发时段（11 － 17 时），弃能量占比为 89.7%。

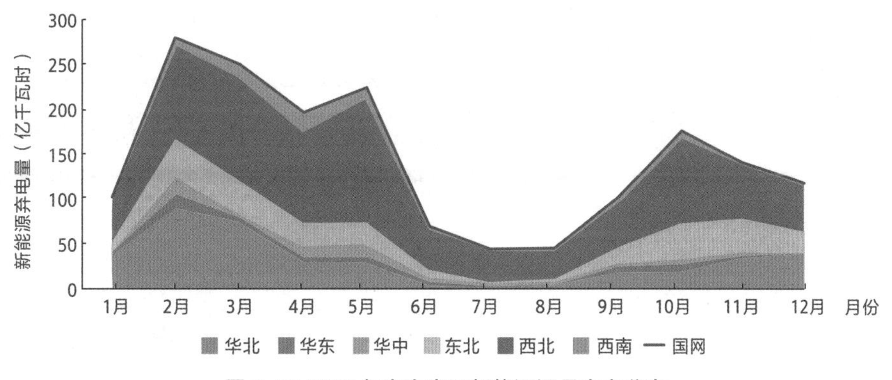

图 6-16 2025 年高方案下新能源逐月弃电分布

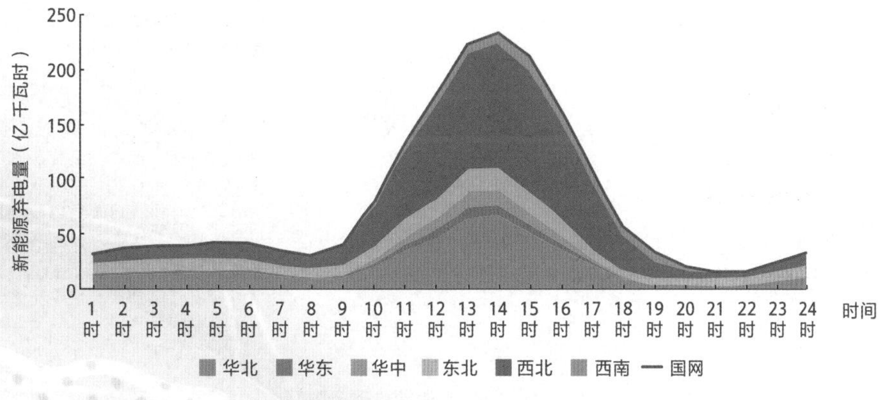

图 6-17 2025 年高方案下新能源逐时刻弃电分布

6.3 促进新能源消纳关键措施

促进新能源消纳需要电力系统发输配用全环节协同发力

◎ **新能源消纳是一项系统性工程，涉及发输配用、源网荷储各环节以及政策机制等方面，持续提升系统调节能力，有效扩大新能源消纳空间，是保障新能源高效利用的关键所在。**实现高水平消纳，既要“源－网－荷－储”技术驱动，也需要政策引导和市场机制配合。“源－网－荷－储”是“硬件系统”，决定新能源消纳的技术潜力；政策及市场机制是“软件系统”，决定技术潜力发挥的程度[41-43]。

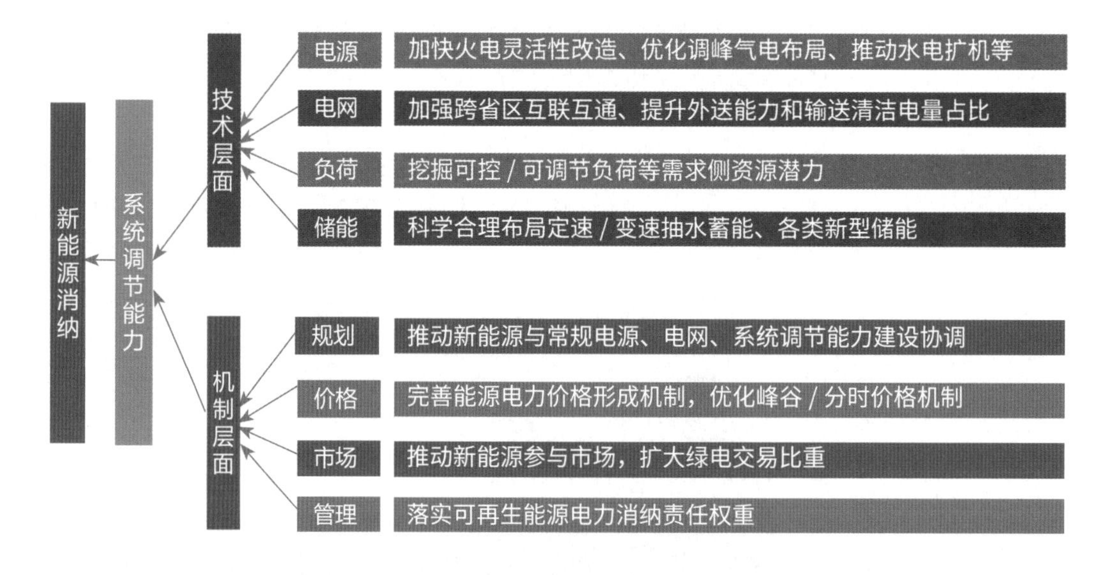

图 6-18 促进新能源消纳措施维度分析

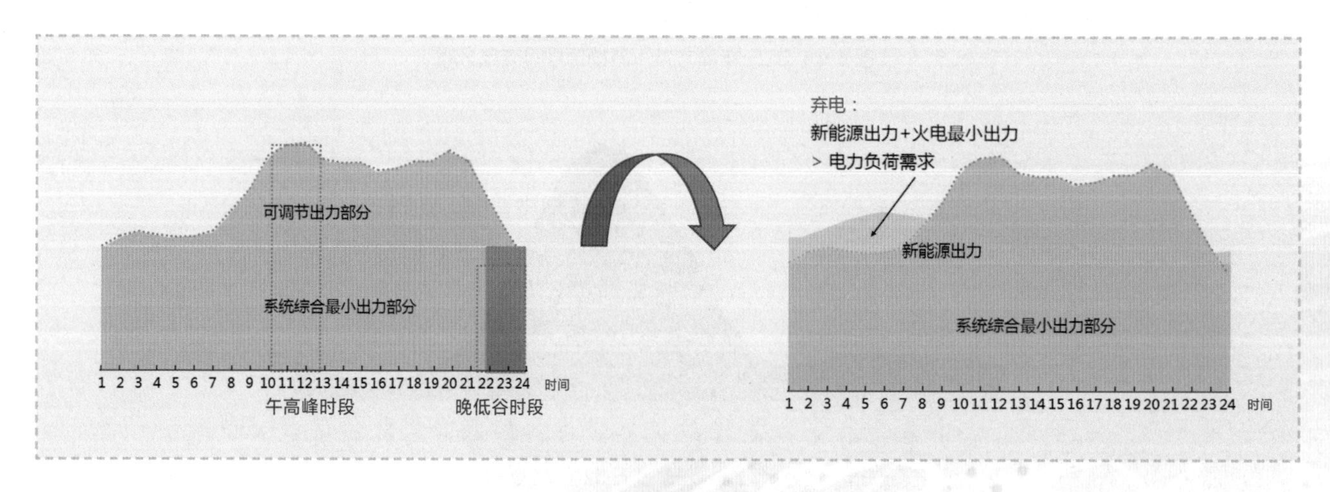

图 6-19 新能源消纳机理示意图

◎ **提升新能源利用率水平必须扩大新能源消纳空间，综合应用源网荷储各环节多种措施，在考虑技术经济性基础上，重点考虑需求侧响应、火电灵活性改造、新型储能等促进消纳措施。**针对中、高方案，在现有措施基础上，通过加大三类措施实施力度，新能源利用率分别增加 0.7 个、3.8 个百分点，基本满足 95% 利用率管控目标要求。其中，中方案下需求侧响应、火电灵活性改造、新型储能规模分别增加 28.3%、15.9%、93.5%，高方案下分别增加 44.2%、37.8%、176.7%。

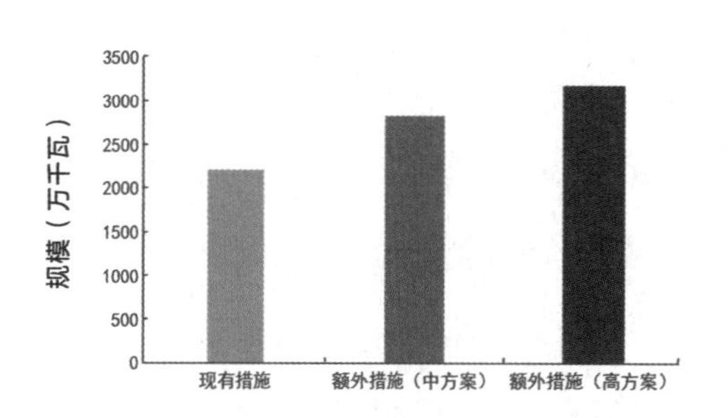

图 6-20 不同方案下需求侧响应规模

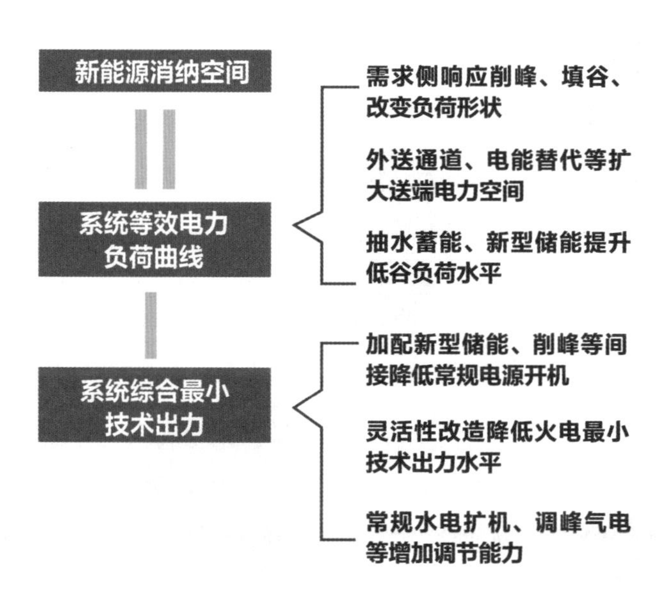

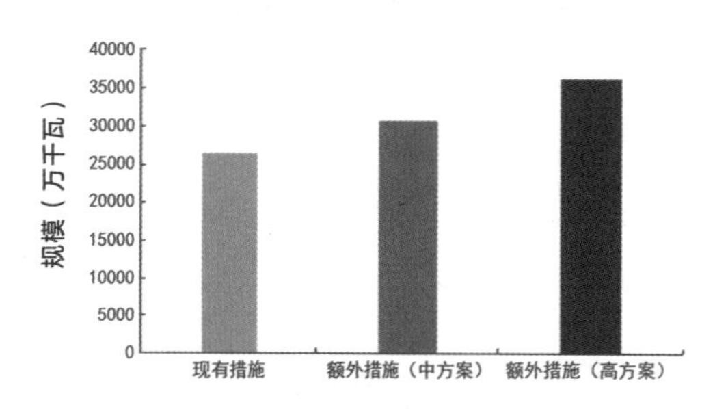

图 6-21 不同方案下火电灵活性改造规模

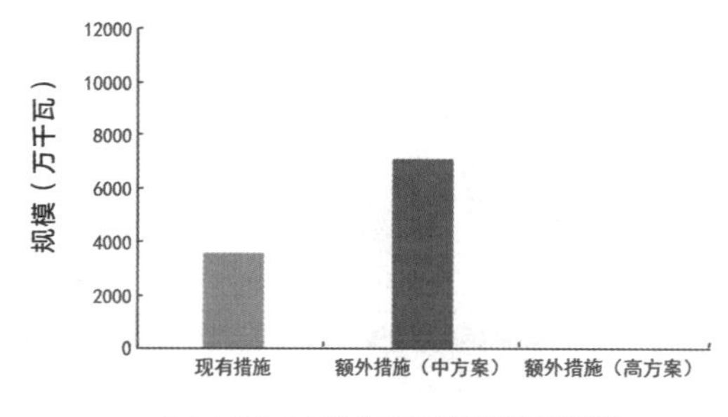

图 6-22 不同方案下新型储能规模

◎ **各省区新能源发展条件存在结构性差异，消纳特点和面临问题各异，相应提升消纳水平措施也宜因地因时施策，避免“一刀切”现象。**结合重点省份新能源利用率水平提升情况，考虑需求侧响应、火电灵活性改造、新型储能、省间互济等措施应用效果差异，以及就地、就近、外送等不同消纳范围，分类型分析消纳问题并提出措施建议[44]。

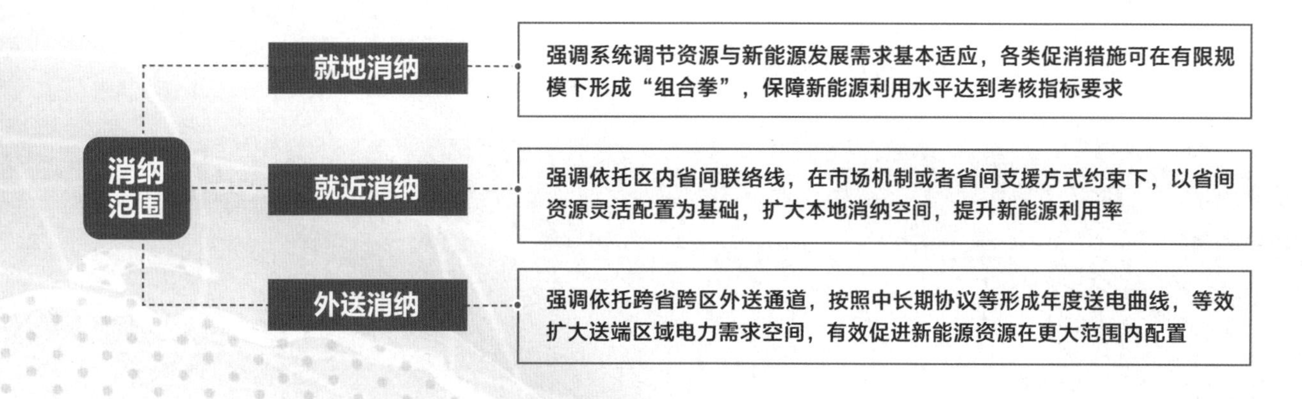

面向 2025 年，各省区新能源发展特点各异，解决消纳问题亟须有的放矢，根据不同地区新能源电量渗透率特点和促进消纳关键措施手段，整体划分为五大典型地区，即消纳形势良好型、外送消纳规模敏感型、多元促消措施敏感型、省间互济依赖型、风光发展比重敏感型，因地因时制宜、打好措施组合拳。其中，风光比重优化调整可以作为其他类型的补充共用治理措施。

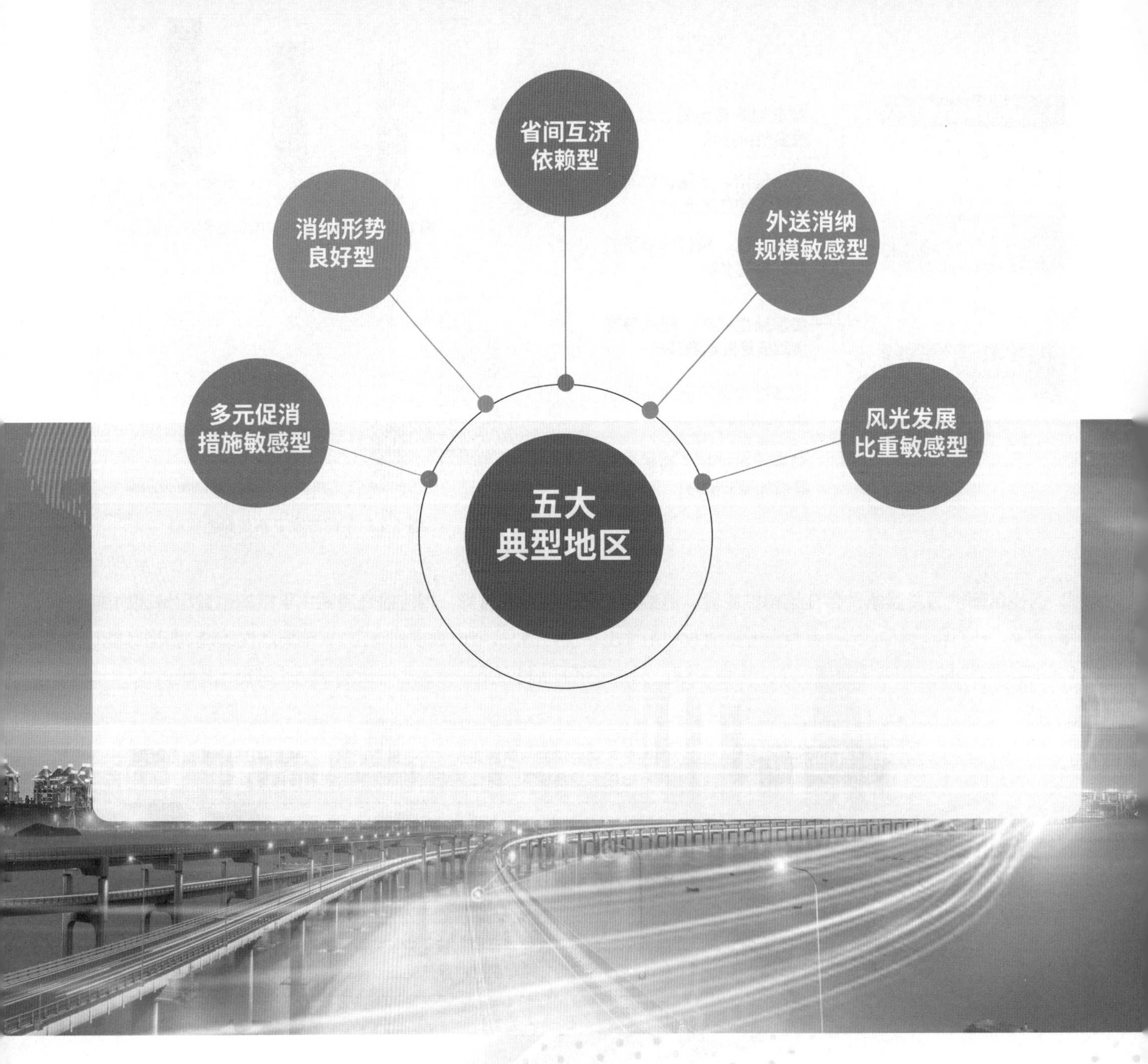

● 第一类省区，新能源消纳形势良好，无须额外措施利用率可较好地控制在 95% 以上，该类型地区新能源电量渗透率一般较低，在 20% 以下。

以东中部地区为代表，电力需求高，新能源消纳空间相对充裕，按照正常发展节奏预计“十四五”期间新能源利用率仍可保持在较高水平。

典型省份：华东全部，华中、东北以及西南大部分省份。

● 第二类省区，新能源消纳存在一定问题，但通过提升系统灵活性仍可经济高效地将利用率提高到 95% 以上，称为“多元促消措施敏感”省区，该类型地区新能源电量渗透率一般在 20% ~ 35%。

新能源利用率情况不理想，通过扩大实施火电灵活性改造、应用需求侧响应并适当增配新型储能等措施，可以增强系统调节能力，有效提升新能源利用率至 95% 左右，但同时要注意短时储能促进消纳存在的“饱和效应”。

典型省份：华北典型受端省份、西北部分省份。

以某省区扩大消纳空间区为例，考虑需求侧响应 149 万千瓦、增加火电灵活性改造 300 万千瓦、增加新型储能 160 万千瓦，促进新能源利用率从 92.8% 提升到 95% 左右。即，按照省区各类措施技术经济性，形成多元措施组合，有效提升新能源利用率水平。

随新能源电量渗透率不断提升，仅依靠本地促消手段，存在利用率“天花板”现象

从技术层面看，保障本地消纳、提升系统灵活性的手段主要包括需求侧响应、火电灵活性改造、新建抽水蓄能和新型储能等。需求侧响应是指电力用户根据价格信号或激励措施，改变用电行为的需求侧资源利用方式，目前应用主要以“削峰”为主，利用程度较低，随着发展政策及市场机制完善，未来将发挥更为关键的调节作用。《“十四五”现代能源体系规划》要求，力争到2025年，电力需求侧响应能力达到最大用电负荷的3%~5%。

储能调节能力优异，可通过能量时空转移实现削峰填谷，促进新能源消纳。从技术经济角度看，抽水蓄能技术成熟、安全性高、污染风险小、能够提供转动惯量和电压支撑，新型储能布点灵活、建设周期短、不受站址限制。从调节能力角度看，目前新型储能以短时储能为主，抽水蓄能电站大多为日调节蓄能电站，目前只有福建仙游、江西洪屏等少数已投运抽水蓄能电站具有周调节性能。

若本地新能源电量渗透率较高，且在此基础上继续提升消纳能力，目前业界一般认为可依赖新型储能，值得注意的是，虽然新型储能和抽水蓄能可以削峰填谷促进消纳，且新型储能布点灵活、规模不受站址限制，但研究表明，短时储能在高比例新能源系统中促进消纳存在局限性，需要正视仅依靠增配新型储能解决消纳问题的认识误区。

通过推动火电灵活性改造，有效降低机组最小技术出力，增强系统调节能力。从消纳空间来看，火电灵活性改造通过降低全时段系统综合技术最小技术出力，有效扩大新能源消纳空间范围，促进新能源利用率提高。

以送端典型省份测算表明：随着火电机组最小技术出力降低（平均调峰深度不断加大），新能源利用率呈线性增长。

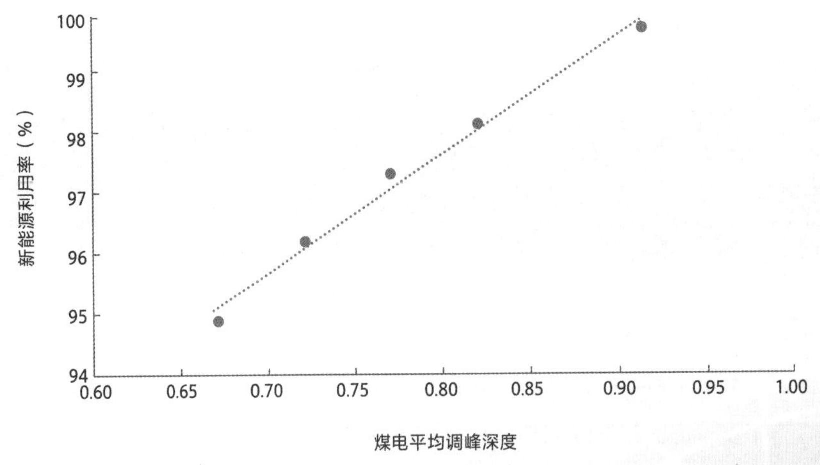

图 6-23　火电灵活性改造促进新能源消纳

配置短时储能促进消纳存在“饱和效应”。“饱和效应”是指在新能源高渗透率下，增加短时储能对新能源消纳的提升作用将逐渐减弱，新能源利用率将随着储能规模增加逐步“饱和”。原因在于随着新能源装机占比提升，由短时间弃能演变为连续长时间弃能时，短时储能所储电量很难有机会放出，再增加储能规模对于利用率提升作用将减弱并趋于饱和。

以送端典型省份为例，当考虑 2025 年新能源装机规模 7100 万千瓦（占比 60%）时，储能规模由 0 增至 800 万千瓦，新能源利用率提升 3.4 个百分点，但由 800 万千瓦继续增至 1600 万千瓦，利用率仅能提升 0.37 个百分点，即每百万千瓦储能促进新能源利用率增长幅度，由 0.43 个百分点下降到 0.046 个百分点。

持续增加短时储能规模不能带来新能源利用率的等效提升，需要正确认识“储能可留住无限风光”，即不能简单认为“新能源 + 储能”即可解决消纳问题。

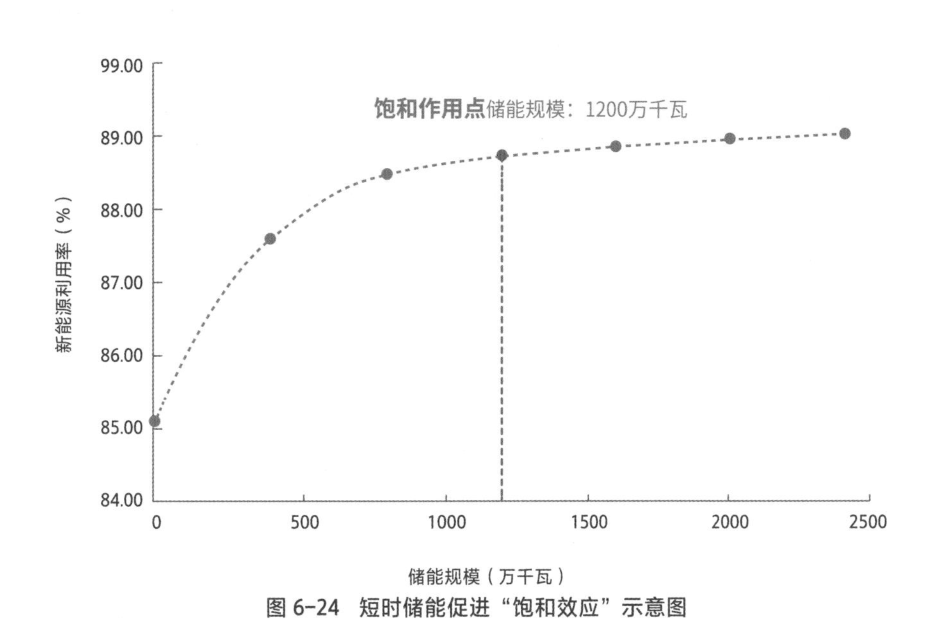

图 6-24 短时储能促进“饱和效应”示意图

科学认识短时储能对新能源消纳和电力保供的作用。“十四五”“十五五”新增抽水蓄能和新型储能仍以日调节为主。但在新能源高渗透率下，短时储能促进新能源消纳存在“饱和效应”；在电力缺口较大且持续时间较长时，系统内无足够“过剩电量”用于存储，短时储能促进保供也存在“饱和效应”。因此，促进新能源消纳和保障电力供应不能过分依赖短时储能作为兜底措施。

精准划分储能类型，合理配置不同调节性能储能设施。规范化和精细化储能类型划分，如日、多日、周、月、季、年调节等类型，综合考虑经济性和“饱和效应”，在不同时段、不同地区多元化合理配置包括多类型储能在内的灵活调节资源。特别是对新能源比重较高的“三北”地区，优先考虑火电灵活性改造、增加外送、需求侧响应等不存在饱和效应的措施，短时储能仅作为辅助性和补充性手段。

● 第三类省区，新能源电量渗透率较高，灵活调节措施潜力有限，难以通过技术经济可行手段将利用率提升至95%，可通过省间互济等方式解决消纳问题，称为“省间互济依赖”省区，该类型地区新能源电量渗透率一般较高，为35%～45%。

考虑火电灵活性改造、需求侧响应、储能等本地系统调节资源潜力挖掘达到上限或存在饱和效应，可依靠电力市场开展送受端现货交易，或以临时省间互济等手段提升利用率。由于区域各省新能源资源特性相似度高，未来发展规模均大幅提升预期下，作为常态化手段面临较大不确定性。

典型省份：东北部分省份。

东北典型省份高方案下新能源利用率仅为78.5%，在充分发挥省内源网荷储各环节调节资源规模基础上，包括增加需求侧响应规模37万千瓦、增加配置新型储能300万千瓦，合计提升系统调节能力637万千瓦，新能源利用率提高11.5个百分点（相当于每增加100万千瓦调节能力，新能源利用率水平提升1.8个百分点）。

受限于灵活资源规模约束，必须依托现货交易等临时性措施，解决弃能电量33.6亿千瓦时，继续提升利用率5个百分点，达到95%要求。

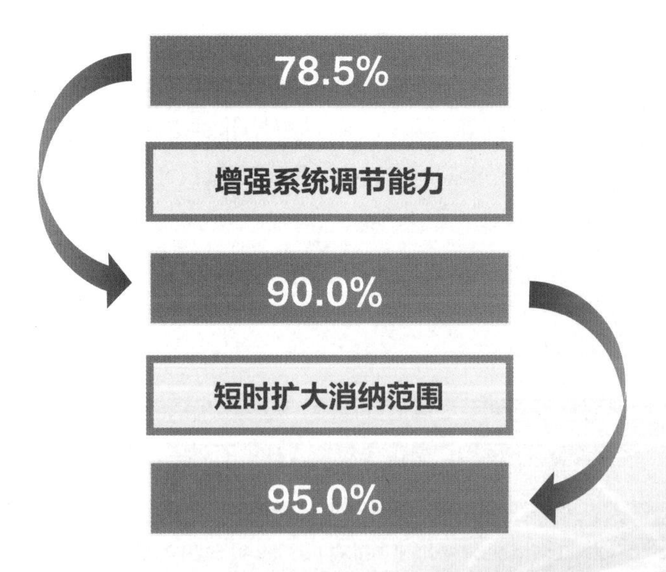

图6-25 就近消纳示意图

● 第四类省区，新能源电量渗透率极高，且缺乏省间互济条件，要通过增加外送通道方式解决消纳问题，称为“外送消纳规模敏感”省区，该类型地区新能源电量渗透率一般在 40% ~ 70%。

考虑到本地消纳空间增长以及省间互济等手段潜力有限，要解决消纳问题，必须依托外送拓展消纳市场。同时，对该类型地区可考虑优化利用率管控机制，适当降低利用率考核目标，因地制宜研究合理利用率。

典型省份：西北部分省份。

西北典型省份新能源装机比例高、本地消纳能力提升有限，且针对短时储能等措施存在明显“饱和效应”，比如在增加 480 万千瓦火电灵活性改造（释放调节能力 80 万千瓦）基础上，储能规模从 6 万千瓦增加到 1550 万千瓦，合计增加调节能力约 3168 万千瓦，新能源利用率从 81.1% 提升到 84.6%，仅增加 3.5 个百分点，必须依托外送通道扩大消纳市场范围，每增加外送输电通道 100 万千瓦（45 亿千瓦时），则可以解决新能源弃电量约 22 亿千瓦时，约占弃电量的 8.6%。

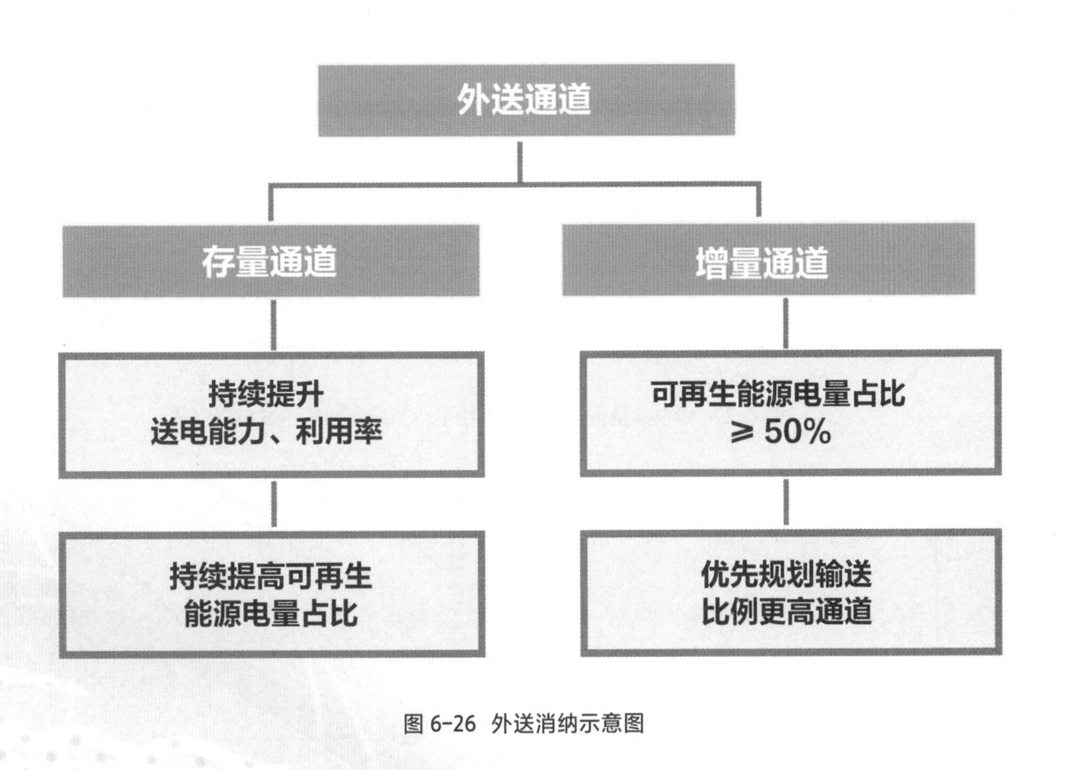

图 6-26 外送消纳示意图

● 第五类省区，新能源电量渗透率不高但利用率较差，“光大风小”特征明显，午间时段新能源消纳压力尤为突出，称为“风光发展比重敏感”省区。

受资源条件、开发模式等影响，部分地区规划光伏装机规模远高于风电，新能源弃能突出表现为在午间光伏大发时刻聚集特征，可结合系统消纳能力动态调整规划风光比重，实现新能源发电量和利用率同步提升。

典型省份：华北、华中风光比值较高的省份。

以华中典型省份、华北典型省份为例，在“十四五”新能源发展高方案下，华中典型省份最佳风光比为1∶0.81，华北典型省份最佳风光比为1∶0.9，基本接近“风光对分”布局。未达到最佳风光比前，随着风光比升高，则发电量、利用率提高；超过最佳风光比后，随着风光比升高，则新能源发电量、弃电量均增加，新能源利用率降低。

例如：华中典型省份风光比从1∶4.23升高到1∶0.81时，利用率增加了10个百分点，发电量增加了44%；华北典型省份风光比从1∶8.96升高到1∶0.9时，利用率增加了13.3个百分点，发电量增加了57.4%。

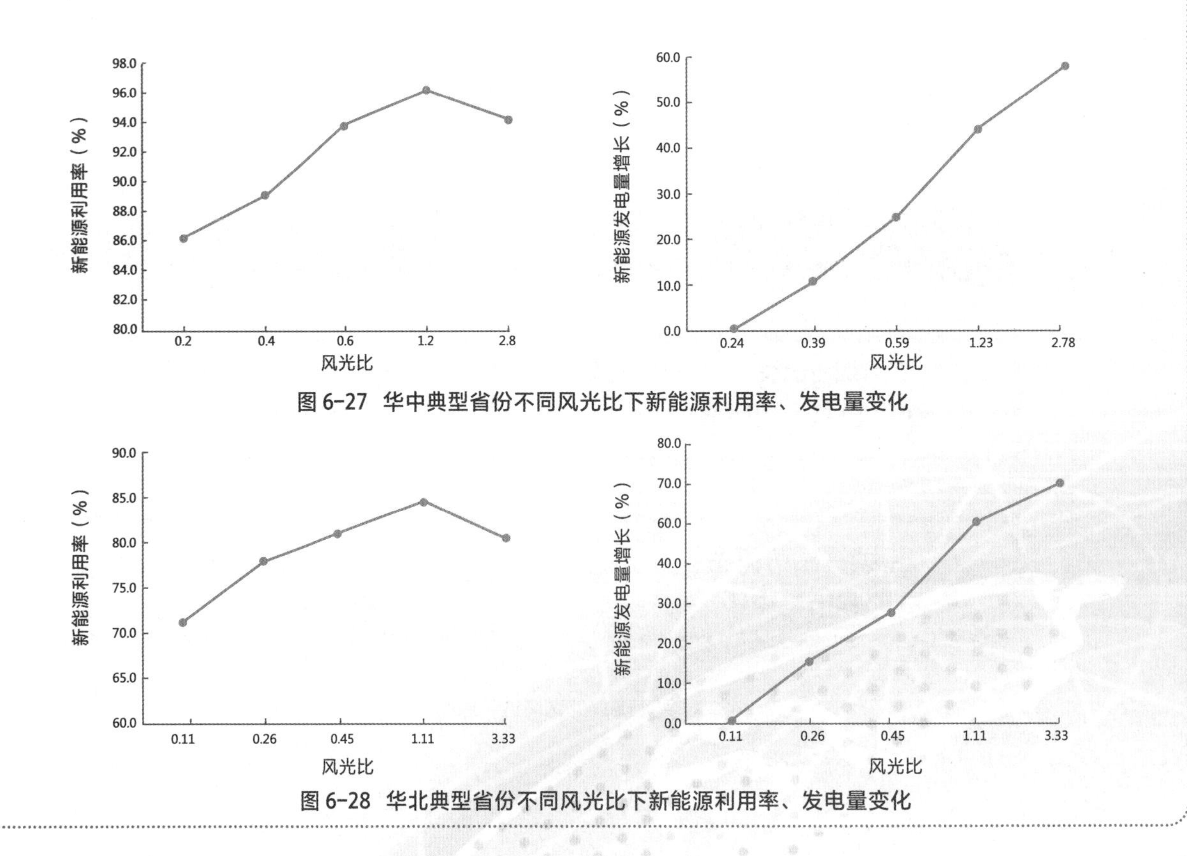

图6-27 华中典型省份不同风光比下新能源利用率、发电量变化

图6-28 华北典型省份不同风光比下新能源利用率、发电量变化

结合新能源发展诉求，优化利用率考核方式，考虑在不同省区设置差异化利用率管控指标，松绑“95%”一刀切硬约束，释放新能源发展潜力

● **新能源利用率是衡量新能源高质量发展的重要指标。**我国新能源行业对新能源并网发电利用指标已经由弃电率（弃电量）转变为利用率。“十三五”中后期以来，新能源利用率提升到 95% 及以上水平，成为新能源高效利用最为直接的宏观表征。

● **利用率管控目标将影响可接纳的新能源发展规模、系统灵活资源需求和电力供应成本。**设定过高利用率的消纳目标，片面追求完全消纳，将极大提高系统备用成本，既不经济，也将限制新能源发展。但总的来看，在高新能源渗透率情况下，合理弃电是经济且必要的。

● **适度降低新能源利用率水平有利于扩大未来发展空间，利于装机规模和发电量双提升，结合新能源资源禀赋和系统消纳条件，积极探索树立新能源合理利用率理念。**某典型水平年下新能源装机规模随利用率控制目标降低而增加，电力供应成本则呈“U”形曲线变化。从系统全局出发，新能源消纳水平理论上存在总体最经济的“合理值”。新能源“合理利用率”可定义为使全社会电力供应成本最低的新能源利用率水平。各省应因地制宜设定利用率管控目标，对于新能源渗透率较高、灵活资源和断面受限地区可适当放宽要求。以国家电网有限公司经营区为例，2025 年新能源利用率从 95% 平均每降低 1 个百分点，可承载新能源装机规模多 2200 万 ~3000 万千瓦。

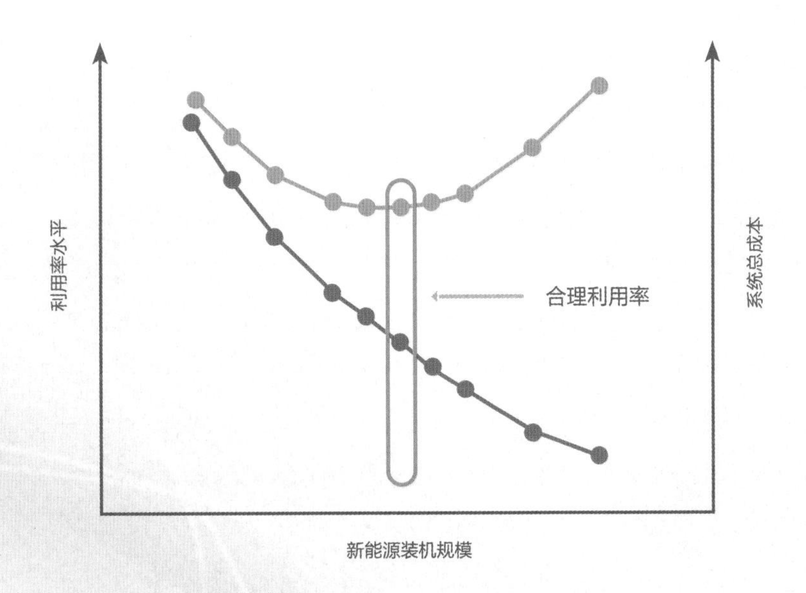

图 6-29　新能源合理利用率定义

（**本章撰写人：**张晋芳、吕梦璇、元博　**审核人：**孙广增）

07

电力碳排放核算与评估

作为能源治理和气候治理的重叠领域，碳治理通过控制化石能源利用成为协同治理的重要抓手，对于实现“双碳”目标的重要性愈发显著。国内外实践表明，碳市场是以较低成本实现特定减排目标、提升碳治理能力的重要政策工具。我国碳市场顶层设计与国际通行情况有所不同，既考虑化石能源直接排放，也考虑电力、热力等间接排放，在激励消费侧减少碳排放的同时，一定程度上有助于解决因减排带来的价格传导问题。虽然与其他能源消费形式相比，使用电力不直接产生二氧化碳，但电力生产过程仍伴随着一定量的二氧化碳排放。电力平均排放因子是核算用电间接碳排放的核心参数，是开展行业、企业碳排放核算的重要数据。伴随着中国特色能源电力“双碳”道路不断推进，辨析适合我国国情能情的电力平均排放因子概念，合理计算不同层级电力平均排放因子数值并对近中期电力平均因子变化趋势进行展望，成为提升我国碳治理能力的关键。

7.1 电力平均排放因子概念辨析

温室气体排放核算覆盖范围广

碳排放、碳减排和碳核查等术语中的碳是二氧化碳的简称，实际上指的是温室气体。根据国家标准《工业企业温室气体排放核算和报告通则》（GB/T 32150—2015），列入的温室气体包括二氧化碳（CO_2）、甲烷（CH_4）、氧化亚氮（N_2O）、氢氟碳化物（HFCs）、全氟碳化物（PFCs）、六氟化硫（SF_6）、三氟化氮（NF_3）。一般我国工业企业在进行温室气体核算时，只需对这七类温室气体进行核算。

根据世界资源研究所（WRI）与世界可持续发展工商理事会（WBCSD）《温室气体核算体系：企业核算与报告标准》，温室气体排放核算多以企业为单位进行，为区分温室气体排放来源，提高透明度，以及为不同类型的机构和不同类型的气候政策与管控目标服务，一般采用直接排放与间接排放进行区分[45]。

- **直接温室气体排放：**温室气体排放产生自一家公司拥有或控制的排放源，例如企业自有及租赁车辆和办公、后勤等场所燃料燃烧产生的排放；拥有或控制的工艺设备在使用过程中所产生的排放。

- **间接温室气体排放：**外购能源产生的温室气体排放，外购能源指通过采购或其他方式满足企业运行需要的能源，包括电力、热力、蒸汽和冷气等，该部分排放实际上产生于能源生产设施。

- **其他间接温室气体排放：**企业进行生产经营等活动产生的温室气体排放，并不是产生于企业拥有或控制的排放源，例如企业外购商品和服务、货物运输和配送、商务旅行、售出产品加工和使用等过程中产生的温室气体排放。

对于因消耗外购电力所产生的间接温室气体排放，一般使用排放因子法进行核算。排放因子法用生产过程中消耗燃料或物料相关的数据乘以单位生产活动的温室气体排放系数或物质的含碳量数据，因其原理相对简单且数据可获得性更好，在实际中得到广泛应用。

由于在电力生产产生的温室气体排放中 CO_2 占绝大部分，因此，一般情况下核算电力间接排放使用的排放因子仅对应单位电量生产活动的 CO_2 排放系数。根据国际权威组织如国际标准化组织（ISO）、世界资源研究所等已发布的碳排放核算标准和国家发展改革委发布的重点行业温室气体排放核算指南，当无法获取外购电力对应排放源的具体排放因子时，普遍采用电力排放因子进行核算。进一步根据 ISO 14064-1《温室气体 第一部分：组织层次上对温室气体排放和清除的量化和报告的规范及指南》中的要求，使用的排放因子对于其排放源即电源类型应是恰当的，如果电力从电网获取，无法识别电力具体来自何种类型的发电设施，则电网中所有类型的发电设施都应考虑在内。

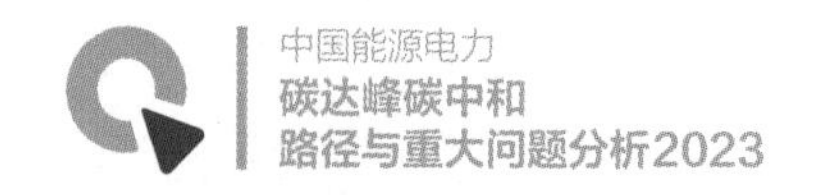

电力平均排放因子对提升我国碳治理能力至关重要

提升碳治理能力可有效加强能源领域软实力建设

碳治理的本质是通过制定或优化气候变化相关制度、政策和法规实现碳减排。目前我国生态文明建设已进入了以降碳为重点战略方向、推动减污降碳协同增效、促进经济社会发展全面绿色转型、实现生态环境质量改善由量变到质变的关键时期[46]，需要提高生态环境治理体系和治理能力现代化水平，更加注重综合治理、系统治理、源头治理。由于控制化石能源利用是碳治理的主要手段，碳治理成为实现能源治理和气候治理协同的重要抓手，关系到国家战略、经济布局、低碳转型路径设计、央地关系等多方面。随着碳达峰后碳排放在我国经济发展所需基本环境要素中的稀缺性进一步显现，碳治理的焦点性和全局性位置将愈发显著[47]。

碳治理涉及治理成本的最小化、治理方式的可持续化和不同利益的统筹兼顾，需要重点关注碳治理体系建设

碳排放是一种特殊的公共物品，既是环境问题，也是发展问题，不同利益主体在碳治理中应受到公平对待。面对有效性、协同性和公平性等挑战，需要解决好绿色低碳转型与其他公共事务治理的矛盾，推动绿色低碳转型成为社会共识，通过建立健全约束和激励机制实现转型过程与高质量发展的统一。以碳排放统计核算为例，作为做好碳达峰碳中和工作的重要基础，碳排放责任划分深刻影响碳排放控制政策的设计，因此，关于排放责任归属的讨论始终是焦点问题。目前研究较多的方法主要有生产者责任方法、消费者责任方法以及共同责任方法等三类，各有优劣[48]。

表 7-1 碳排放统计核算的责任划分方法

类别	优势	不足
生产者责任方法	容易获得基础数据，核算结果误差小	不利于协同控碳降碳
消费者责任方法	促进消费端选择低碳化产品，从需求侧产生倒逼	估算方法复杂，所需数据量大，结果存在一定误差
共同责任方法	激励各方共同努力减排	方法复杂程度更高，责任分摊率存在较多争议

从生产侧和消费侧同步发力推动碳排放降低是中国特色电力“双碳”路径的关键措施

对电力生产侧的碳排放管控将推动发电成本上升，但由于我国电价总体受政府管控，用户侧电价尚无法充分反映电力碳成本变动，电力生产和消费侧难以形成统一的边际减碳成本。通过使用电力平均排放因子核算电力消费隐含碳排放，确定各类主体的碳排放责任，能够借助碳市场在一定程度上解决电力碳成本传导受阻问题，是我国碳排放管控的重要抓手。因此，不同于国外主流碳市场设计，我国无论是区域碳交易试点还是全国碳市场，均纳入了直接排放和电力使用过程中隐含的间接排放。

“电力平均排放因子”相较“电网平均排放因子”的表述更加准确

“电力平均排放因子”是核算电力用户碳排放的重要参数，较目前国内外学术和政策文件中多使用的“电网平均排放因子”的表述而言更加科学全面。一方面，电力系统中的碳排放主要来自火力发电，并不是来自电网传输，“电网平均排放因子”容易让社会公众误认为对应电网运行实际产生的单位电量二氧化碳排放。另一方面，“电力平均排放因子”是一定时间和地理范围内发电量的单位电量二氧化碳排放，其数值的降低需要电力行业发输配用全环节共同努力，使用“电力平均排放因子”的表述能够凝聚共识，推动各方形成合力。因此，在本报告中以“电力平均排放因子”表征核算外购电力产生间接二氧化碳排放所使用的排放因子。

7.2 电力平均排放因子国内外应用现状

国外定期发布电力平均排放因子

目前，美国、澳大利亚、加拿大、英国和新西兰等国家定期发布电力平均排放因子。总的来看，呈现以下特点：

一是覆盖类型全。一方面，均综合了火电、水电、风电、光伏发电、核电等在内的所有电力类型的温室气体排放，即单位电量产生的平均温室气体排放量。另一方面，均包含了 CO_2、CH_4 和 N_2O 三种温室气体。

二是更新周期固定。均由政府机构定期更新发布，例如：美国环境保护署每年发布排放与发电资源综合数据库（eGRID）；英国环境、食品和农业事务部会同能源和气候变化部发布英国电力平均排放因子，并每年更新。

三是基于地理范围核算。英国和新西兰仅发布对应全国范围的电力平均排放因子；澳大利亚、加拿大和美国计算发布对应不同地理范围的电力平均排放因子，其中，澳大利亚和加拿大基本上按行政边界发布省或州的电力平均排放因子，美国基于电力公司或电网公司的管理和运营边界将全国划分为 27 个次区域，发布对应电力平均温室气体排放因子[49]。

四是较少考虑网间电量交换。仅英国和澳大利亚考虑了电网间电量交换，其中，英国考虑了进口电量对全国电力平均排放因子的影响，澳大利亚主要电网对应电力平均排放因子计算时考虑了区域间的电量交换。

表 7-2 国外电力平均排放因子特点[50]

国家	区域范围	电量交换	温室气体	更新频率
美国	27 个次区域，与行政边界不完全对应	未考虑	CO_2、CH_4、N_2O	每年
英国	全国电网	考虑进口电量	CO_2、CH_4、N_2O	每年
澳大利亚	基本与州或领地边界一致	仅考虑内部区域电网间电量交换	CO_2、CH_4、N_2O	每年
加拿大	与省（地区）边界一致	未考虑	CO_2、CH_4、N_2O	每年
新西兰	全国电网	无电量进出口	CO_2、CH_4、N_2O	每年

国内电力平均排放因子类型多、用途不一

从种类来看，目前我国有适用于地区、企业、产品核算二氧化碳排放量与项目减排量的五种电力平均排放因子。分别为“全国电网平均排放因子”“试点碳市场电网平均排放因子”“区域电网平均二氧化碳排放因子”“省级电网平均二氧化碳排放因子”和“区域电网基准线排放因子 ”（为保持与国内政策文件的一致性，对于已发布的电网平均排放因子，仍沿用相关表述 ）。

表 7 -3　　我国五类电力平均排放因子情况[50，52]

排放因子名称	核算目的	适用主体	适用场景	数据年份
全国电网平均排放因子	碳排放	企业	全国碳市场企业核算履约边界电力间接排放	2015 2021 2022
试点碳市场电网平均排放因子	碳排放	企业	碳市场试点地区企业核算电力间接排放	—
区域电网平均二氧化碳排放因子	碳排放	企业	①企业计算法人边界电力间接排放	2010 2011 2012
			②曾经用于计算 2013—2015 年八大重点行业补充数据核算报告的电力间接排放	
		地区	③地区编制温室气体清单时计算电力调入（调出）排放	
省级电网平均二氧化碳排放因子	碳排放	地区	①地区编制温室气体清单时计算电力调入（调出）排放 ②在各级政府碳强度下降目标考核中计算电力调入（调出）排放	2010 2012 2016
区域电网基准线排放因子	减排量	项目	清洁发展机制（CDM）项目/中国核证减排量（CCER）项目计算减排量	2006—2019

从用途来看，电力平均排放因子主要用于支撑碳市场企业履约核算、省级温室气体清单编制和各级政府碳强度下降目标考核和项目碳减排量核算。“全国电网平均排放因子”主要用于全国碳市场企业核算电力间接排放进行履约。“试点碳市场电网平均排放因子”用于核算各个碳市场试点地区企业消费电力的间接排放。“省级电网平均二氧化碳排放因子”以省级行政区域边界为划分，支撑编制省级温室气体排放清单以及省内各级政府碳强度下降目标考核。“区域电网基准线排放因子”主要用于开发 CDM 项目 或者 CCER 项目 时核算项目的减排量。

从算法来看，除“区域电网基准线排放因子”外，多数电力平均排放因子采用基于地理边界的统计信息进行计算。“区域 / 省级电网平均排放因子”的计算方法均为区域 / 省级电网本地所有发电厂化石燃料碳排放与净调入电量隐含的碳排放之和除以所在电网总发电量。“试点碳市场电网平均排放因子”由试点地区自主选择采用区域电网基准线排放因子、省级电网平均二氧化碳排放因子、自行测算等方式确定。“区域电网基准线排放因子”根据联合国气候变化框架公约下清洁发展机制执行理事会颁布的《电力系统排放因子计算工具》进行计算，由生态环境部应对气候变化司定期研究确定。

总的来看，目前国内电力平均排放因子尚不适应碳排放统计核算体系建设需要，表现在以下方面：

数据更新滞后于实际需要

2017 年，国家发展改革委发布了 2015 年的全国电网平均排放因子，并一直沿用至 2021 年末，生态环境部于 2022 年 3 月发布的《企业温室气体排放核算方法与报告指南 发电设施（2022 年修订版）》和 2023 年 2 月发布的《关于做好 2023 — 2025 年发电行业企业温室气体排放报告管理有关工作的通知》中连续对该数据进行了更新。区域电网平均二氧化碳排放因子仅公开了 2010 — 2012 年的年度数据；省级电网平均二氧化碳排放因子仅公开了 2010 年、2012 年和 2016 年三个年度的数据。由于我国电力供应清洁化程度不断提升，电力平均排放因子更新滞后将造成电力间接碳排放核算结果偏离实际。

数据覆盖区域大

理论上数据对应地理覆盖范围越小，相应的电力平均排放因子越接近单位电力实际的间接排放。随着新型电力系统建设持续推进，不同区域的清洁能源发展差异愈发显著，对应的电力平均排放因子的数值差异也将更加明显，仅更新全国电力平均排放因子数值难以反映地区能源电力发展差异。

未考虑绿电交易的影响

2022 年 1 月，国家发展改革委等部门联合发布《促进绿色消费实施方案》，指出“要研究在排放量核算中将绿色电力相关碳排放量予以扣减的可行性”[53]。由于绿电的环境属性已通过绿电交易进行了申明，基于公平性考虑，绿电交易对应电量不应纳入电力平均排放因子计算范围。

关于电力平均排放因子计算主要有统计计算和实时计算两种方法。统计计算法是目前使用的主流方法，以年度电力行业碳排放量和发电量为基础进行计算，数据相对易获得。实时计算法需要以电网实时调度数据为基础进行计算，计算方法相对复杂，且由于高度依赖电网调度数据，方法应用主体具有排他性。根据《碳排放权交易管理办法（试行）》的规定，重点排放单位以年度核算碳排放量，以统计计算法获得的电力平均排放因子可满足核算需求，并已在实际核算工作中得到应用。

当前正值我国碳排放统计核算体系加速完善期。一方面，不同于国际主流碳市场设计，我国碳市场顶层设计将电力、热力等间接排放考虑在内；另一方面，CCER 项目尚未重启、产品碳足迹核算与评价的实践基础还较为薄弱。因此，本报告聚焦满足不同应用场景下准确核算电力间接排放的需求，基于统计计算法对 2016 — 2020 年期间全国、区域和省级等不同层级对应的电力平均排放因子进行了计算，以供参考。

7.3 电力平均排放因子计算

计算方法改进与创新

本报告充分借鉴了《中国外购电温室气体排放因子研究》中关于不同层级电力 CO_2 排放因子的计算方法[54]，并在其方法基础上做出了一定的改进和创新，改进主要体现在以下三方面：

一是不用根据区域间或省份间不同年份的电量交换情况调整计算顺序以及近似忽略部分占比较小的电量交换情况，可同时解出不同区域或省份的电力平均排放因子，计算通用性和精确性更好。

二是可以考虑绿电交易的影响，在不同层级电力平均排放因子计算过程中可以根据各省绿色电力交易情况和省间绿色电力交易情况扣减绿色电力相关碳排放量。

三是形成了电力平均排放因子计算软件（V1.0），在输入最新的能源和电力工业统计数据后便可方便、及时地计算最新年份不同层级的电力平均排放因子数值。

利用本报告的方法分别对 2015 年全国电力平均排放因子、2012 年区域电力平均排放因子、2016 年省级电力平均排放因子进行了回测，并与公开发布的数据进行了比较，结果基本保持一致。

主要数据来源及误差分析

各省发电量、用电量、跨区域、跨省份电量交换和进出口电量交换数据来源于《电力工业统计资料汇编》（2016 － 2020）。由于全国绿色电力交易试点 2021 年 9 月才正式启动，因此，在计算 2016 － 2020 年期间不同层级电力平均排放因子时，不涉及绿色电力交易数据。

不同层级对应火力发电消费化石燃料数据来源于《中国能源统计年鉴》（2017 － 2021）中的全国及各省能源平衡表。

俄罗斯、缅甸等国家电力平均排放因子数据来源于 IEA 发布的报告《CO_2 Emissions from Fuel Combustion Highlights (2013 Edition)》，在其后续年份发布的报告中不再包含此项数据，因此，在本报告中假设进口电力国家的电力平均排放因子保持不变，由于进口电量占比很小，影响基本可以忽略。

分省原煤热值与《中国外购电温室气体排放因子研究》中的各省对应取值保持一致，其各省原煤热值由《电力工业统计资料汇编 2010》中各省份 6000 千瓦以上火电厂原煤热值加权平均计算得到。由于 2010 年之后《电力工业统计资料汇编》不再包含分省 6000 千瓦以上火电厂的详细数据，所以分省原煤热值无法按年份进行更新，即在本报告中假设不同年份同一地区的电煤煤质接近。不同省份其他火力发电化石燃料的热值数据保持一致，采用《中国能源统计年鉴》和《公共机构能源资源消费统计制度》[55]附录中相应能源品种的热值或其热值平均值。

各燃料品种的含碳量主要来源于《省级温室气体清单编制指南（试行）》中公共电力与热力部门分燃料品种化石燃料单位热值含碳量，其他焦化产品采用《省级温室气体清单编制指南（试行）》表1.7中其他焦化产品含碳量（29.5吨碳/太焦）[56]，煤矸石、高炉煤气、转炉煤气采用《2019中国区域电网基准线排放因子》中对应燃料的含碳量[57]。

各燃料品种的碳氧化率主要采用《省级温室气体清单编制指南（试行）》中推荐的缺省值，油品燃料碳氧化率取98%，气体燃料碳氧化率取99%，考虑到近年煤电机组改造升级，煤炭燃料的碳氧化率取上限98%，焦炭和其他焦化产品的碳氧化率取93%。

受数据可得性限制，本报告中对电力平均排放因子的计算进行了一定程度的假设，对结果的精确性存在影响，不同层级电力平均排放因子的具体数值应以国家有关部门发布的数值为准。

不同年份电力平均排放因子分析

全国电力平均排放因子

主要受火电电量占比和全国发电标准煤耗数值变化影响。2016－2020年期间全国电力平均排放因子数值呈现下降趋势，与全国发电标准煤耗和火电电量占比变化趋势相同，发电标准煤耗水平的不断改善与电源结构的持续清洁化共同推动全国范围对应单位发电量排放二氧化碳的减少。

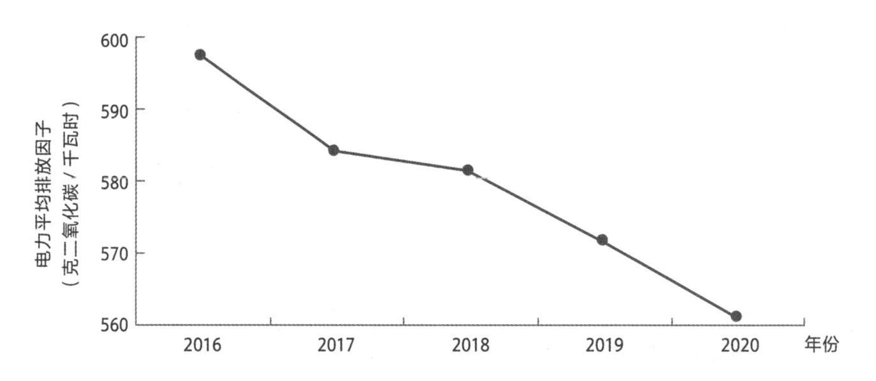

图7-1 2016－2020年全国电力平均排放因子数值

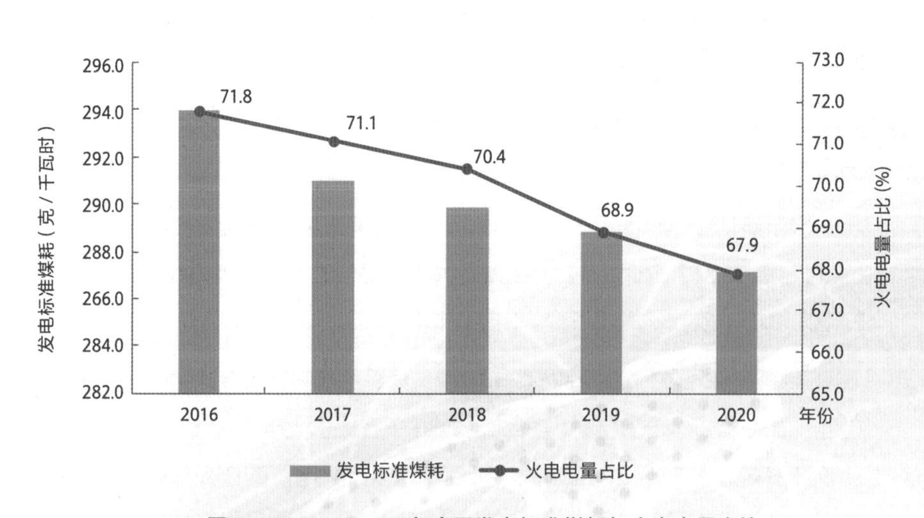

图7-2 2016－2020年全国发电标准煤耗与火电电量占比

区域电力平均排放因子

综合考虑电网当前实际运行情况和统计数据对应情况，本报告按表 7-4 将全国划分为华北、东北、华东、华中、西北、西南和南方七大区域，不包括西藏自治区、香港特别行政区、澳门特别行政区和台湾地区。

表 7-4 区域划分

区域	覆盖省（自治区、直辖市）
华北区域	北京、天津、河北、山西、山东、内蒙古
东北区域	辽宁、吉林、黑龙江
华东区域	上海、江苏、浙江、安徽、福建
华中区域	江西、河南、湖北、湖南
西北区域	陕西、甘肃、青海、宁夏、新疆
西南区域	重庆、四川
南方区域	广东、广西、贵州、云南、海南

区域电力平均排放因子与区域发电能源结构密切相关。华北区域由于煤炭资源丰富且燃煤发电量占比较高，电力平均排放因子在各区域中始终处于最高水平。西南和南方区域由于水电资源丰富且水电发电量占比较高，电力平均排放因子相对较低，但是在国家严控中小流域、中小水电开发背景下，水电发展速度放缓，西南和南方区域电力平均排放因子在 2016 — 2020 年期间变化不明显，个别年份甚至有所上升。受清洁能源大规模开发利用影响，东北、华东、华中和西北区域发电能源结构清洁化程度不断提升，电力平均排放因子基本呈现波动下降趋势。

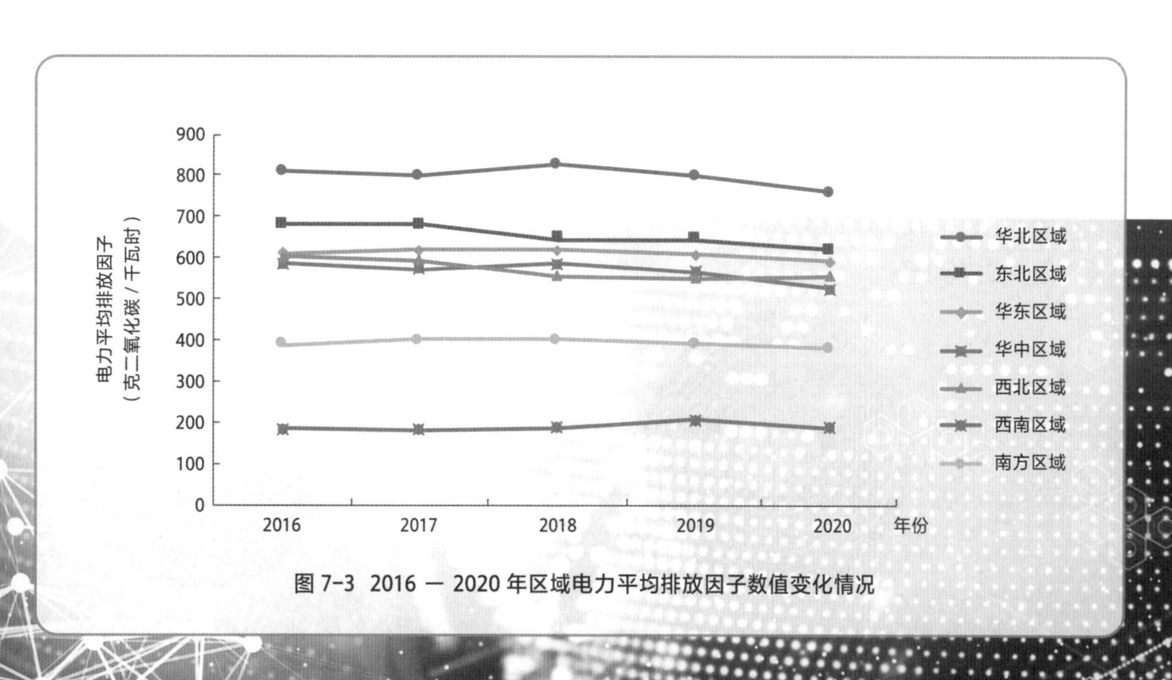

图 7-3 2016 — 2020 年区域电力平均排放因子数值变化情况

省级电力平均排放因子

本报告计算了 2016－2020 年期间各省电力平均排放因子的数值，不包括西藏自治区、香港特别行政区、澳门特别行政区和台湾地区，结果如图 7-4 所示。

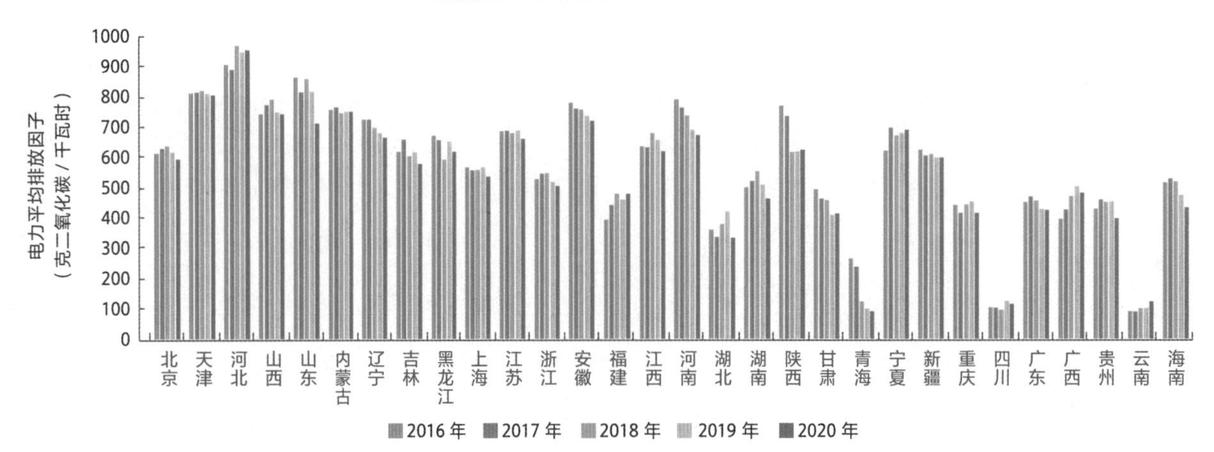

图 7-4 2016－2020 年各省（自治区、直辖市）电力平均排放因子数值变化情况

从图中可以看出，不同省份电力平均排放因子数值差别较大，即使对于同一省份，排放因子在不同年份也有较为明显的变化。其中，电力平均排放因子最高为河北省在 2018 年的数值，为 966 克二氧化碳 / 千瓦时；最低为云南省在 2017 年的数值，为 88 克二氧化碳 / 千瓦时。

省级电力平均排放因子数值分布和变化具有一定的规律性。电力平均排放因子较大的省份主要分布在华北区域和东北区域，电力平均排放因子较小的省份主要分布在中部、西部和南部区域。各省电力平均排放因子数值整体呈现下降趋势，其中，以青海、陕西、河南、海南、山东等省份下降较为显著；福建、河北等省份电力平均排放因子变化相对较小，主要原因是发电能源结构变化不大；四川、云南等省份电力平均排放因子数值已属于全国最低水平，同样变化不大，部分年份因控制小水电开发、降水偏少等原因电力平均排放因子较上一年份略有增加。

省级电力平均排放因子数值与同区域电力平均排放因子数值相比差距同样较大。由于各省发电能源结构、电力调入来源和规模不同，因此，即使位于同一区域，不同省份电力平均排放因子与所在区域的电力平均排放因子差距也较大。以 2019 年为例，南方区域电力平均排放因子为 393 克二氧化碳 / 千瓦时，云南省电力平均排放因子为 99 克二氧化碳 / 千瓦时，仅为区域数值的 25%，而同年份广西壮族自治区电力平均排放因子为 502 克二氧化碳 / 千瓦时 ，为区域数值的 128%。因此，对于同一用电量，选用不同层级的电力平均排放因子会对电力间接排放核算结果产生较大影响，实际使用中应谨慎选择。

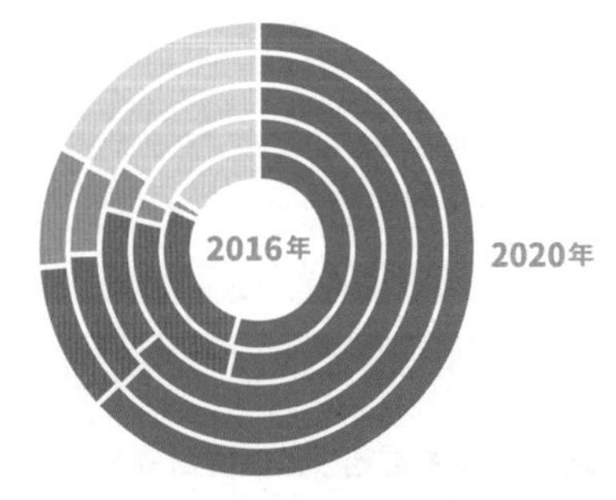

图 7-5 青海省 2016－2020 年发电量结构变化情况

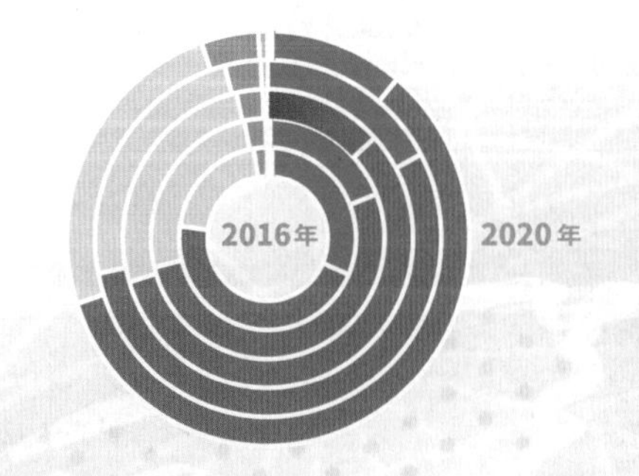

图 7-6 福建省 2016－2020 年发电量结构变化情况

电力平均排放因子变化趋势展望

本报告在现有统计数据基础上，结合第 2 章转型路径分析，考虑近中期各省发电能源结构变化、跨区域存量通道容量提升和新增跨区电力流，对 2025 年、2030 年全国及区域电力平均排放因子进行了展望。预计 2030 年全国电力平均排放因子将进一步下降到 369 克二氧化碳 / 千瓦时，各区域电力平均排放因子呈现三大变化特征。

特征一：除西南区域外，全国其他区域电力平均排放因子均呈明显下降趋势。得益于新能源大规模发展和“沙戈荒”风光基地建设，非化石能源发电量占比快速上升，除西南区域外各区域电力平均排放因子显著下降，其中，以华北区域和东北区域下降最为显著。2030 年华北区域平均排放因子相比 2020 年下降 40.5%，同期东北区域电力平均排放因子下降 38.6%。

特征二：西南区域电力平均排放因子变化不大，略有上升。一方面，由于西南区域本身水电发电量占比一直相对较高，且为了电力供应保障，区域内仍需保留一定量的火电机组，因此，区域电力平均排放因子数值并未明显受到新能源大规模发展的影响。另一方面，伴随“沙戈荒”风光基地外送通道建设，西北地区向西南地区输送电量规模上升，由于西北区域电力平均排放因子数值相对较大，因此，间接“抬高”了西南区域电力平均排放因子数值。

特征三：不同区域电力平均排放因子的差距在减小。伴随着区域间电力交换规模的不断上升，各区域在计算平均排放因子时愈发接近于一个“整体”，不同区域电力平均排放因子的差距在逐渐减小，以华北区域和西南区域为例，2020 年华北区域电力平均排放因子数值是西南区域的 4.0 倍，2025 年和 2030 年分别下降到 2.9 倍和 2.4 倍。同时，东北区域、华东区域、华中区域和西北区域的电力平均排放因子数值在 2030 年较为接近。

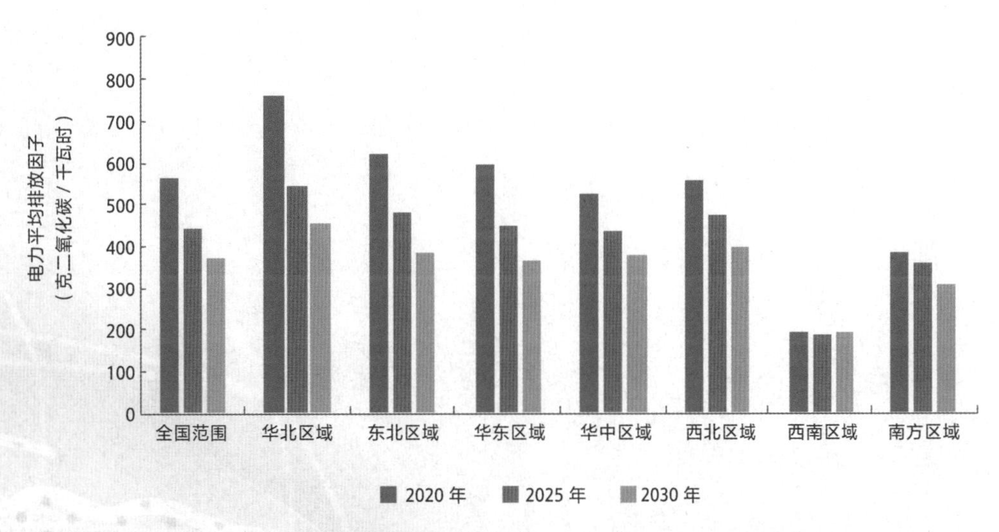

图 7-7 全国及区域电力平均排放因子 2025 年和 2030 年变化情况

（**本章撰写人：**徐沈智、元博 **审核人：**金艳鸣）

安全经济篇

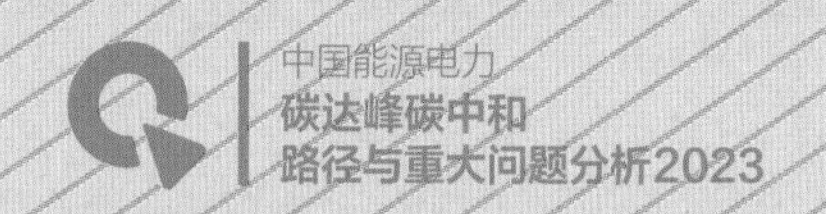

08 新型电力安全认识与保供风险预警

高度自立自强的能源现代化发展道路对能源安全提出更高的要求，贯彻总体国家安全观，必须统筹减排与安全，增强能源安全的主动权。随着我国进入新发展阶段，能源发展约束增多增强、安全态势日趋严峻、系统结构形态发生深刻变化，减排与安全的统筹难度急剧增加，潜在的系统性风险是最大安全挑战。同时，“双碳”路径下，能源安全保障压力逐步向电力系统转移集聚，电力安全面临一系列新型风险，亟须强化电力安全供应风险预警体系建设，加强风险预判，提前做好防范。

8.1 “双碳”目标下能源安全新认识

贯彻总体国家安全观，需增强能源安全主动权

作为社会发展的“生命线”，确保能源安全战略意义重大，能源安全是国家安全体系的重要组成部分，是中国式现代化进程中能源领域的首要任务。能源电力碳达峰碳中和将面临一系列传统能源安全和新型安全问题，只有把握能源安全主动权才能把握住发展主动权。需坚持问题导向和系统观念，增强保障能源供应安全的主动权，以适应中国式现代化建设对能源高质量支撑的要求。

党的二十大报告明确提出，必须坚定不移贯彻总体国家安全观，以新安全格局保障新发展格局。加强重点领域安全能力建设，确保粮食、能源资源、重要产业链供应链安全。加强能源产供储销体系建设，确保能源安全。

人口规模巨大的现代化决定了我国必须走自立自强的能源转型发展道路，对能源安全提出了更高要求。总体国家安全观中，已将“能源安全”上升至与“粮食安全”同等重要的战略高度，为保障人口规模巨大的现代化的能源安全供应，必须坚持底线思维，实现能源资源、科技、产业的自立自强，保障全方位的能源安全。

需坚持问题导向和系统观念，牢牢把握能源安全的主动权。我国发展进入战略机遇和风险挑战并存、不确定难预料因素增多的时期，各种“黑天鹅”“灰犀牛”事件随时可能发生，只有牢牢把握能源安全的主动权，才能增强发展的安全性和稳定性，才能在各种可以预见和难以预见的狂风暴雨、惊涛骇浪中增强我国的生存力、竞争力、发展力和持续力。要坚持系统观念，树立全社会一盘棋思想，形成各环节齐抓共管、各主体通力合作、各区域协调配合的能源安全治理局面，切实增强我国能源安全主动权[58]。

从增强能源安全主动权的整体框架来看，“双碳”目标下能源安全问题演化为能源安全的适应性、主动性和稳定性问题，能源安全的“三性”是能源行业生存力、竞争力、发展力、持续力的保障，而能源行业“四力”又是支撑“双碳”目标实现的基础。

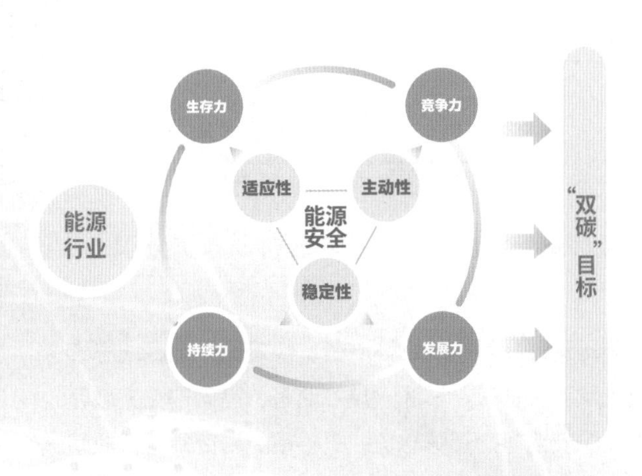

图 8-1 增强能源安全主动权的分析框架

从能源安全“三性”与能源行业“四力”之间的关系来看，能源安全的适应性决定了能源行业的生存力，能源安全的主动性决定了能源行业的竞争力，能源安全的稳定性决定了能源行业的发展力和持续力。适应性是持续的基本问题，主动性是与时俱进的新问题，稳定性是永恒的本质问题。面对实现“双碳”目标带来的能源安全新挑战，需要增强能源安全的适应性，增加应对能源安全的主动性，从而实现能源安全的稳定性。生存力、竞争力、发展力、持续力之间又是依次递进的关系，生存力是能源行业长期发展的基础；只有具备了足够的生存力，才能在激烈的市场竞争中把握主动权，形成竞争力；发展力是能源行业长期稳定发展的关键，竞争力越强，行业的发展也就越快速；只有具备了足够的发展力，才可以不断创新和开拓，从而形成发展的持续力。

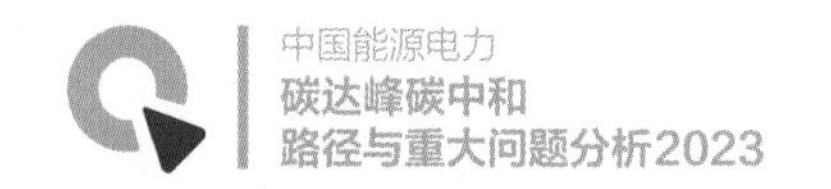

能源安全保障重心向电力集聚，要统筹短期与长远、油气资源安全和电力安全的关系

01

要统筹近期与长远，妥善处理近中期关于油气对外依存度过高的问题，更要积极谋划电力安全愈发重要带来的能源安全保障新局面。较长时期内，我国油气对外依存度仍将维持高位；随着“双碳”目标推进，电能占终端能源消费的比重持续上升，预计 2060 年电气化水平将超过 70%，高比例新能源的随机性波动性特性将同步带来严峻的电力安全新挑战。因此，“双碳”目标推进过程中，电力系统在扮演更重要角色、承担更大使命的同时，电力安全的基础性地位也将更加凸显，能源安全保障压力将进一步向电力安全集聚[59]。需要统筹发展与安全，依靠高质量发展增强安全保障能力，实现安全发展。

02

“双碳”目标下需要统筹油气资源安全和电力安全的关系。首先，随着“双碳”目标推进，通过大规模发展新能源可降低油气对外依存度，但也会带来成本上升，并给电力安全稳定运行带来更大挑战，需要坚持平稳有序替代。其次，油气资源安全问题仍是首要问题，特别是面对风云变幻的国际环境，必须服务国家能源安全全局要求，动态优化化石能源替代节奏，保持多元化能源供应结构。再次，充分发挥煤炭“压舱石”功能，以增强我国能源安全保障的总体裕度和整体韧性。

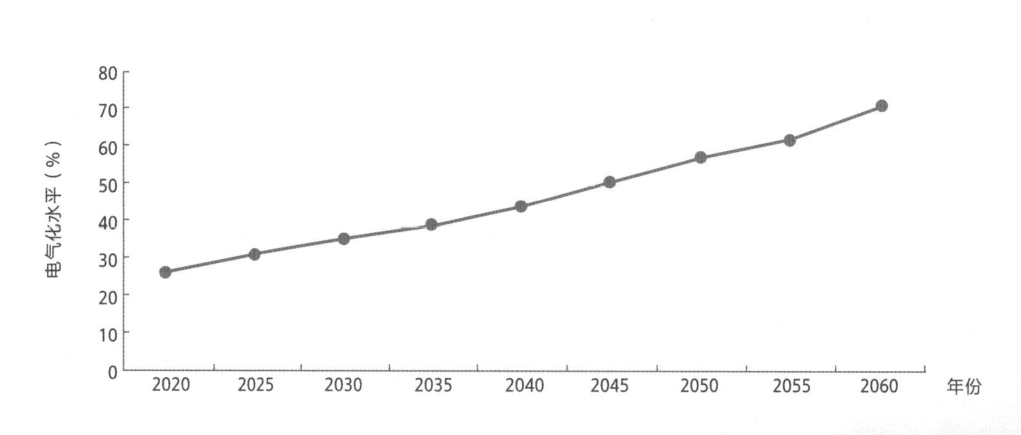

图 8-2 2020—2060 年终端能源消费电气化水平预测

面对能源安全重心向电力安全逐步转移的全球性趋势，需要着眼未来 40 年作战略性准备。一方面，从底线思维出发评估电力系统的发展模式、平衡模式、脆弱点等，从战略思维出发对关键矿产资源、技术储备、基础理论突破等方面开展系统性谋划。另一方面，在国家安全政策层面，根据未来能源安全重心转移态势，需要重新研究几个行业间的安全投入与产出关系，相关支持政策力度需要随着重心转移逐步调整。

能源转型带来电力系统结构性变化，需防范系统性风险

立足系统观念认识“双碳”目标下能源转型带来的电力安全系统性风险[60]，需要重视三方面问题：一是系统结构的脆弱性和薄弱环节；二是系统结构性变化的转折点和量变到质变的关键阶段；三是风险连锁反应的动态过程和引发系统性风险的机理。

关于系统结构脆弱性，需要开展系统自身脆弱性评估，研判薄弱环节。结构脆弱性的核心在于高比例新能源的随机性、波动性给电力安全供应带来严峻挑战。除结构形态外，电力系统在设备装置、基础设施、信息系统、调控治理和体制机制等方面的薄弱环节，均会在特定外部风险条件下扩大风险的影响。

关于系统结构性变化，需要关注迈向新型能源体系、新型电力系统发展过程中电力系统基础设施属性的重大改变。从新型电力系统的功能定位出发，研判新型电力系统基本属性将出现转折性变化，如气象属性增强表现为电力系统源网荷各环节与气象条件的全面深度耦合，颠覆性技术驱动表现为重大颠覆性技术将主导并显著改变电力系统阶段性演化形态。需要加强对关键转折期的研判和预案应对，针对属性变化系统开展规划技术、安全稳定控制理论与方法等升级。

关于风险连锁反应动态过程，需重视风险传导的跨系统、连锁性特点，防范化解系统性风险。能源 – 电力 – 经济社会关系日趋紧密，单一能源品种或能源系统关键基础设施的问题，可能通过连锁反应，引发能源系统、电力系统的安全问题，进而对经济社会形成较大影响。叠加国际“黑犀牛”“灰天鹅”事件频发，一个点、局部引发的问题，通过连锁反应路径，可能带来系统性风险。如基于国网能源研究院有限公司自主研发的新一代能源发展战略推演系统测算结果显示，苏禄海通道一旦发生风险，全球煤炭系统网络稳定性将低于 90%，将对中国煤炭供给产生重大影响。需要加强风险传递机理识别，构建电力安全供应风险预警体系。

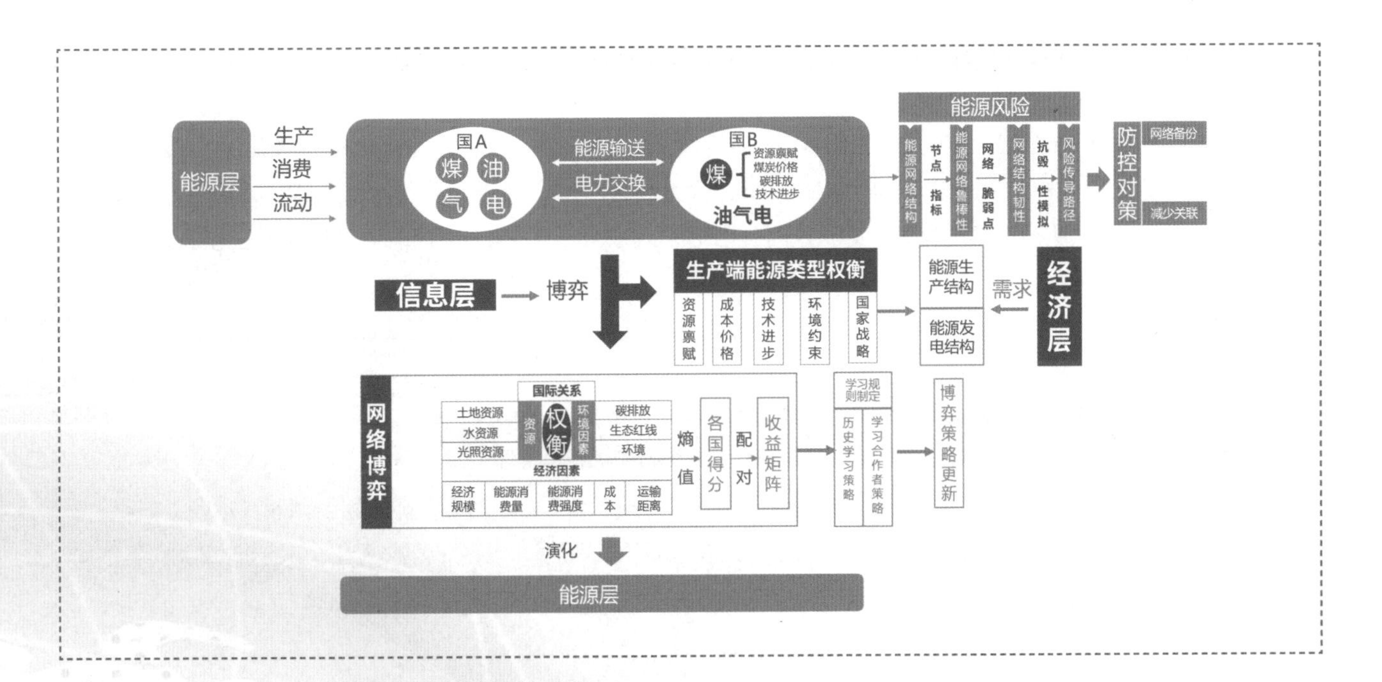

图 8-3 新一代能源发展战略推演系统示意图

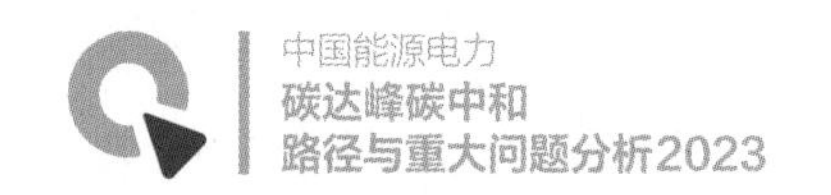

夯实能源安全基础，需发挥多能互补优势

“双碳”目标下夯实能源安全基础，需立足我国能源资源禀赋，充分发挥煤、气、水、核、风、光、储等多能互补优势，构建多元化能源电力供应体系，保障能源电力供应的稳定性。

● 一是合理统筹煤电发展，发挥煤电托底保障作用[61]

近中期新能源难以承担电力供应的主体责任，煤电的基础支撑和兜底保障作用不可替代，2030年后，煤电机组根据功能定位不同大致可分为 CCUS 电力电量型机组、灵活调节机组和应急备用机组三类。从电力保障作用看，2030 年、2060 年，60%、20% 左右的高峰负荷仍需煤电承担；从电量保障作用看，2030 年、2060 年，47% 、4% 左右的发电量由煤电提供。

● 二是坚持新能源分散式与集中式开发并举，分阶段优化布局

近期布局向中东部倾斜，远期开发重心将重回西部北部。近期加快发展东中部分散式风电、海上风电、分布式光伏，以及沙漠 / 戈壁 / 荒漠地区大型基地项目建设。中远期，风电开发重心重回西部北部地区，海上风电逐步向远海拓展；开发西部北部光热发电基地。2030 年、2060 年，新能源可满足 3%~5%、14%~19% 的电力平衡需求，新能源发电量占比分别为 23%、52%。

● 三是构建清洁能源多元化供应体系，降低依靠单一能源供应风险

积极开发水电，重点推进大型水电基地建设；安全高效发展核电，加快沿海核电建设；适度有序发展天然气发电；就地就近利用生物质发电。大力推动 BECCUS 技术进步。2030 年、2060 年，水、核、气、生物质等清洁能源可满足 26%~29%、36%~40% 的电力平衡需求，发电量占比合计分别为 30%、43%。

● 四是高度重视灵活性资源开发，统筹抽水蓄能与新型储能发展

近中期在站址资源满足要求的条件下优先开发抽水蓄能。中远期，随着新型储能技术经济性提高，新型储能加快发展，特别要推动长时段储能布局形成规模，以平抑新能源出力日波动。2030 年、2060 年，抽水蓄能和新型储能可满足 8%~9%、27%~31% 的电力平衡需求。

8.2 电力安全供应主要风险研判

电力系统稳定运行新挑战：高比例新能源电力系统技术特性发生质的变化，运行风险面临新挑战，需构建新型电力系统运行控制体系

高比例新能源电力系统安全稳定控制面临平衡难、认知难、控制难、防御难、恢复难五大挑战。随着新能源发电大量替代常规电源，以及储能等可调节负荷广泛应用，电力系统的技术基础、控制基础和运行机理深刻变化，从由同步发电机为主导的机械电磁系统，向由电力电子设备和同步机共同主导的混合系统转变。电力系统在从传统向新型跨越升级的过程中安全稳定问题复杂严峻，面临多重挑战，系统安全稳定压力和挑战前所未有[62]。

01 平衡难	02 认知难	03 控制难	04 防御难	05 恢复难
新能源出力与用电负荷曲线不匹配，加重常规电源调节负担。 在颠覆性储能技术推广应用之前，跨周、跨月乃至跨季节的长周期电力电量平衡难以实现。	基础理论方法不足，非工频稳定性分析的基础理论欠缺。 仿真分析能力不足，新能源等新型电力电子设备数量庞大、特性各异，现有仿真技术与平台难以适用。	预防控制难，新能源发电出力的不确定性导致电网运行状态难以预知。 实时运行调整难，可控对象增多，控制资源更广，控制规模呈指数级增长。	交流电力系统电压稳定、频率稳定和功角稳定等传统稳定问题不断加剧。 交直流混联电力系统中换相失败、直流闭锁、宽频震荡等新型故障形态不断涌现。	传统恢复技术难以快速恢复供电。 传统恢复策略难以适应新型电力系统需求。 现有技术手段无法满足极端事件全过程反演与分析的要求。

图 8-4 新型电力系统安全稳定运行面临的挑战

以输送新能源为主的特高压与新能源快速发展相互叠加，电网安全运行控制面临更大挑战。我国“三北”地区已建成多回以输送新能源为主的特高压直流，送端电源出力稳定性和支撑能力较输送火电的通道有所下降，可能带来新的送受端安全稳定问题。

国际输入型风险：全球能源供需格局调整对我国一次能源供应造成很大不确定性，直接影响火电发电能力，华东地区是影响最大地区，可重点关注“煤炭进口量月度降幅”预警指标

我国从 2009 年起就成为煤炭净进口国，国内、国际煤价的相关性逐步增强。

> **2009－2015 年，**国际煤价（以纽卡斯尔港动力煤为例）最低 50~60 美元 / 吨，最高 130~140 美元 / 吨；国内煤价（以秦皇岛港 5500 大卡动力煤为例）最低 300~400 元 / 吨，最高 800~900 元 / 吨；两者波动大趋势相似，国际输入型风险逐步显现，但总体影响不大。

> **2017－2019 年，**正值国内煤炭行业化解过剩产能、实现脱困发展的三年攻坚期，煤炭产能相对充足，国内煤价与国际煤价变动基本解耦，总体低位稳定。

> **2019 年底以来，**受国内煤炭产能压缩、生态环保约束趋紧等影响，国内煤炭产量增速放缓，国际煤价与国内煤价呈现强相关性，在 2021 年几乎同步飙升。

国际输入型风险早已客观存在，2021 年秋季爆发的电力供应短缺矛盾是内外部因素叠加累积的结果。由于近些年国内煤炭供需整体宽松，国际输入型风险虽在逐年累积，但还没有到爆发的地步。2021 年秋季，从外部因素看，国际煤价剧烈上涨，出口订单增加拉高用煤需求，澳大利亚煤炭进口清零；从内部因素看，煤炭产量增长受限，市场炒作造成煤价剧烈波动。内外部因素共同作用，导致国内煤炭供需格局失衡，进而引发了大范围电煤短缺和供电紧张。

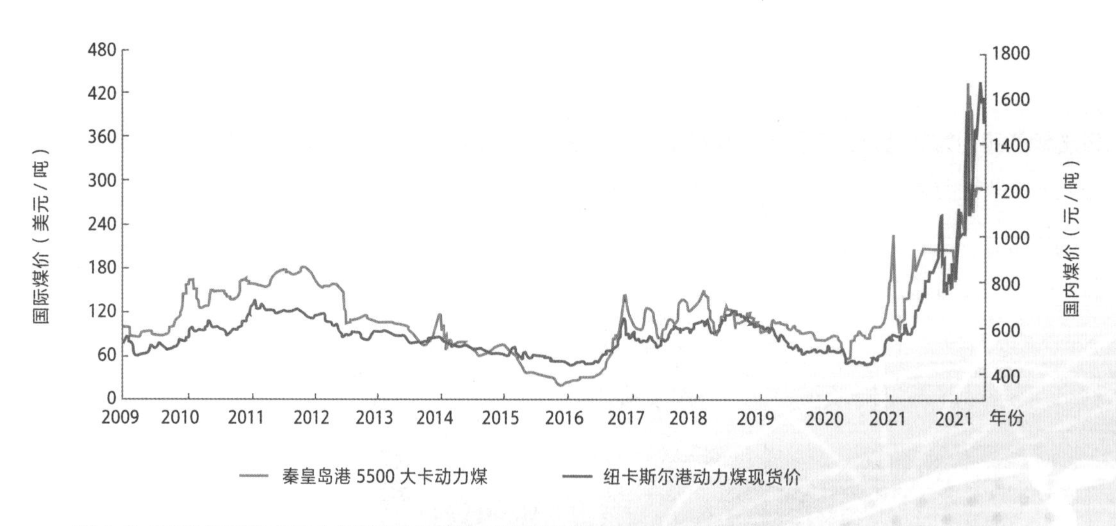

图 8-5 2009 年以来国际（以纽卡斯尔港为例）和国内（以秦皇岛港为例）5500 大卡煤炭价格对比

数据来源：中国煤炭市场网

国际能源价格高位震荡，导致我国发电一次能源进口“量跌价涨”，同时也引发了国内市场的不安定因素[63]。煤炭方面，2022 年全年进口量同比下降 9.2%，进口价格同比上涨 30.9%。国际煤炭价格上涨带动国内煤炭价格走高，中电联 CECI 沿海指数显示，2022 年电煤综合价维持在 700 ~ 1000 元/吨的价格区间，总体呈上升趋势。天然气方面，2022 年全年进口量同比下降 9.9%，进口价格同比上涨 44.6%。国内供气企业普遍较大幅度调涨价格，冬季用电高峰与民生用气高峰重合，部分地区出现发电用气供应紧张问题。从国际因素推高国内价格看，全国范围火电发电能力都受到连带影响。

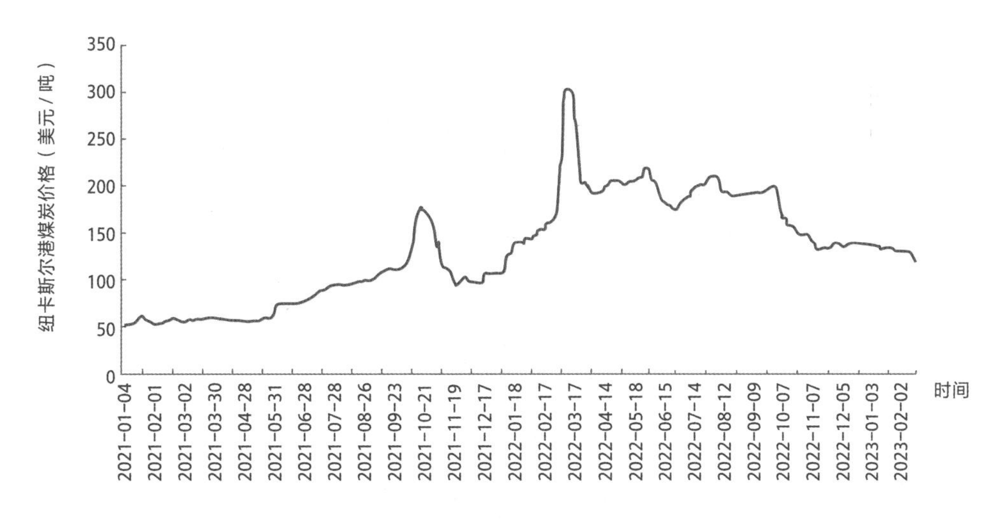

图 8-6 国际煤炭价格走势

数据来源：中国煤炭市场网

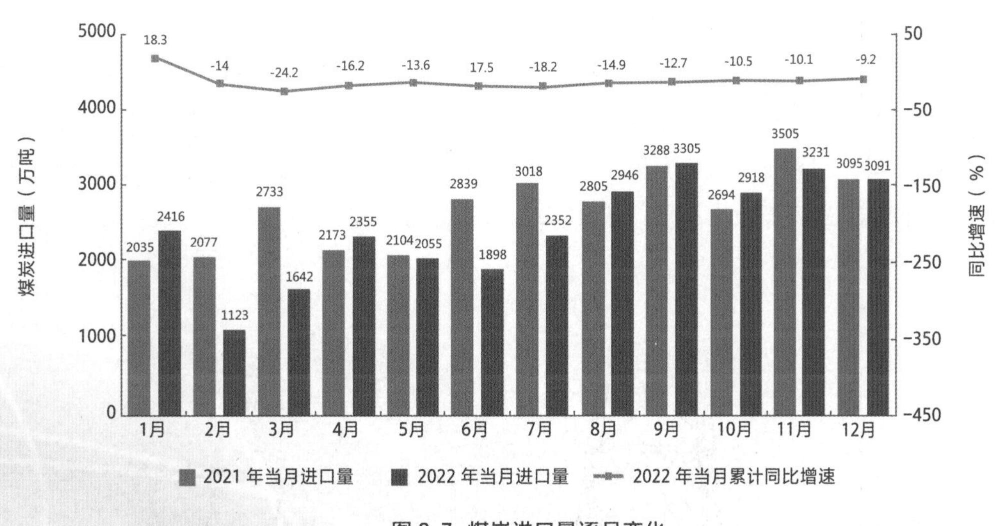

图 8-7 煤炭进口量逐月变化

数据来源：中国海关总署

华东地区是受能源进口变化影响最大的区域，可将“煤炭进口量月度同比降幅”作为关键预警指标。华东地区年进口电煤约 7400 万吨，占全国电煤进口总量的 39%，占本地发电用煤的 15%。一旦电煤进口出现缺口，需要由国内煤炭核增产量填补，考虑到国内煤炭增产具有一定的时滞性，可将“煤炭进口量月度同比降幅”作为最后窗口的预警指标。

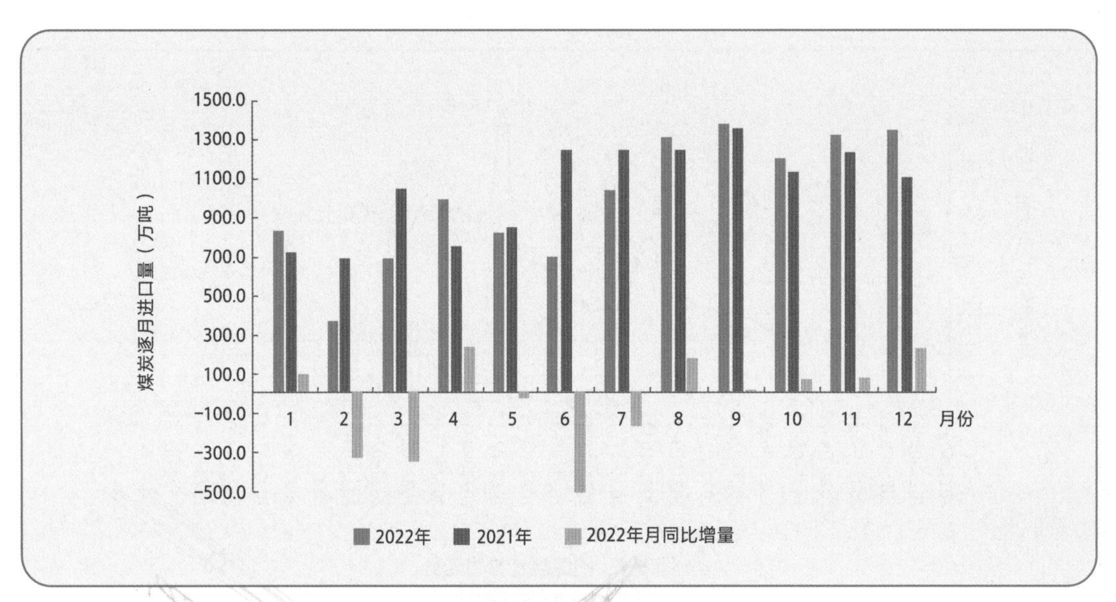

图 8-8 华东地区煤炭逐月进口量变化情况

数据来源：中国海关总署

以 2022 年为例，可将华东地区“煤炭进口量月度同比降幅”预警阈值设为 380 万吨。在保供政策激励下，2021 年 10 月煤炭产量同比增加约 2000 万吨，按华东地区煤炭消费占比推算，区域煤炭最大月度增供能力约 380 万吨，以此作为华东地区“煤炭进口量月度同比降幅”预警阈值。从 2022 年全年情况来看，2 月、3 月和 6 月等月份，煤炭进口下降幅度较大，接近或超过预警阈值。下半年随着国际煤炭价格逐步回落，煤炭进口恢复增长，该指标处于总体安全水平。

一次能源传导类风险：煤炭产运销各环节风险均会逐级向电力供需核心环节渗透，可重点关注“产需比”“铁路煤炭发运量占比”和“电煤长协覆盖率”等预警指标

煤炭生产

我国要在富煤贫油少气的基本国情下实现低碳转型。我国能源消费以煤为主，近年来我国采取多种措施降低煤炭消费比重，但 2022 年煤炭消费量仍占能源消费总量的 56%[64]。实现“双碳”目标，必须立足以煤为主的基本国情，发挥好煤炭的兜底保障作用。

随着煤炭增产保供政策效果的逐步释放，煤炭企业加大力度生产，煤炭产能供应近期总体有保障。但同时，国内煤炭增产增供仍面临制约，部分地区依然存在不合理的限产措施和“一刀切”关停煤矿的情况，且煤炭企业增加产能意愿不足，煤炭进口下降进一步增加国内煤炭供应压力，煤炭供需形势仍需持续关注。

“煤炭产需比”（产量与需求量的比值）可一定程度反映煤炭产量的充裕性，可作为煤炭生产环节的预警指标。近三年“煤炭产需比”月度水平保持在 0.83~1.16 之间，以近三年季均水平最低值 0.9 作为月度“煤炭产需比”预警指标阈值。2022 年“煤炭产需比”年均值达到1.04，处于近年来的高位水平。预计在国家保供政策持续发力下，2023 年煤炭生产仍将保持较高水平，而随着煤炭需求的进一步回升，预计“煤炭产需比”指标走势总体下行。

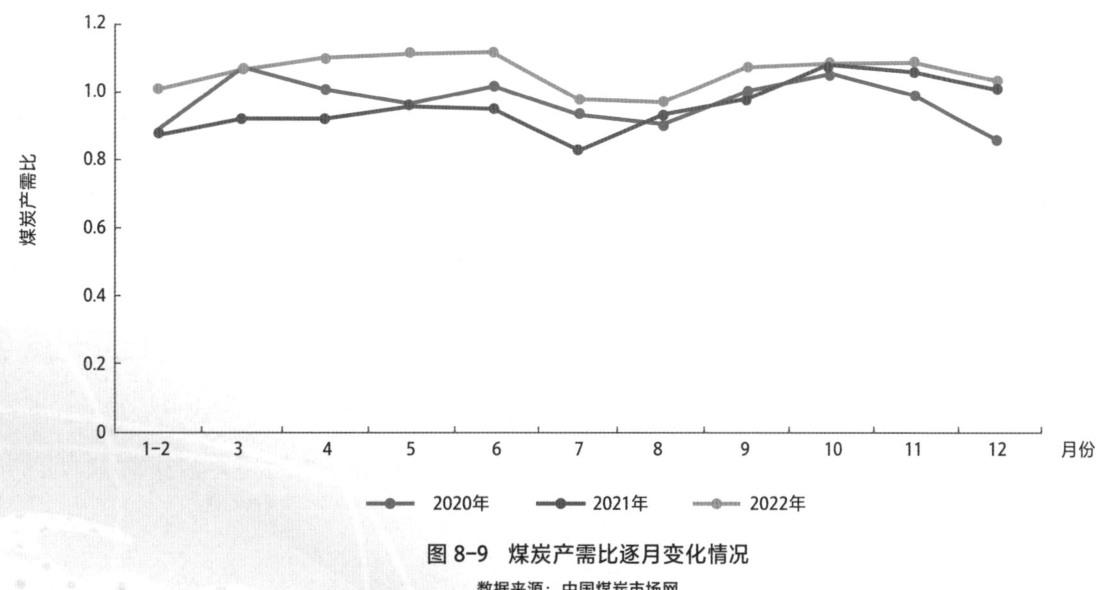

图 8-9 煤炭产需比逐月变化情况

数据来源：中国煤炭市场网

煤炭运输

我国煤炭资源分布不均衡，70% 以上煤炭产量集中在晋陕蒙等主产地。华中地区煤炭资源匮乏，“两湖一江”地区煤炭对外依存度约 95%，距离晋陕蒙等主要产煤地较远，主要依赖“铁路＋海运”方式联运，一旦输煤通道受阻，区域内火电厂将面临“无煤可用”的困境，造成本地电力供应紧张。

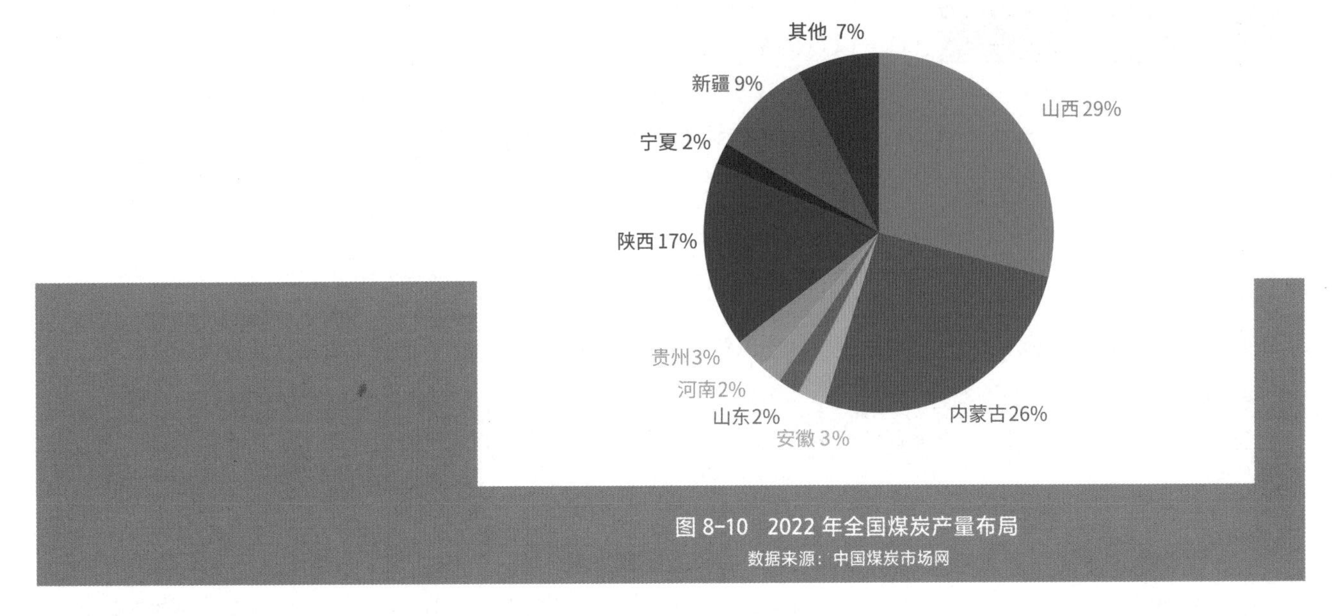

图 8-10　2022 年全国煤炭产量布局
数据来源：中国煤炭市场网

“铁路煤炭发运量占比”（铁路煤炭发运量与铁路货物发运量的比值）反映了煤炭运输紧张程度，可作为煤炭运输环节的预警指标。我国煤炭运输方式以铁路为主，铁路煤炭运输量占全国煤炭产量的 60% 以上。从全年的波动变化情况看，度冬、度夏期间“铁路煤炭发运量占比”指标通常处于高位水平，以近三年平均值 55% 作为“铁路煤炭发运量占比”指标的预警阈值。在保供高要求下，预计 2023 年迎峰度冬等煤炭消费旺季，铁路煤炭发运量仍会保持高位水平，需重点关注“铁路煤炭发运量占比”指标的变化趋势。

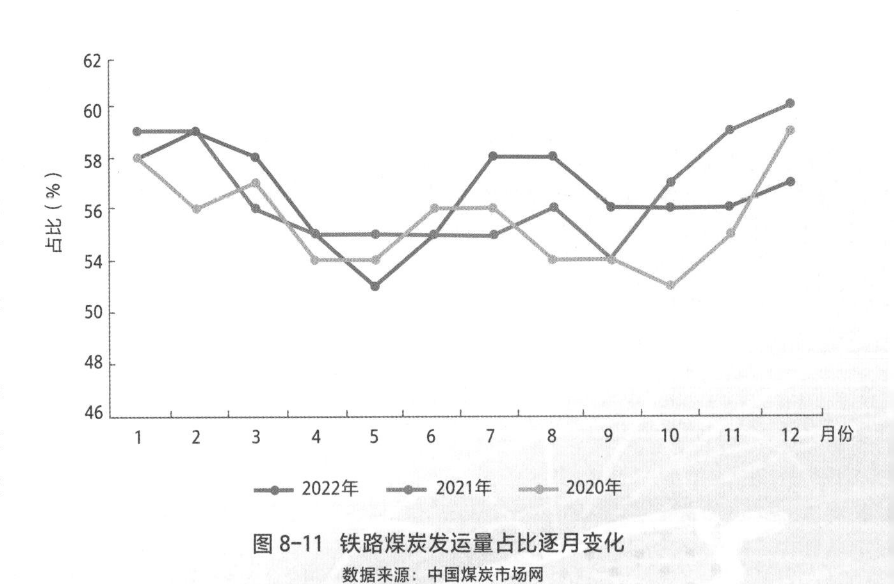

图 8-11　铁路煤炭发运量占比逐月变化
数据来源：中国煤炭市场网

电煤中长期合同是稳价保供“压舱石”。从 2022 年上半年情况来看，电煤中长期合同签订不规范、履约不到位等现象较为突出，存在“签量不签价”“不签量不签价”、运力不保障、价格未严格执行国家要求等问题，严格落实价格政策的只有 50% 左右。2022 年下半年，在国家有关政策引导下，电煤中长期合同覆盖率和兑现率不断提升。

我国电煤价格通过签订中长期合同或现货合同的市场方式形成。中长期合同价格包括固定价格和浮动价格两类：供需双方就中长期价格达成一致意见的，按协商的固定价执行；无法形成一致意见的，按“基准 + 浮动”确定。2022 年 2 月，国家发展改革委进一步完善煤炭市场价格形成机制，将 5500 大卡动力煤中长期交易基准价 535 元 / 吨，调整为合理价格区间 570 ～ 770 元 / 吨。现货价格受市场供需等因素影响，波动较大。

电煤长协覆盖率反映了电煤供应的稳定性，可将“电煤长协覆盖率”作为煤炭经销环节的预警指标。该预警指标阈值选取的基本思路为，以临界电煤长协覆盖率折合后的电煤采购均价等于长协合同价格政策的上限。在当前市场煤价高于长协合同价的情况下，一旦电煤长协覆盖率低于阈值，折合均价将高出政策价格上限，企业采购市场煤的意愿会下降，进而影响电煤供应保障。以 2022 年煤炭中长期合同价和秦皇岛港动力煤市场均价测算，“电煤长协覆盖率”预警指标阈值可取为 88%。

2023 年，预计国家对重点用煤企业长协煤全覆盖政策将进一步趋紧，电煤长协覆盖率会明显提升。煤炭价格走势预计总体回落，但仍存在较多不确定性，且当前的市场价格仍高于 570~770 元 / 吨的电煤中长期合同履约价格，导致在履约过程中，仍可能会出现电煤中长期合同兑现率打折扣的情况。仍需重点关注“电煤长协覆盖率”等指标情况。

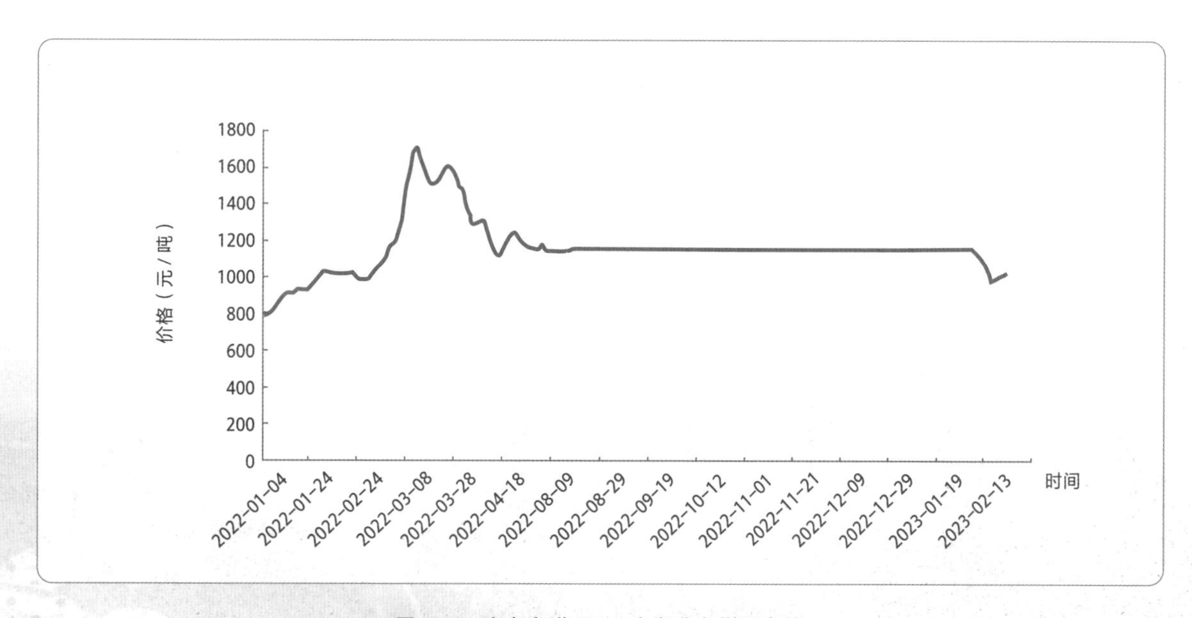

图 8-12 秦皇岛港 5500 大卡动力煤平仓价

极端气象类风险：全国各地区均需防范极端气象类连锁反应风险，加强对高温、寒潮、雨雪冰冻、洪涝等气象灾害的预警预防

气象对电力的影响呈现电力全环节、时间全尺度、地域全覆盖的特征。从电力全环节看，电力系统发输配用各环节均受气象条件影响较大；从时间全尺度看，年度、季度、日度、时刻等不同时间尺度下，气象对电力系统带来不同的风险；从地域全覆盖看，近年高温、极寒等气象灾害呈大范围趋势，全网电力供需均受到影响。**中国气象局根据不同预警级别公布寒潮、雨雪冰冻、洪涝等气象灾害预警信号，为电力保供预防提供了重要参考。**

气象的强不可预测性，推动电力电量平衡向概率化方向发展。对于极端天气，全球变暖加剧了气候系统的不稳定性，导致极端天气频发、强发、并发、广发，成为电力供需平衡的重大不确定因素[65]。对于常规天气，随着新能源占比持续提高叠加气象敏感型负荷增加，源荷双侧呈现更强的不确定性。总的来看，传统基于“确定性”理念的电力电量平衡分析方法已难以适用，新形势下的电力电量平衡将是一定概率下的平衡。

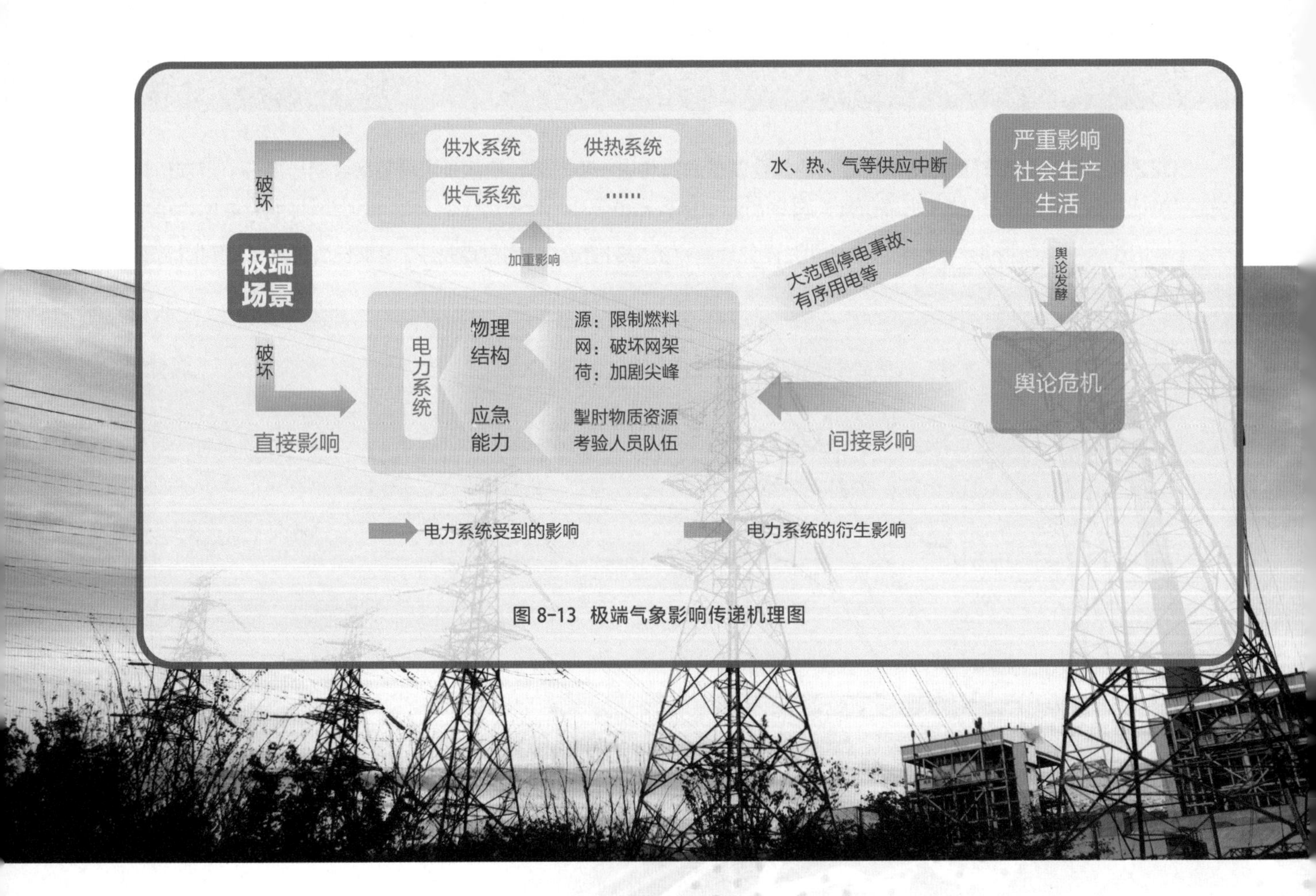

图 8-13　极端气象影响传递机理图

尤要警惕风险反应连锁逐级放大

各地区均可能受到各类缺电场景的影响，虽然影响程度高低不同，但面临各链条交织叠加、连锁反应、逐级放大的潜在风险[66]。例如在极端情景下，国际能源进口缺口可能和国内产能供应不足、运输条件受限等场景并存，扩大发电燃料供应不足风险；同时，还可能进一步叠加高温或寒潮带来的电力需求超预期，以及极端气象下新能源出力下降的风险，连锁反应导致电力供应风险放大。这导致存在单一类风险预警级别虽然不高，但经过连锁反应累积风险后，缺口导致缺电问题。

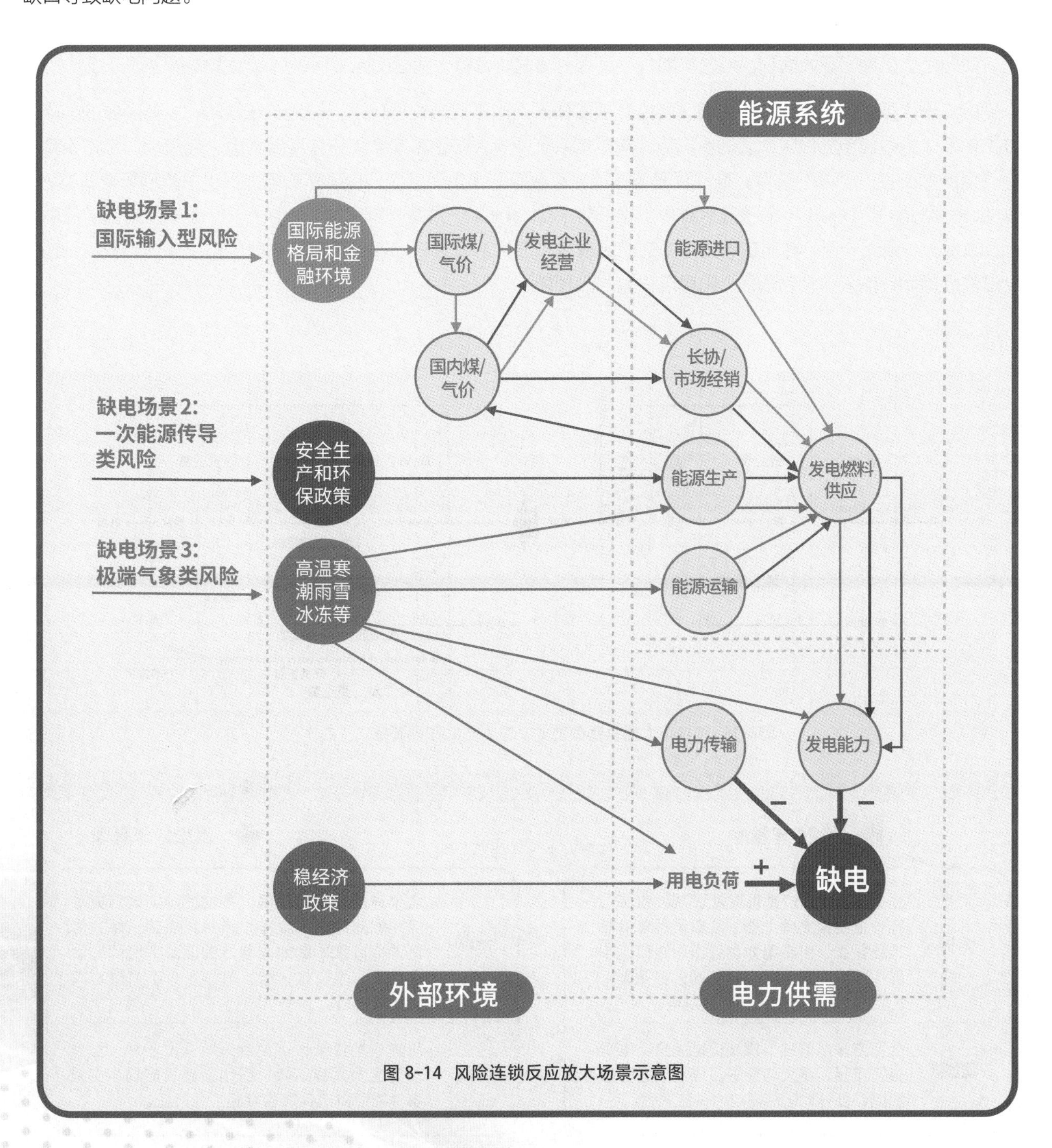

图 8-14 风险连锁反应放大场景示意图

8.3 电力安全供应保障措施

我国电力安全供应已经进入各风险因素交织叠加的新阶段，面对未来电力供应的各类不确定性风险，中长期电力规划无法逐一、提前预判。统筹保障电力供应总体安全，需构建电力保供风险预警体系，并根据不同风险类型提前做好增强保供举措，形成“主辅结合”电力安全供应保障体系。

“主”：构建适应新形势的电力保供风险预警体系

面对2021年秋季，在全球主要国家能源短缺的形势下，我国局部地区在淡季出现的电力短缺，以及2022年夏季，我国首次汛期出现大面积水电发电能力不足等新情况新形势，我国的电力保供风险预警体系亟须升级[67]。

党的二十大报告明确提出，要完善风险监测预警体系、国家应急管理体系，构建全域联动、立体高效的国家安全防护体系。为适应电力保供面临的新形势，需坚持系统观念，在国家安全防护体系要求下，完善能源电力安全保供的“预警－防控－应急”体系，推动预警与防控、应急等工作贯通融合，构建新的电力保供风险预警范式CWC（Check-Warn-Close），即核查系统内部脆弱性（Check），预警外部风险（Warn），形成预警到防控的闭环（Close）。更进一步，若对应急过程中的措施成效和危机演变进行“在线预警”，把危机从潜在、发生到消失的全过程经历闭环纳入下一轮预警，则可以称为“大预警”。

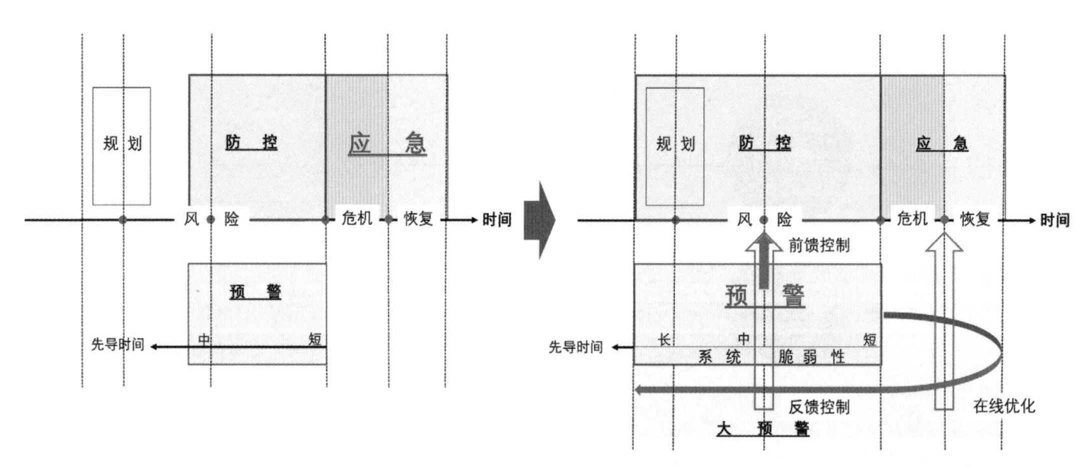

图8-15 传统电力保供预警范式（左）与CWC预警范式（右）

2021年秋季

全球	全球多国出现能源供需紧张，煤、油、气、电价格全面大幅上涨。欧盟天然气供需持续紧张，引发电力供应出现缺口；印度135家燃煤电厂存煤平均只够4天；巴西30座水电站无法有效发电。
国内	受南方来水偏枯、煤炭价格高企、电煤供应不足、澳大利亚进口煤清零等因素影响，部分地区能源电力供应紧张。

2022年夏季

全球	北半球连遭高温热浪，多地气温突破历史高点，欧洲遭遇500年以来最严重的干旱，俄乌冲突以来本就如履薄冰的能源供应问题雪上加霜，水、核、煤、气、光等电力供应同时遭遇挑战。
国内	川渝等地持续极端高温天气引发干旱，导致水电出力大幅下降，四川省首次启动了突发事件能源供应保障最高级应急响应。

电力保供风险预警体系框架要实现“内外兼顾、软硬均涉、远近两全、前后闭环”，贯穿体现在“建立风险库、评估脆弱性、分析传导链、跟踪风险源、判断预警级”五大预警步骤中。

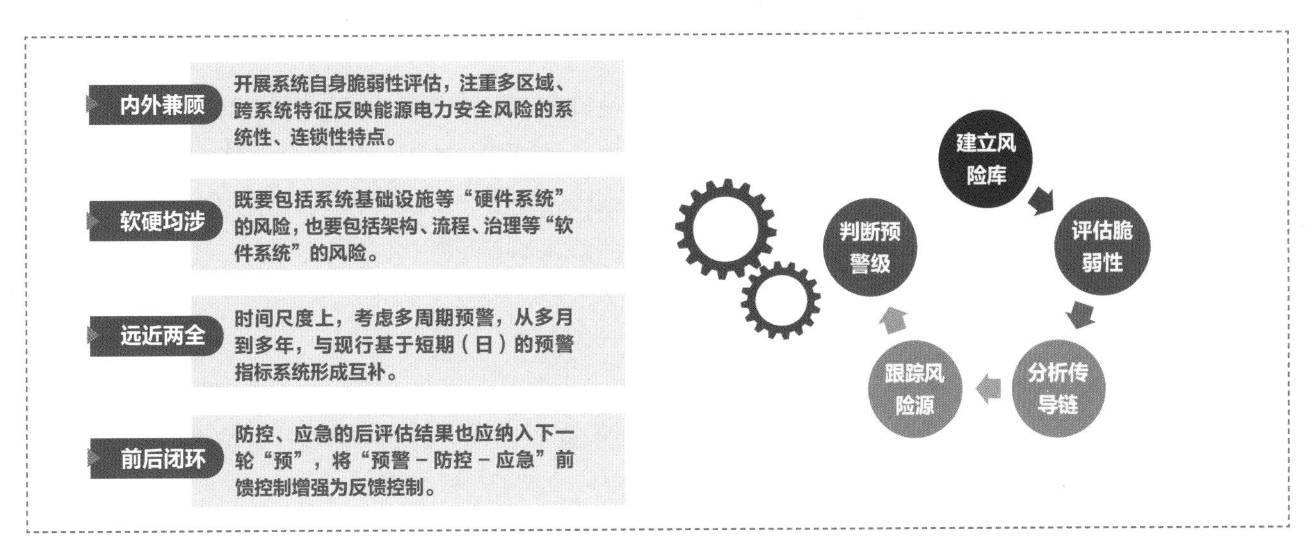

图 8-16　电力保供风险预警体系框架

步骤一，建立“多周期、跨系统、全对象”保供风险库。建立 3 种时间尺度、4 大系统、4 类对象保供风险库。

步骤二，盘点系统特征，摸清针对风险库的系统脆弱性家底。对电力系统自身脆弱性预警，有利于采取防控措施提升对外在威胁的韧性与适应性。

步骤三，预估风险传导链，包括跨系统、跨区域、跨周期等衍生风险。

步骤四，紧密跟踪风险源，动态监测保供风险预警指标及系统受风险暴露的程度。

步骤五，基于所构建的预警模型，根据监测情况判断警级。

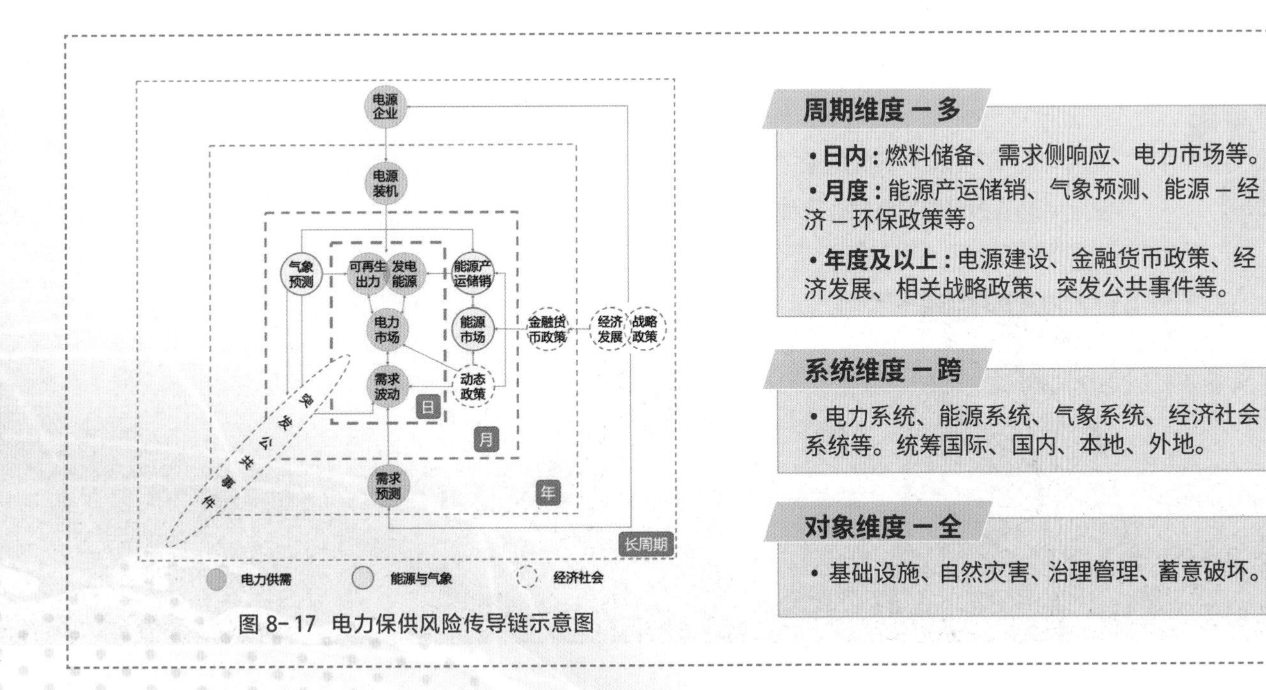

图 8-17　电力保供风险传导链示意图

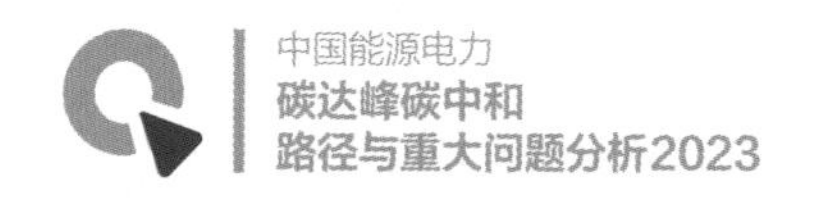

“辅”：根据不同风险类型分类施策

应对电力系统安全稳定运行新挑战，亟须构建新型电力系统运行控制体系，保障大电网运行安全。攻克新型电力系统稳定基础理论，掌握“双高”系统运行特性，提升对新型电力系统技术特性的认知水平。加强先进信息技术、控制技术和能源技术深度融合，构建大电网安全主动管控体系，实现大电网安全从被动防御向主动管控转变。

应对国际输入型风险，需加强国际一次能源市场形势分析与风险预警，采取更加积极主动的政策，强化国内能源资源储备，确保一次能源稳价保供。

应对一次能源供需波动传导风险，需继续严格落实国家政策“组合拳”。落实各省级煤矿电煤产量销量刚性责任、铁路电煤运力保障责任，强化电煤产运储需衔接协调，保证重点区域、重点电厂的电煤需求。落实各省自产煤炭保底责任，统筹好煤炭安全整顿与生产保供。加强发电燃料中长期合同签约履约监管，严格落实国家价格政策。

应对极端气象类风险，需深入研判气象风险给电力供给、电力负荷、供需平衡、系统安全等带来的挑战，进一步提升应对极端天气的意识和能力，综合国内外权威气象预测机构的预测结果，做好气象灾害的预报预警工作。针对未来可能频发的极端天气事件，健全完善电力规划和应急处置体系。

8.4 树立新型电力安全观

传统电力系统的安全影响因素较为单一，电力的传统安全问题主要包括电力供需平衡安全、电力系统稳定运行安全、电力建设施工安全、触电等人身安全，聚焦于电力系统发输配用各领域，贯穿于电力规划建设、运行管理和应急保障各环节。

随着新型电力系统建设的推进，电力系统源网荷储各环节均发生深刻变化，电力的新型安全问题日益突出。从电力系统内部来看，包括“双高”（高比例新能源、高比例电力电子设备）电力系统稳定运行安全风险、高度数字化带来的网络信息安全风险、新型供用能及颠覆性技术安全风险等。从电力系统外部来看，包括新能源比重大幅提升下的极端天气和自然灾害风险、跨系统融合带来的新型基础设施安全风险、新型产业链供应链安全风险、国际输入型风险等。

电力传统安全问题

- 电力供需平衡安全
- 电力系统稳定运行安全
- 电力建设施工安全
- 触电等人身安全

电力新型安全问题

- “双高”电力系统稳定运行安全风险
- 高度数字化带来的网络信息安全风险
- 新能源比重大幅提升下的极端天气、自然灾害风险
- 新型供用能及颠覆性技术安全风险
- 国际输入型风险
- 与交通等跨能源系统融合带来的新型基础设施安全风险
- 新型电力系统技术形态演化带来的新型产业链供应链安全风险

传统的电力安全观已不能适应电力安全面临的新形势，需要树立新型电力安全观。

一是电力安全目标韧性化，要因时因地考虑不确定性风险影响。电力系统不可控的自然气象属性，将使传统刚性的供电可靠性指标难以全时全域地适应整个新型电力系统的安全性和充裕性评估需求，需要考虑如何满足不同地区、不同时段、不同类型用户个性化可靠性需求。电力安全观由刚性安全进一步向强化系统韧性的目标转变。

二是电力安全边界模糊化，要更加重视电力安全风险预警体系建设。随着新型电力系统建设的推进，技术突破进入“无人区”，电力市场建设进入“深水区”，电力系统与经济系统和自然系统的融合加深，电力安全的边界不断拓展和延伸，电力安全风险的触发点已经很难精准定位。要深入研究各类型风险作用机制及传导和打断机理，构建科学精准全面的风险预警体系。

三是电力安全责任主体多元化，要全社会共建电力安全体系。随着新型电力系统安全边界的延伸，加之新型电力系统与社会系统高度融合，电力安全的责任主体已经不仅仅局限于电力企业，需构建包括行业内外的电力安全共建共享共担体系。

（**本章撰写人：**傅观君、鲁刚、伍声宇　**审核人：**郭健翔）

09

清洁能源矿产资源发展及影响

在碳达峰碳中和目标下，能源系统将从煤炭、石油、天然气等化石能源为底色逐步向新型电力系统转变。矿产资源是保障新型电力系统发展的重要物质基础，将成为影响低碳能源技术发展路线、能源电力“双碳”转型路径的新边界和新约束，在全球绿色经济发展及相关产业竞合不断强化的背景下，清洁能源技术涉及的关键矿产资源将成为新一轮国际竞争的战略重点。当前我国部分重要矿产资源禀赋较差、对外依存度较高、治理能力不足，加之近年受国际地缘政治动荡等影响，部分矿产资源价格持续飙升，供应安全存在隐忧，必须从顶层设计层面形成系统化解决方案。

9.1 新型电力系统中清洁能源矿产资源作用及意义

参考世界银行 2020 年 5 月发布的《气候变化行动所需要的矿产资源 一 清洁能源转型的矿产耗用强度》，以及国际能源署 2021 年 6 月发布的《关键矿产在清洁能源转型中的作用》报告，本报告所探讨的清洁能源矿产资源是指在风电、光伏、光热、新型储能、电网、新能源汽车等清洁能源技术发展过程中，直接为能源生产、转换或传输提供所需基础原材料支撑的重要矿产资源的总称。

清洁能源矿产资源是新型电力系统产业发展的重要物质基础

新型电力系统发展高度依赖矿产资源，材料密集型特点日益凸显。风电、太阳能发电需要一定的材料设备载体，如太阳能电池板、风力涡轮机、耐高温高压材料等，这些载体需要大量的金属与非金属矿产资源，因此与传统能源（煤电、气电等）相比，新型电力系统对矿产资源的依赖明显增强。典型的电动汽车所需的矿产资源是传统汽车的 6 倍，而陆上风力发电场所需的矿物资源是燃气发电厂的 9 倍[68]。自 2010 年以来，随着风电、太阳能发电、新型储能装机规模的迅速增长，全球新增机组平均所需矿产资源量增加近 50%，未来新型电力系统产业将成为矿产资源市场的主要消费领域。

不同类型清洁能源技术对矿产资源的需求存在差异。分技术类型看，光伏产业上游所需矿产资源主要包括硅矿（石英砂）、铜、银、锌、铝、镍和铬等；风能产业上游所需矿产资源主要包括铜、镍、铬、锌、铝和稀土等；新能源汽车和储能行业上游的矿产涉及锂、铜、钴、镍、稀土、石墨等；氢能产业主要涉及镍、铝、稀土和铂族金属等。综合各类技术，铜、镍、锂、钴和稀土（尤其是钕和镝）对新型电力系统产业发展至关重要，其次，铝（用于架空电力线和电池）、铬、镓、锗、石墨（用作锂离子电池的阳极）、铟、铁、镧、铅、锰、钼、铂、铼、钌、钪、银、钒、钽、钛、钇和锌等其他矿产资源对新型电力系统产业发展的支撑作用也将愈加明显。

表 9-1　不同清洁能源技术对关键矿产资源需求情况

类别	铜	锂	镍	钴	稀土	铬	锌	铂族金属	铝
电网	●	○	○	○	○	○	○	○	●
风力发电	●	○	◉	○	●	◉	●	○	◉
光伏发电	●	○	○	○	○	○	○	○	●
光热发电	◉	○	◉	○	○	●	◉	○	●
电化学储能	●	●	●	●	●	○	○	○	●
氢能	○	○	●	○	◉	○	○	●	◉

注：圆形表示该类矿产资源对新型电力系统产业中特定清洁能源技术的相对重要程度（颜色越深越重要）。

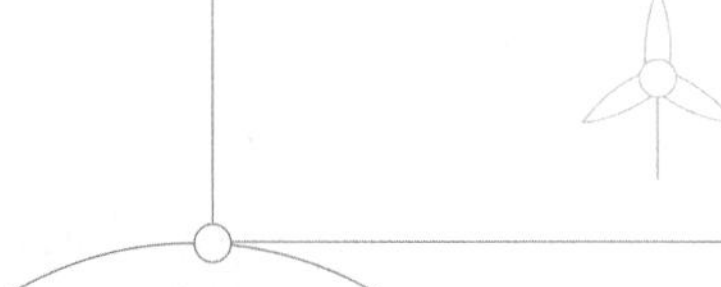

稀土元素（如钕、镝）可以产生强大的磁性，主要用于风力涡轮机和电动机发电机的永磁体制作，永磁体是稀土最大终端用途（占 2020 年总需求的 29%）。但随着稀土价格上涨，近半数汽车制造商计划未来减少稀土元素的使用，国外也倾向采用不用稀土的电励磁同步发电机技术制造风电涡轮机。

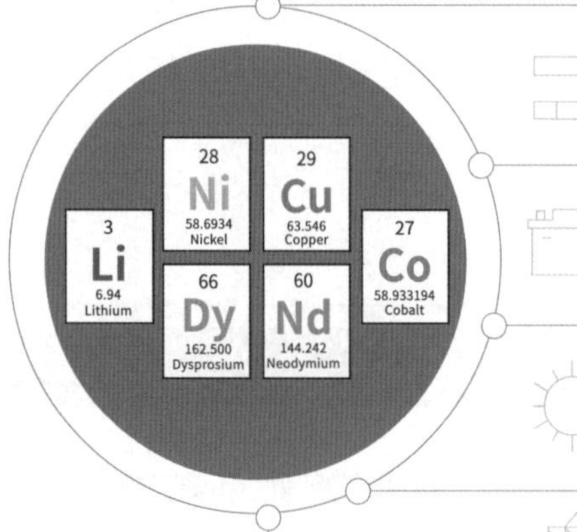

锂主要应用于电池领域，目前锂市场由碳酸锂、氢氧化锂、锂精矿、锂金属、氯化锂、丁基锂等化合物组成，未来锂市场结构将随储能技术路线的发展而调整，具有不确定性。

钴主要用于锂离子电池的各种终端产品，2021 年全球钴市场规模猛增 90%。未来电动汽车和新型储能对钴的需求将超过智能手机和其他高科技设备，成为钴需求增长的主要推动力。

镍是构成电池阴极的重要材料，当前可替代镍的材料（如磷酸铁锂）技术性能较差。目前镍需求量的 70% 用于不锈钢生产制作，但未来镍的需求量将与锂离子电池发展强相关。

铜是能源转型必需的重要资源。由于其独特的导热和导电性能，近年来铜被广泛用于太阳能和风能基础设施以及电动汽车等终端应用，以及电网电缆等方面。

清洁能源矿产资源将成为新型电力系统发展的新边界

材料密集型新型电力系统的构建伴随着关键矿产资源需求的空前增长，但我国部分关键矿产资源的供给能力因资源家底薄弱、资源品位逐年下降、新增矿产投产期长、环境标准趋严和气候风险上升等因素的阻碍而难以快速提高，未来可能出现供不应求问题，难以支撑我国新型电力系统发展。叠加全球地缘政治动荡、关键矿产资源地理分布集中和运输路线单一等因素，我国关键矿产资源供应链的不确定和不稳定性进一步增加，进而影响清洁能源技术路线选择和能源转型进程，**这不仅关乎我国能源强国战略部署、能源清洁低碳转型路径与电力“双碳”路径的规划和设计，也为新型电力系统安全稳定发展、现代产业体系自主可控能力提升带来新挑战，需要在顶层设计层面与经济、社会、环境等各类关键因素统筹考虑。清洁能源矿产资源对新型电力系统发展的影响将体现在：**

增加新型电力系统供应链保供风险：新型电力系统产业上游涉及矿产资源在地理分布上比石油或天然气更为集中，未来能源地缘政治的焦点将进一步聚焦至锂、铜等关键矿产资源上，供应链上游矿产资源可靠供应的不确定性增大。此外，清洁能源技术涉及关键矿产资源的供应链还涉及技术更复杂、附加值更高的加工和运输等环节，更容易受到贸易、技术壁垒或自然中断等方面的影响，保障新型电力系统产业所需关键矿产资源安全稳定供应的难度增加。

抬高能源转型成本：上游原材料成本上涨可能抵消由创新和规模经济推动的新能源技术成本长期下降的趋势，关键矿产资源在各类新能源技术总成本中占比的上升，将影响新型电力系统发展路线和进程。新冠疫情和俄乌冲突对全球经济的负面影响已在整个能源系统中逐渐显现，例如 2021 年风机的建设成本和太阳能组件的制造成本分别跃升了 9% 和 16%；锂电池价格的上涨已传导为电动汽车价格的上涨，特斯拉、比亚迪和小鹏在 2022 年 3 月宣布价格上涨 2% ~ 9%[69]。

影响三

延缓能源转型进程：近年来，全球风电、光伏、储能、新能源汽车等产业快速发展，对上游关键矿产的需求迅速增加，但因2019－2020年全球清洁能源矿产价格的下行导致投资低迷、产能出清，且矿产勘探建设周期较长，供应在短期内难以匹配需求，又导致矿产价格大幅上涨，产业链下游企业不得不提高价格、压减产能。这种负面效应虽然不会立刻传递给已用于电动汽车和太阳能设备的电力消费者，但会直接影响短期内新增清洁能源设备规模的扩张速度，进而减缓甚至延迟能源转型的进程。

影响四

加剧国际清洁能源矿产资源博弈：在全球能源结构低碳转型背景下，绿色经济的蓬勃发展以及相关产业竞合趋势不断强化，清洁技术成为在新一轮科技革命中抢占主动权的关键突破口，而各类清洁技术涉及重要矿产资源的供需不平衡矛盾日益突出，关键矿产资源的供应短缺和价格大幅上涨引发新一轮的资源博弈，国际竞争形势将愈发激烈。

影响五

诱发新型电力系统发展路径不连续性：由于新能源技术路线多样化、产品日益复杂化，从长远看，未来的技术路线竞争受清洁能源矿产资源供应链安全性影响愈发突出，亟须从上游矿产资源供需形势尽早研判各类清洁能源技术发展机遇期与发展窗口期。例如，由于锂、稀土等矿产价格的飙升，国外部分新能源汽车供应商已宣布寻找替代材料或其他技术路线，以降低对上述资源的依赖程度。

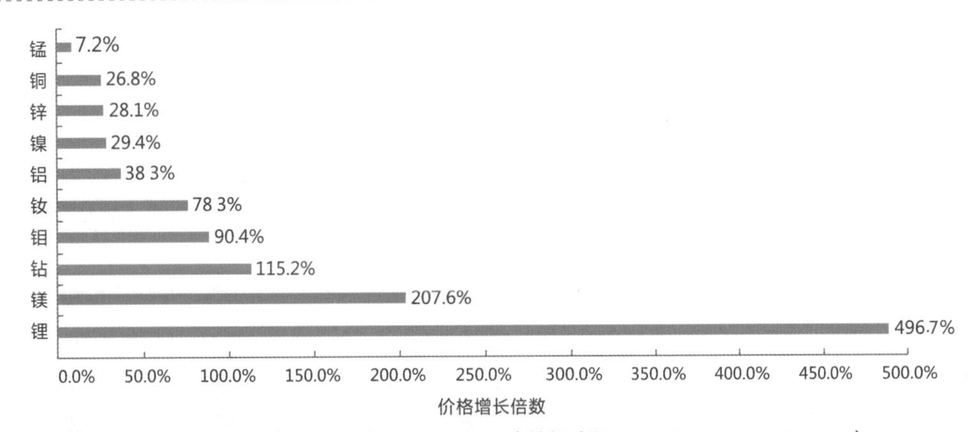

图 9-1 2021 年重要矿产资源的价格上涨情况 （数据来源：Tradingeconomics.com）

铜

2016－2020 年，铜的价格在 5.5 ~ 7.0 美元 / 千克之间波动，2022 年初达到 10 美元 / 千克左右，2022 年 12月回落至8.4美元/千克。近期铜价猛增主要是全球经济复苏和各国政府增加能源基础设施项目的结果，长期看，在清洁能源转型加大采矿难度的背景下，供应短缺将进一步推高铜价。

锂

近年来锂的价格波动较大，自 2021 年初起，锂价大幅飙升，在 2022 年 12 月达到 73 美元 / 千克左右。据 IEA 等机构预测，未来将扩大锂资源的供应以满足大幅增长的消费需求，从长远看，锂价将从高速增长向 40% ~ 50% 的中长期增速回归。

钴

2016 年以来钴价不断上行，在 2022 年 5 月达到 18 美元 / 千克左右的高位。受新冠疫情等因素影响，2022 年新能源汽车、3C 电子等终端产品生产销售受限，在需求不振扰动下，依赖钴系商品价格仍延续弱势。

镍

2022 年 2 月镍价达到 25 美元 / 千克，攀升至 2012 年以来的最高水平。随着镍供应产出逐渐释放，2023 年镍价走势已逐渐脱离短期上升通道，上涨乏力、涨势趋缓，转为区间震荡。

钕

自 2020 年年中以来，钕价持续上涨，在 2022 年 2 月达到了 230 美元 / 千克的历史高点。国外部分新能源汽车公司表示如果稀土价格继续飙升，将会寻找替代材料。

9.2 电力“双碳”转型路径下关键矿产资源需求预测

边界条件：未来新型电力系统的电源装机与电力需求规模以本报告第 2 章能源电力“双碳”发展路径中下发展规模为边界。

计算方法：根据《The Role of Critical World Energy Outlook Special Report Minerals in Energy Transitions》（IEA，2020），分别计算风力发电、光伏发电、光热发电、电化学储能、电制氢等清洁能源技术单位装机所需的矿产资源量，再结合我国能源电力“双碳”发展路径下产业稳步调整情景、基准情景、产业深度调整情景下各类技术的发展规模，分别计算各类清洁能源技术的矿产资源累计需求量。

新型电力系统产业发展将推动关键矿产资源需求出现快速增长

各类清洁能源技术的快速发展将带动上游矿产资源需求不断扩大，部分矿产将从当前的“小矿种”变为未来的“大矿种”。未来随着新能源为主的清洁能源技术的快速发展，材料密集型的新型电力系统对重要矿产资源的需求量呈倍增态势，预计到 2030 年，产业稳步调整情景、基准情景及产业深度升级情景下新型电力系统的累计矿产需求将增至目前的 3、4、5 倍，至 2060 年三种情景的累计矿产资源需求量分别增至目前的 15、18、21 倍。

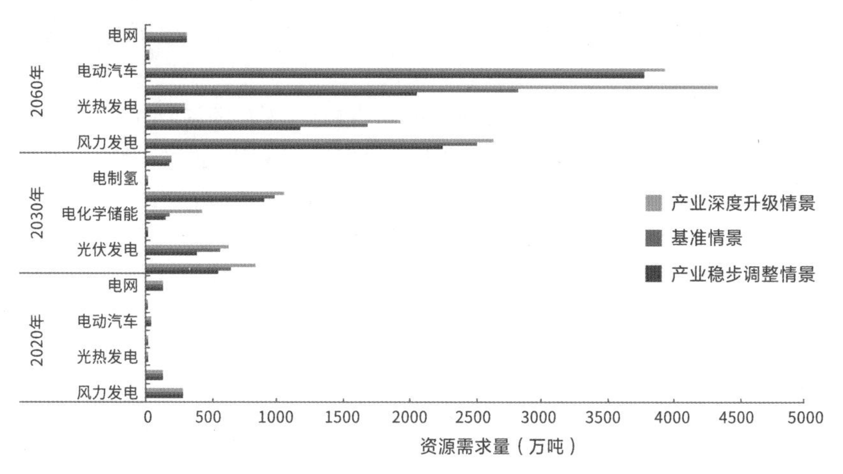

图 9-2 2030 年、2060 年各项清洁能源技术对矿产资源需求

新型电力系统产业在各类矿产资源总需求中所占比例逐年提高，并将成为对矿产资源需求增长最快的部分。“双碳”路径下新型电力系统产业逐渐成为拉动矿产资源需求的主要力量，清洁能源技术对特定矿产资源的需求量占总需求的比重将逐渐提高。自 2015 年起，电动汽车和电化学储能对锂的需求已经超过电子产品，占需求的 30%[68]；根据国际能源署预测，到 2040 年，签署《巴黎协定》的各个国家，其清洁能源技术对铜和稀土的总需求份额将超过 40%，对镍和钴的需求份额将达到 60% ~ 70%，对锂的需求份额将接近 90%（IEA，2021）。另外，2020 年我国仅 5% 左右的钒资源用于化工和储能领域，而随着全钒液流电池技术经济性的提升，2030 年储能行业对钒的需求持续上升至 50% 以上。

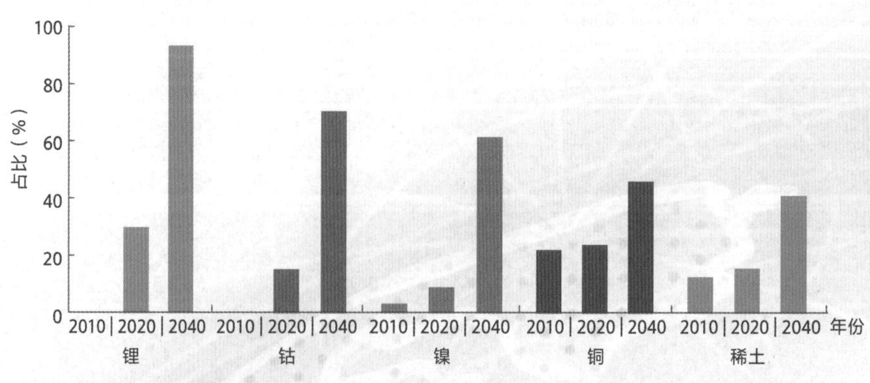

图 9-3 2020 年、2040 年各项清洁能源技术对矿产资源需求占总需求的比重
（数据来源：IEA）

多样化清洁能源技术类型将导致矿产资源需求的结构化差异

分矿产资源类型看，在基准情景下，2060 年各类清洁能源技术对铜、铬、钼、锌、稀土和硅的累计需求量分别增至 2020 年对上述各类矿产资源累计需求量的 10 倍左右，对锂、钴、石墨的累计需求量为 2020 年累计需求量的 100 倍左右。

表 9-2　　2030 年、2060 年清洁能源技术对各类矿产资源需求

资源类型	2020 年需求（万吨）	2030 年需求（万吨）	2060 年需求（万吨）
铜	337.0	1068.0	3900.0
锂	4.1	82.3	430.0
钴	2.1	40.3	190.0
镍	24.5	313.7	1400.0
稀土	2.2	7.0	30.0

分清洁能源技术类型看，电化学储能和电动汽车是推动矿产需求增长的最主要驱动力，预计到 2060 年，用于锂离子电池的锂、钴和镍需求增长近百倍；其次，新能源等发电技术的快速发展也推动矿产资源需求进一步扩大，尤其是风电和太阳能发电新增容量巨大，用于风电的铜、镍、稀土等资源的需求增长约 9 倍，用于太阳能发电的硅、铜等资源需求量增长约 12 倍；最后，氢作为一种能源载体的快速增长支撑了对电解器用镍和锆以及燃料电池用铂族金属需求的主要增长。

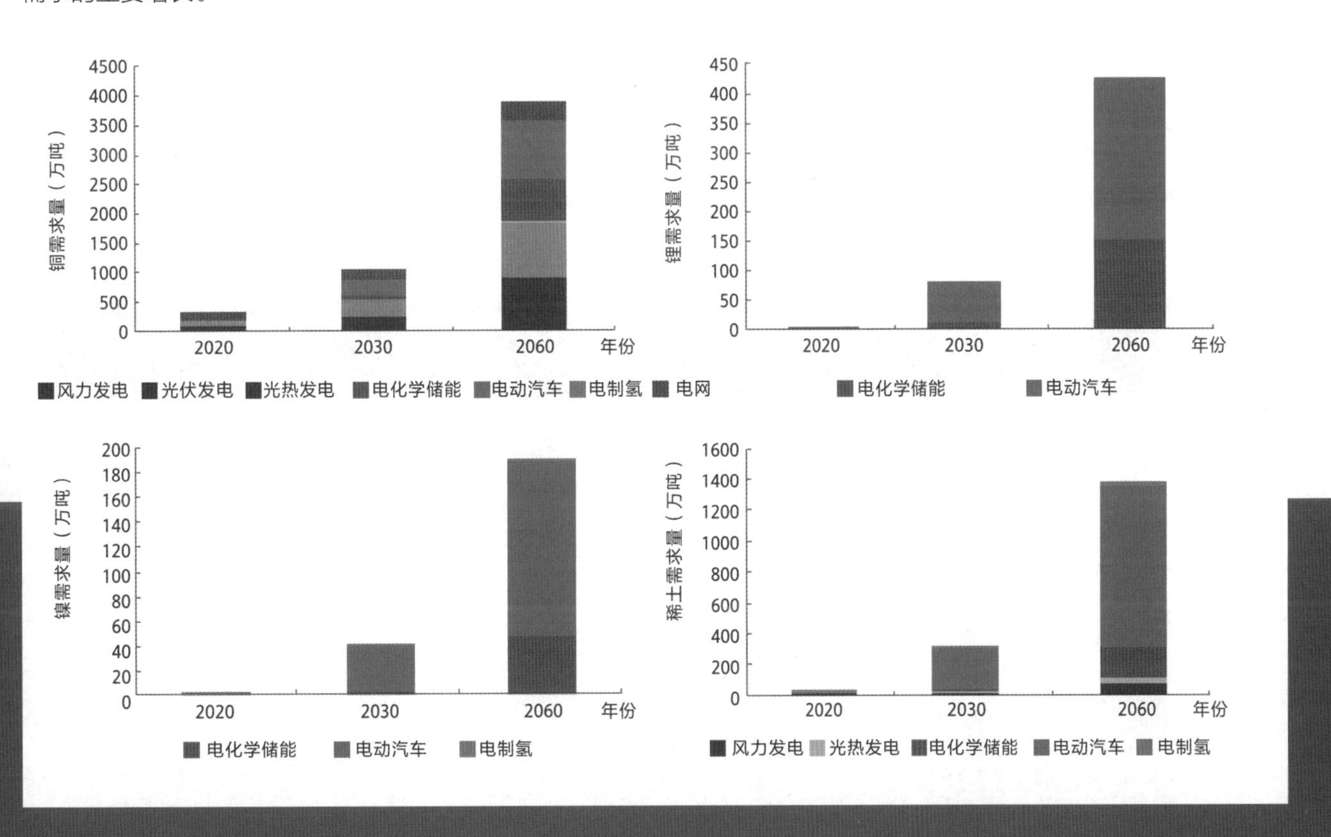

图 9-4 各项清洁能源技术对铜、锂、镍和稀土的需求增长情况

9.3 关键矿产资源供应能力及对电力“双碳”转型路径影响

从资源储量看，部分矿产资源的国内储量不足将成为影响电力双碳转型路径的新约束

从全球储量看，目前全球矿产资源储量对实现全球温控 1.5 摄氏度目标的支撑力度较弱

当前全球范围内可用于清洁能源发展的矿产资源储量有限，基于 IEA 预测的 2040 年全球各类清洁能源技术所需矿产资源占矿产总需求份额及发展趋势，预计随着全球清洁能源技术的发展，在 2060 年前后全球钴和镍资源几近消耗殆尽，上述矿产资源将成为限制全球能源转型的硬约束。面对全球清洁能源矿产资源供不应求的紧张局面，我国供需形势将更加严峻，其中，欧盟能源危机倒逼清洁能源转型挂挡提速，亚太地区作为世界经济的重要增长极，能源转型进程不断加快，全球清洁能源矿产资源的竞争态势将愈演愈烈。经测算，2040 年前后全球清洁能源矿产资源需求量增速将超过中国，但全球范围内的供应能力有限，清洁能源矿产资源成为大国博弈的“新战场”，甚至部分国家有意通过矿产资源竞争在清洁能源供应链中抢占优势地位，进而改变国家竞争力和国际政治格局，未来我国在全球范围内布局资源的难度和代价将进一步加大。

但未来清洁能源技术所需矿产资源的供应不仅来自储量，还来自其他已查明的资源、未来可能发现的未探明的矿床资源以及从目前矿产品中回收的材料，因此储量数据是动态的，将随着矿石的勘探和开采继续增加。例如，2021 年铜资源的全球储量是 8.8 亿吨，是 1970 年的 3 倍多，并且目前全球已探明铜资源达 21 亿吨，未探明资源约 35 亿吨，资源较为丰富；钴和镍已探明的陆地资源分别在 0.25 亿吨、3 亿吨以上，且海底资源更为丰富，可以预见随着勘探技术的进步全球矿产资源潜力有望支撑未来清洁能源技术的发展需求，但可能面临开采代价过高等风险。

表 9-3　新型电力系统涉及关键矿产资源储量情况

资源类型	2021 年全球储量（万吨）	2021 年国内储量（万吨）	2060 年全球累计需求（万吨）	2060 年我国新型电力系统累计发展需求（万吨）
铜 29 Cu 63.546 Copper	88000	2600	43000	3900
锂 3 Li 6.941 Lithium	2200	150	1250	430
钴 27 Co 58.933 Cobalt	760	8	743	190
镍 28 Ni 58.693 Nickel	9500	280	7000	1400
钕 60 Nd 144.24 Neodymium	12000	4400	300	30

数据来源：USGS，IRENA。

从国内储量分析，我国部分矿产资源储量有限，难以支撑我国新型电力系统发展需求。

对比当前我国各类矿产资源储量与未来需求数据，预计到 2060 年，我国新型电力系统产业发展所需的铬、锌和石墨累计需求量分别占国内储量的 50%、29% 和 13%，钼和稀土等占比在 10% 以下；而铜、锂、钴、镍的累计需求量将超过国内储量，上述各类矿产资源即使全部用于新型电力系统产业也难以满足发展需求，不足以支撑电力“双碳”目标实现。

我们必须认识到，我国关键矿产资源的开发和利用事关生态文明建设，不只满足新能源一家之需，例如**新能源汽车行业对实现全球净零排放目标也发挥重要作用，未来发展势头强劲，并带动电池需求的暴增，进一步加剧矿产资源供需矛盾。若考虑新能源汽车发展需求，未来新型电力系统发展所需的钴、铜、镍极大可能在 2030 年后的不同时期依次出现短缺危机，**因此，对于关键矿产资源的开发利用应该从全局上统筹兼顾，避免寅吃卯粮、顾此失彼。

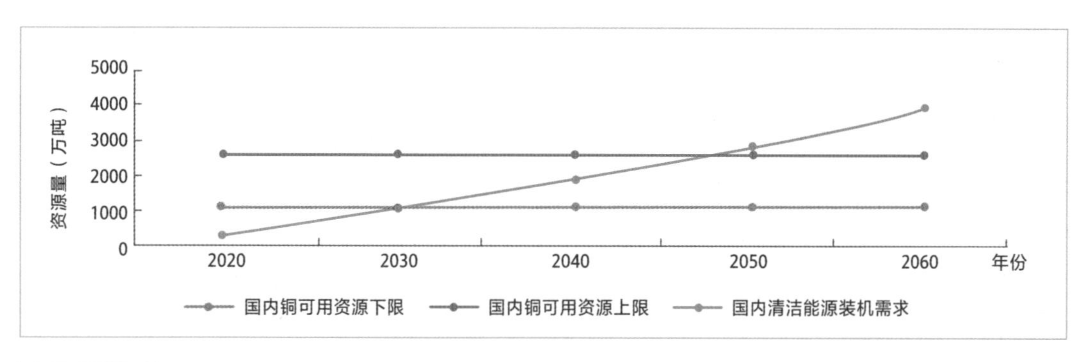

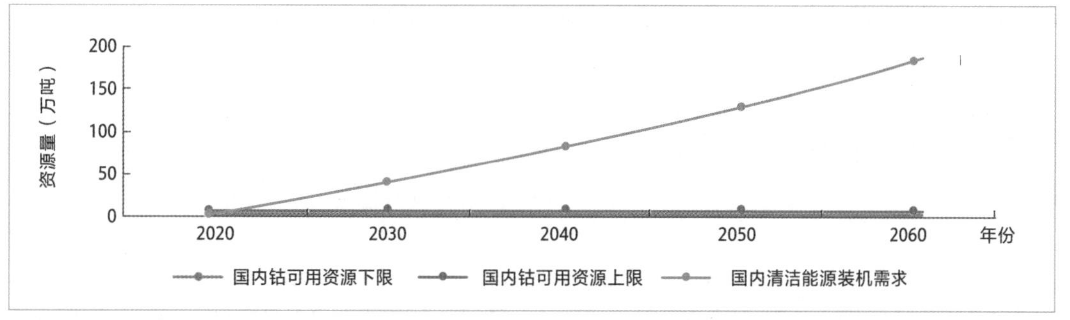

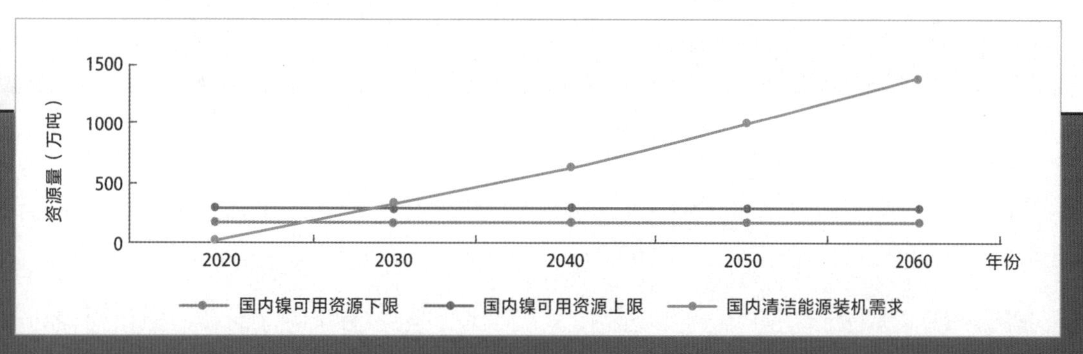

图 9-5 铜、钴、镍国内资源可用情况

从资源产量看，我国部分关键矿产资源对外依存度比重将逐步提升，电力“双碳”转型技术路线须审慎设计

从全球看

目前部分矿产资源的年产量低于 IRENA 预测的 1.5 摄氏度情景下 2050 年全球清洁能源技术发展需求，随着部分资源品位下降、开采难度增大、利用成本高等因素影响，已建矿产资源产能可能面临持续紧缺形势，新建矿产投产周期长，产能增速可能小于需求增速，预计未来部分矿产资源价格波动大，**发展焦点可能转移到其他替代材料或替代清洁能源技术上。**

从我国看

新型电力系统产业占矿产资源总消费份额逐渐提高，部分矿产资源当前产量水平不足以支撑未来电力“双碳”转型路径，对外依存度持续提升。考虑 IEA 预测的未来清洁能源技术在矿产资源总消费中所占份额情况，假设未来各类矿产资源年产量保持当前水平，预计 2050－2060 年期间，我国镍、钴资源几近消耗殆尽，对外依存度将接近 100%，2060 年我国锂资源的对外依存度达到 90% 左右。

我国矿业企业进入国际市场较晚，关键矿产资源高对外依存度和低定价话语权将导致未来我国新型电力系统产业链供应链安全风险持续攀升，进而影响能源绿色低碳转型的进程或电力低碳转型技术路线的选择。以钴资源为例，我国 8 万吨钴资源仅能满足约 6 亿千瓦电化学储能装机需求，与 2060 年电力行业碳中和的发展目标还存在显著差距，未来若资源全部依赖进口，将存在“卡脖子”隐忧。当前储能技术尚处于发展初期阶段，预计“十四五”期间将维持百花齐放格局，“十五五”期间通过竞争筛选形成主流技术路线，而储能行业上游关键矿产资源约束将成为影响技术路线选择的重要因素。我国锂、钴等资源产量和储量较为有限，未来锂离子电池的发展将受到矿产资源的强约束，相较之下我国钒、钠资源约束较小，未来电化学储能技术路线可能转向全钒液流电池、钠离子电池等。另外，压缩空气等对资源需求量较小的物理储能技术有望得到进一步发展。由于上游矿产资源限制引起的储能行业发展的不确定性提高，将进一步影响我国“新能源 + 储能”技术路线的发展进程。

表 9-4　　新型电力系统涉及关键矿产资源产量情况

资源类型	2021 年全球产量（万吨）	2021 年我国产量（万吨）	2060 年全球清洁能源技术发展需求（万吨 / 年）	2060 年我国新型电力系统发展需求（万吨 / 年）
铜 29 Cu 63.546 Copper	2100	180	540	105
锂 3 Li 6.941 Lithium	10	14	40	13
钴 27 Co 58.933 Cobalt	17	0.22	18	53
镍 28 Ni 58.693 Nickel	270	12	143	38
钕 60 Nd 144.24 Neodymium	28	16.8	4	0.6

数据来源：USGS，IRENA。

表 9-5 关键矿产资源供应与需求分析

资源类型	供应与需求平衡分析
铜	我国铜储量为 2600 万吨，预计可用于清洁能源技术的资源量在 1000 万吨左右，2030－2040 年之间我国新型电力系统对铜资源的累计需求量将达到 1000 万吨以上，因此，我国铜资源可能在 2030 年以后出现短缺风险。未来随着需求的不断提高，我国铜的对外依存度将逐渐提高。
锂	我国锂储量为 150 万吨，将难以满足 2030 年后我国新型电力系统对锂的累计需求量面临资源短缺风险；另外，2040－2050 年期间，我国新型电力系统产业对锂的需求量将超过当前全球供给能力，可能出现因产能紧缺导致的供不应求或价格高企情况，面临资源技术“卡脖子”风险。
钴	我国钴储量仅为 8 万吨，国内储量即使全部用于储能产业也难以满足 2030 年发展需求，未来钴的对外依存度可能接近 100%，也成为制约新型电力系统发展的最大短板。
镍	我国镍储量为 280 万吨，预计在 2030 年前后续我国镍资源出现短缺，随着我国镍矿品位逐年下降，远期我国镍的对外依存度将逐渐提高；到 2050－2060 年期间，全球镍资源几近消耗殆尽。
稀土	我国稀土储量为 4400 万吨，占全球稀土资源的 37%，但在西方国家普遍干预稀土产业的情况下我国稀土优势可能会被打破，若稀土价格持续攀升，可能刺激国外制造商寻找替代材料。

综上所述，考虑关键矿产资源储量和产能情况，未来部分矿产资源的安全供应保障能力将成为制约电力“双碳”转型路径的新边界，甚至可能影响转型技术路径选择。

基于国内关键矿产资源情况分析，若未来新型电力系统建设仅依赖国内矿产资源，预计仅能完成 2060 年发展目标的 20% 左右，其中，国内钴、铜和镍、锂资源极大可能在 2030 年、2040 年和 2050 年后消耗殆尽。即以国内当前矿产资源储量和清洁能源技术路线难以实现能源电力碳中和目标；若假设国内各类矿产资源产量保持现状，考虑关键矿产资源对外依存度保持在 75% 以下，锂、钴将成为影响清洁能源技术发展的严重短板，限制我国 2023－2030 年新型储能与新能源电动汽车年均增长规模在 1500 万千瓦时以内，约占规划目标的 10%，新型电力系统建设进程将严重滞后。

基于全球关键矿产资源情况分析，当前全球范围内可用于清洁能源发展的矿产资源产能不足、储量有限，难以支撑全球温控 2 摄氏度目标的实现。若考虑清洁能源领域矿产资源需求所占市场份额，预计当前锂、钴的全球产量不足以支撑 2030 年前后全球温控 2 摄氏度情景下清洁能源技术发展需求，严重制约能源转型速度，即便加快扩大矿产资源产能，也难以快速追赶需求增速，直至 2050－2060 年，全球钴和镍资源几近消耗殆尽，矿产资源成为限制全球能源转型的硬约束。

9.4 关键矿产资源供应风险及应对措施

关键矿产资源储量分布和资源所有权相对集中

从资源储量和产量看：新型电力系统产业上游涉及的关键矿产资源在地理上的分布比石油、天然气或煤炭更集中。就锂、钴和稀土元素而言，前三大生产国控制着全球 3/4 以上的总产量。南非、刚果民主共和国的铂、钴产量分别占全球产量的 70% 左右，而中国控制着全球稀土开采产量的 60% 左右。铜、镍、钴、稀土元素和锂生产加工排名前三的国家主要分布于智利、印度尼西亚、秘鲁、菲律宾、俄罗斯、澳大利亚、刚果（金）、美国和缅甸等。对于中国来说，除硅、钼、钒、稀土、石墨以外，铜、锂、钴、镍、锰和铬的国内资源储量占全球比重均低于 20%，主要靠进口满足国内需求。2020 年，我国铬全部依靠进口，钴和锰的进口依赖度高达 97%，镍的进口依存度达 86%，铜、锂的进口依存度分别为 78%、76%。

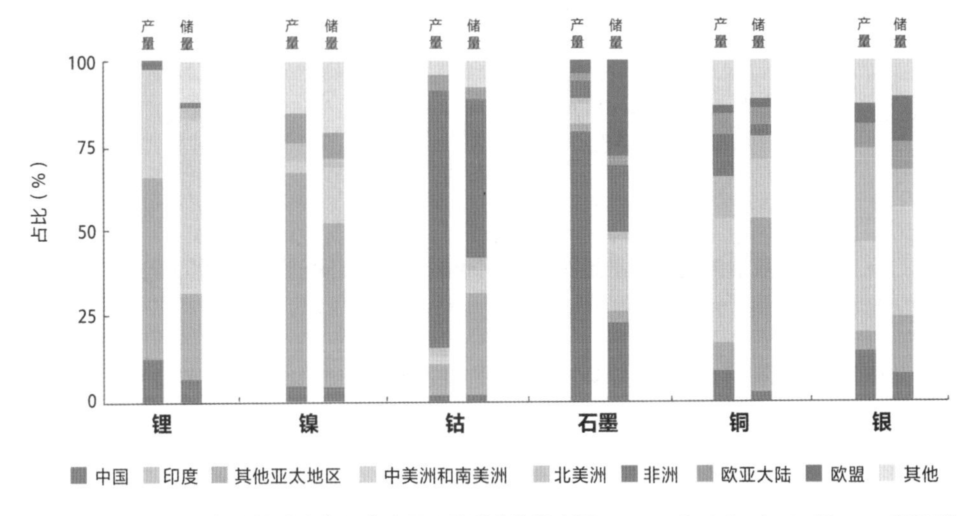

图 9-6　2021 年关键矿产资源的产量和储量 [数据来源：IEA and US Geological Survey (2022)]

从资源所有权看，生产集中在一个或几个国家，使得依赖这些矿产的供应链不仅容易受到市场力量和物流风险的影响，而且还容易受到地缘政治引起的中断，特别是由于贸易限制。钴矿公司最大的生产商注册地是英国 / 瑞士和中国，尽管 69% 的钴生产源自刚果民主共和国，但刚果民主共和国注册的公司开采的钴仅占全球产量的 3.5%。铜市场并不集中，英国公司是最大的生产商，其次是在智利、美国和墨西哥注册的公司，中国排名第五；中国国有控股公司控制了锂资源 33.1% 的总市场，美国也拥有重要的影响力，但其影响力多是通过大型基金；镍是一个历史悠久、地位稳固的行业，其主要参与企业由巴西和俄罗斯掌控，中国镍业已逐渐崛起（2020 年产量在世界排名第三），但从占比份额上看仍然有限。

表 9-6 2020 年关键矿产资源生产企业所属情况[70]

	公司	国家	占全球产量的百分比(%)		公司	国家	占全球产量的百分比(%)
钴	嘉能可	英国/瑞士	19.3	铜	必和必拓公司	英国	8.4
	欧亚自然资源集团公司	英国	11.6		智利国家铜业公司	智利	8.4
	洛阳钼业	中国	10.8		自由港-麦克莫兰公司	美国	7
	诺里尔斯克镍业公司	俄罗斯	4.4		嘉能可	英国/瑞士	6.1
	刚果（金）国家矿业公司	刚果（金）	3.5		南方铜业公司	墨西哥	4.9
	芬兰麦特瑞克	南非	3		第一量子矿业公司	加拿大	3.8
	古巴镍业公司	古巴	2.4		安托法加斯塔股份有限公司	英国	3.6
	新喀里多尼亚矿业公司	法国	1.5		KGHM	波兰	3.4
	淡水河谷公司	加拿大	1.4		英美资源集团	英国	3.1
	其他		42.1		紫金矿业集团股份有限公司	中国	2.8
镍	淡水河谷公司	巴西	6.7		力拓集团	英国	2.6
	诺里尔斯克镍业公司	俄罗斯	6.4		江西铜业	中国	1.7
	金川集团股份有限公司	中国	5.6		芬兰麦特瑞克	南非	0.3
	亚洲镍业公司	菲律宾	5.4	锂	泰利森锂业	澳大利亚	20.5
	嘉能可	英国/瑞士	4.4		智利化学矿业有限公司	智利	16.3
	印尼国有矿企	印尼	3		赣锋锂业	中国	12.6
	必和必拓公司	英国	2.3		雅保公司	美国	10.3
	英美资源集团	英国	1.9		莱文特公司	美国	4.5
	其他		64.3		其他		33

我国关键矿产资源供应链面临多重风险

供应链韧性较差

矿产资源的空间聚集度较高，主要分布于几个特定国家和区域，本身是供应链韧性的潜在风险。我国主要从智利、澳大利亚、刚果（金）、菲律宾、南非等国家进口铜、镍、锂、钴等矿产，但非洲和拉丁美洲等矿产生产国的国家政治和社会较不稳定，容易导致出口减少或供应中断。另外，我国矿产的进口依赖南海航线、太平洋航线等国际重要航道，在国际地缘形势复杂动荡的影响下，矿产资源运输通道局部中断或大面积停航的风险不断上升。

资源产能持续紧缺

为满足关键矿产资源不断增长的需求，亟须迅速扩大采矿和加工活动。但由于采矿业考虑多种技术经济因素，以及创新产品技术路线、使用替代材料和提高回收率对需求的重大影响，对迅速提高矿山产能产量持保守态度，而新建矿山投产周期较长，可能导致产能增速低于需求增速。

地缘政治动荡

一方面，发达国家纷纷制定关键矿产清单和发展战略，强调供应链的“去中国化”。2022 年 6 月，美国与澳大利亚、加拿大、芬兰、法国、德国、日本、韩国、瑞典、英国和欧盟组成“矿产安全伙伴关系”（MSP），从成员构成来看，这又是一个美国主导、主要西方国家参与并谋求将中国排除在外的关键矿产供应链产业链联盟。另一方面，随着矿产价格暴涨，资源输出国受产业链本土化和资源民族主义的影响，相继出台限制原料矿出口和提高矿业税费的紧缩政策，加大全球关键矿产及其产品的供需缺口。印度尼西亚政府于 2014 年和 2020 年两次宣布禁止镍矿出口，菲律宾也颁布镍原矿出口贸易禁令。2019 年 12 月，缅甸政府以环保为由封关，造成我国重稀土进口中断。刚果（金）将钴矿权利金由 2% 提高到 10%，并对超额利润征收 50% 的税。

资源技术水平差距大

我国在矿产资源利用上与发达国家存在技术差距，加大了资源利用的竞争压力。一方面，我国部分优势储备矿产在开采技术水平和产品附加值等方面与发达国家存在差距。如我国石英砂制品受原材料质量和加工技术限制，高纯石英砂产量较少，严重依赖进口。美、日、德等发达国家部分原矿及初级产品虽依靠进口，但凭借先进工艺和集约化生产，牢牢占据下游供应市场，并获取高额附加值利润。另一方面，新能源技术路线多样化、产品日益复杂化，因我国走的是后发追赶路线，易陷入欧美国家技术专利的包围。以锂离子电池为例，我国专利数量虽多但缺少高价值的核心专利，锂电池隔膜技术几乎被日本垄断，而发达国家试图将技术视为地缘政治资产，高度重视与发展中国家的技术转让问题。

资源知识较薄弱

英、美等发达国家对重要矿产资源知识的控制、主导局面在较长时期内不会改变。我国在资源体系规则制定与资源控制方面处于被动地位。英、美是现有能够向全球提供关键资源数据并形成覆盖全球的资源数据体系的大国，并以此主导全球能源资源的控制、利用与分配。如美国地质勘探局注重评估关键矿物质的全球可用性，追踪矿物产品的全球供应和需求，提供预测和应对矿物短缺的信息，在新一轮的全球能源资源开发中获得先机[71]。

资源治理不充分

我国在资源治理市场中的参与度和能力建设不够，难以将内需市场优势转化为话语权优势。基于地缘政治思维的资源治理一直在全球资源政治经济中占据重要地位，居于主导地位的发达国家将控制世界主要资源生产地区、生产、技术、金融和运输作为全球争霸的主要手段之一，并在全球资源治理中掌握强势话语权。当前重要的组织联盟以西方国家为主导，为西方国家的资源治理服务，我国目前尚处于资源治理的对话、交流和政策协调的初级阶段。

新型电力系统产业关键矿产资源供应链韧性评估

根据资源和技术的不同，新型电力系统产业链供应链面临的风险状况可能会有较大不同，随着新技术和新材料的出现以及技术的成熟和市场的发展，某些技术的风险状况也会随着时间的推移而变化，分析供应链抵抗风险、适应环境和谋求转换的能力对于保障供应安全等工作至关重要。

建立韧性评估框架以捕捉供应链的风险和脆弱性，分析发生重大和广泛中断的可能性及其恢复能力。新型电力系统产业涉及关键矿产资源供应链韧性评估框架旨在应用于当前的供应链结构，以评估供应链在中短期内的抵抗风险和响应能力，及较长时期的自适应能力。如果面临重大和广泛中断风险，供应链具备响应和限制中断影响的能力，则供应链具有韧性。基于韧性理论[72]，构建矿产资源供应脆弱性评估框架，分别从矿产资源供应的风险抵抗能力、环境适应能力和供应转换能力三方面展开，在各维度下选取关键指标进行层次分析，其中：

风险抵抗能力： **风险抵御能力是指面对高度集中的生产和单一航线运输，以及自然、贸易、技术等方面风险的抵御能力。**

环境适应能力： **通过适应性政策手段等措施降低需求和供应失衡的可能性、扩大或转换交货期等。**

供应转换能力： **供应转换能力指的是具有能够转向替代技术或材料的备用能力。**

表 9-7　　关键矿产资源供应链韧性评估结果

一级指标	二级指标	铜	锂	钴	镍	稀土
风险抵抗能力	资源储量（资源储量占比及世界排名）	L	L	L	L	H
	资源贸易（对外依存度）	L	L	L	L	M
	资源技术（关键技术自主化水平）	M	L	L	M	L
环境适用能力	资源治理（资源治理话语权，资源循环利用水平）	M	L	L	M	M
供应转换能力	替代材料和技术	M	L	L	L	H

注：L、M、H 分别代表能力的低、中、高。

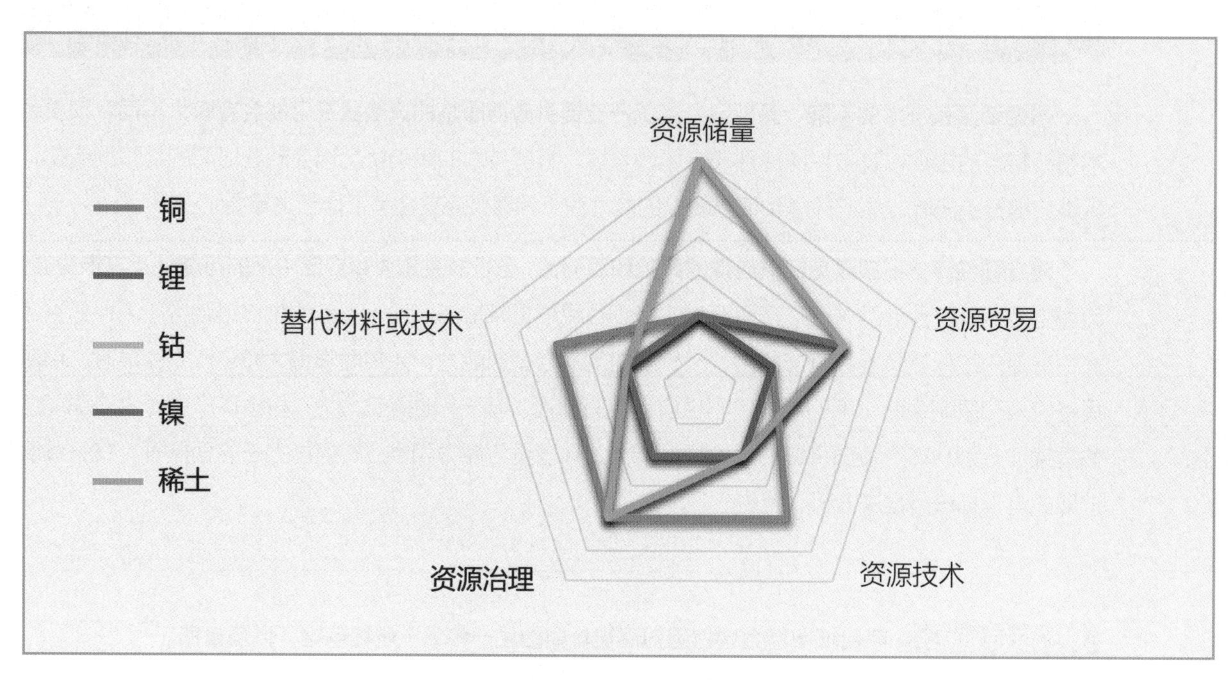

图 9-7 关键矿产资源供应链韧性雷达图
（注：越往外扩展，代表程度越高）

由上述评估可见

一是我国能源电力规划必须考虑矿产资源供应链韧性对清洁能源发展的影响。随着新技术和新材料的出现以及技术的成熟和市场的发展，清洁能源发展面临的矿产资源约束可能动态变化，分析清洁能源矿产资源供应链抵抗风险、适应环境和谋求转换的能力对于保障能源安全、推动能源转型至关重要。

二是持续关注并参与关键矿产资源的管理与回收。材料密集型的新型电力系统需要集合循环经济发展理念来实现高质量发展。2030 年后第一波清洁能源技术将达到使用年限，回收后二次利用的比例将大幅提升。当前锂和稀土因缺乏回收工艺和基础设施，回收率低于 1%，预计到 2050 年锂的二次生产将增至全球供应的近 35%。各类矿产资源的回收利用将不同程度地缓解供不应求的紧张态势，矿产资源回收技术创新和循环体系构建可能重塑清洁能源发展的资源边界。

三是提前开展清洁能源替代技术路线的选择与培育。以储能为例，储能技术路线的选择与矿产资源的供应形势强相关。当前储能技术仍处于发展初期阶段，中远期随着锂、钴和镍等资源价格增长、供应不确定性增强，我国储能技术路线有望转向矿产资源条件较好的技术类型，如全钒液流电池等技术，需尽早规划布局能源电力转型路径，寻求全球能源治理的高位。

多措并举提升关键矿产资源供应链韧性

立足我国新型电力系统发展全局，认识关键矿产资源的供需形势对于研判供应链风险、提升产业链自主可控能力，构建能源强国、谋划“双碳”路径等都具有重要意义。我国重要矿产资源的开发和利用事关生态文明建设，不只满足新能源一家之需，应该从全局上统筹兼顾，形成符合我国国情和国际环境条件的发展策略。因此，**应发挥我国新型举国体制优势，抓紧布局以技术进步为主要推动力的行业进步，切实提高新型电力系统全产业链的全要素生产率，以真正的高质量发展形成全球治理能力的影响力，全方位提升矿产资源供应链韧性。**

> 从提升矿产资源供应链风险抵抗能力角度

一是保障国内资源供应安全、统筹协调不同领域用矿需求，提前面向国际市场配置资源，布局自主可控矿产资源供应链。建议：一方面，定期评估不同领域矿产资源需求，重视可能出现的全国矿产消费结构性变化，推进国内矿种勘查结构调整和勘查布局优化，以新型电力系统产业链上游重要矿产资源为重点，建立以产品储备为主、产能和产地储备为辅的矿产资源储备体系；另一方面，在全球范围内新矿山资源及运输路线的投资布局，构建从供应国经通道国到消费国的供应链保障体系，全面融入国际战略性矿产资源经济新格局。

二是大力发展循环经济，促进矿产资源的回收与循环利用。矿产资源的回收利用对于在几十年内发展循环经济至关重要，在产品设计中整合循环经济组件，以考虑寿命结束时的再利用和再循环；规定新产品中的最低回收含量，增加标准化的作用，以改善回收，并采用分析框架来理解关键材料流；加强对新型电力系统产业报废产品和部件的管理，构建资源循环型产业体系和废旧物资循环利用体系，提高矿产资源回收利用效率，扩大矿产资源再利用范围。

> 从提升矿产资源供应链环境适应能力角度

一是充分考虑产业链供应链安全，合理规划新型电力系统产业技术发展路线的战略选择。应一方面提前做好风险排查，尽可能规避上游矿产资源供应链脆弱、核心技术卡脖子等风险；另一方面，提前做好专利布局，加快核心技术研发进程、加大科研创新投资力度，提高国际竞争力。

二是加强国际合作，牵头“一带一路”国家建立战略性矿产合作组织，深度参与并引领全球资源治理和格局重塑。组织全球对话，解决影响关键材料的地缘政治问题，以提高透明度，促进全球一级关键材料的有效管理；分享信息、增加贸易和进行相互支持的投资将改善全球市场的条件以多边形式进行资源治理话语整合，引领全球资源治理规则制定与矛盾评判，掌握并控制资源分布数据信息及相关知识创新，将内需市场优势转化为话语权优势，推动全球资源治理向合理和公平的方向发展。

> 从提升矿产资源供应链供应转化能力角度

关键在于加强新型电力系统产业材料科学创新，寻找可替代原材料。促进产品创新和材料替代创新，降低矿产资源的开发利用成本、寻找可替代的原材料，减少或消除对关键材料的需求，打造多元供应体系；同时，加大产业链下游关键技术的研发应用，提高资源产品附加值和市场竞争力。

（**本章撰写人：**龚一莼、元博　**审核人：**王炳强）

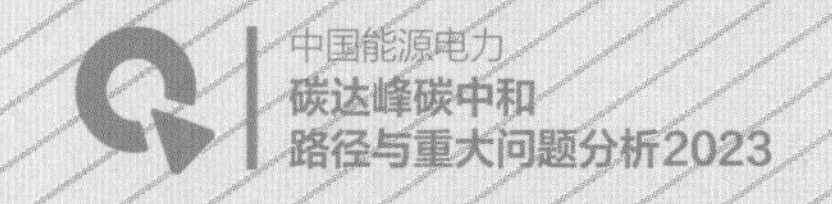

10

电力转型成本和市场机制

我国经济社会高质量发展需要稳定合理的用能成本。中国式现代化道路下，实现“双碳”目标必须充分考虑经济承受能力。新能源发电本体逐步进入“平价上网”时代，但能源转型整体成本和新能源系统成本呈快速上升趋势，仍缺乏有效疏导渠道，这不利于平稳可持续的转型。要充分发挥市场在资源配置中的决定性作用，通过有效市场和有为政府相结合，统筹好减排与成本的关系，实现转型成本的公平分担和及时传导，更经济地推动能源电力低碳转型。

10.1 “双碳”转型路径下电力供应成本发展趋势

低碳转型发展、实现更高安全水平的发展需要付出一定代价，近中期电力供应成本将由于新能源系统成本增加而波动上升，远期“双碳”转型成本与电力系统脱碳程度正相关，中国特色能源电力“双碳”转型之路必须算好经济账。转型成本的疏导，公平及时是要求，价格机制是途径，有效市场与有为政府相结合是方法。

“没有免费午餐”这一俗语是经证明的定理(No Free Lunch Theorems，由IBM阿尔玛登研究中心的Wolpert和Macerday于1996年提出)。针对能源电力“双碳”转型，意味着在一定技术条件和体制机制下，安全性、清洁性和经济性三个目标难以同时实现。

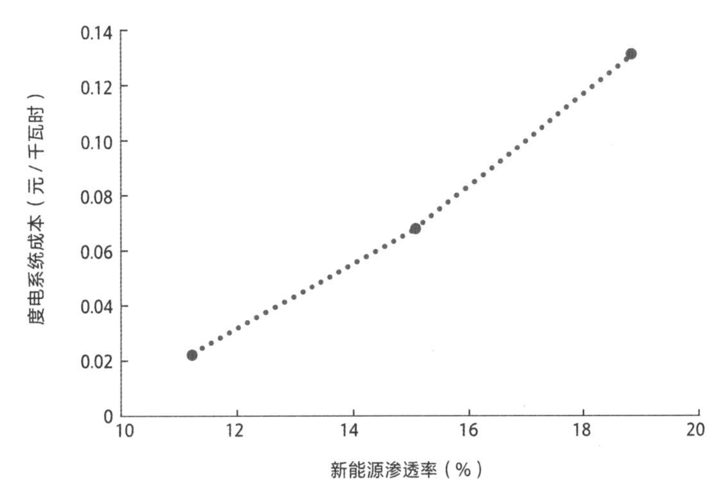

图 10-1 不同渗透率下新能源系统成本变化趋势

“双碳”转型需算经济账

新能源系统成本：为适应新能源随机性和波动性需要系统付出的额外成本，包括灵活性电源投资/改造成本、系统调节运行成本、大电网扩展及补强投资、接网及配网投资四类。

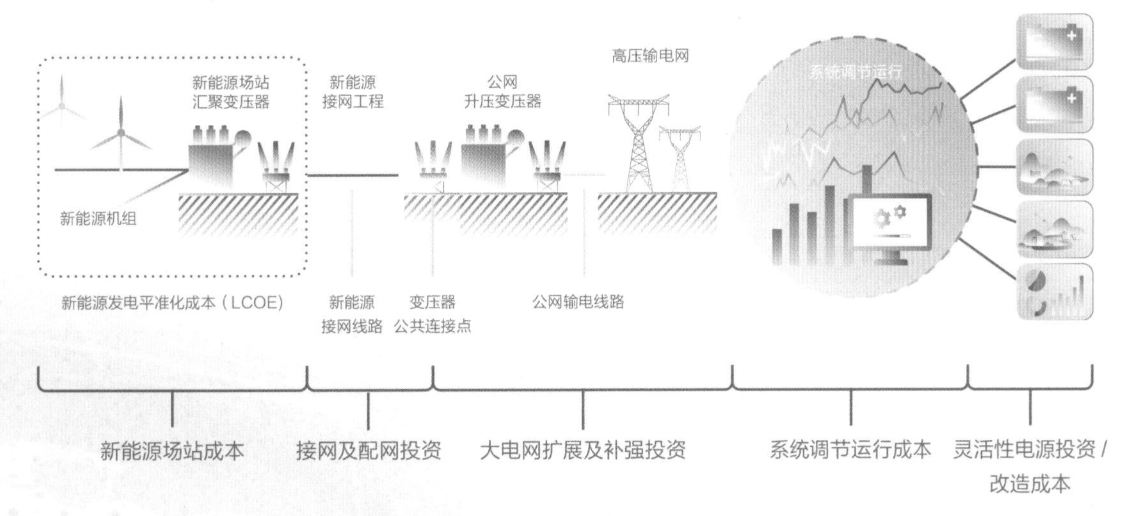

图 10-2 新能源系统成本的组成

电力供应成本近中期波动上升。为满足新增用电需求和“双碳”目标，各类电源尤其是新能源高速发展，电力投资将保持较高水平。未来新能源本体成本随技术进步和规模效应不断降低，但测算表明，新能源渗透率超过 15% 后，系统成本（不含场站成本）进入快速增长临界点，预计 2025 年、2030 年新能源系统成本分别是 2020 年的 2.3 倍和 3 倍。上述因素共同推动供电成本波动上升，从整体看，预计 2030 年电力供应成本较 2020 年提高 18%~20%。

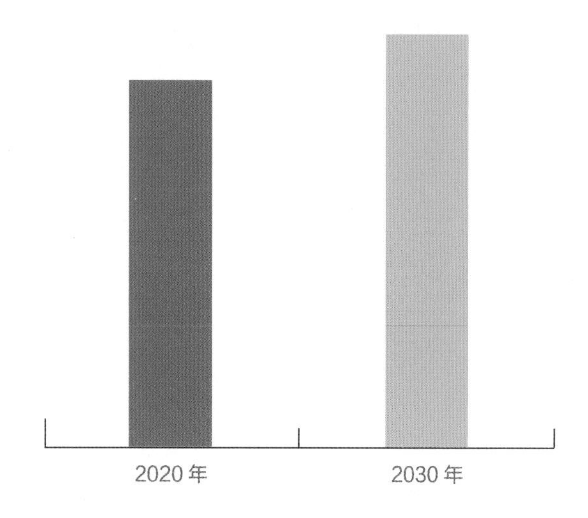

图 10-3 电力供应成本变化趋势

转型成本与电力低碳转型力度成正比。不同的电力系统脱碳力度下，对非化石能源发展规模、新型储能、CCUS 等技术需求也不相同。电力行业减排力度和承担减排责任越大，需要付出的转型成本就越高。初步测算表明，2060 年电力系统实现 -6 亿吨排放情景下，规划期电力供应成本较电力系统零碳排放情景提高 17% 左右。

10.2 电力转型成本疏导的市场机制和政策措施

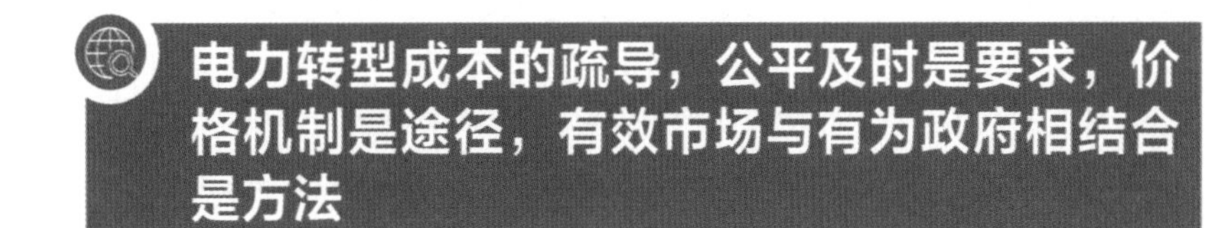

电力系统“双碳”发展成本具有公共服务成本属性，需要向受益主体公平分担、及时传导。从发展目标角度理解，实施电力清洁低碳转型，向经济社会提供绿色环保可持续电力供应，是推动全社会碳减排的重要举措，对应的成本投入属于公共服务成本，需要全社会公平分担。**从发展效益角度理解，**“双碳”发展具有“长尾”特征，即能够带动“低碳能源 +”技术、材料等新兴领域大规模发展，形成新的经济增长动能，而非即期效益，需要将未来部分收益拿到前期以覆盖成本。**“双碳”发展还具有“正外部性”特征，**即通过减少经济社会发展的资源、环境、气候代价，使社会群体广泛受益，社会共同承担发展成本符合公平负担原则。

通过完善价格机制，形成科学反映供需关系的合理电价，有助于疏导电力“双碳”发展成本。近期，国家发展改革委制定了《“十四五”时期深化价格机制改革行动方案》，提出要在助力“双碳”、提升质量、保障民生等多重目标下“确保价格总水平在合理区间运行”。对电价而言，应该包含两层含义：**一是**电价水平不能过高，不可成为经济发展、民生用能的负担，这是电力的社会责任；**二是**电价水平不能过低，既要发挥激励节能减排、鼓励新能源消纳的杠杆作用，又要合理补偿电力行业低碳转型成本，这是电力的经济责任。**以德国为例，**2009－2020 年 12 年间，风电、光伏快速发展、发电成本逐年降低，与之对应的是终端用户电价明显上升，增长了 35%。我国需要用好当前政策调整的窗口期，推动完善电价机制，促进发展成本充分疏导，从源头化解资金压力。

有效疏导电力系统“双碳”发展成本，还有赖于统筹发挥有效市场、有为政府作用。有效市场方面，在设计市场机制时，要统筹考虑转型过程中涉及的电力平衡、容量保障、应急备用等服务成本，进行有效疏导。**有为政府方面，**政策措施出台要把握节奏，有进有退。以风电、光伏为例，从提供补贴鼓励发展，到补贴退坡、新增机组平价上网，再到推动进入市场实现有效配置，政府需要在不同的阶段采取不同的引导措施。

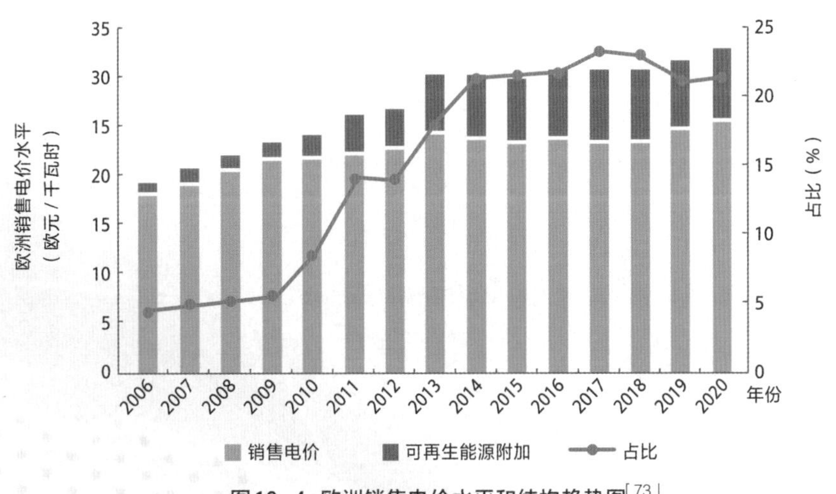

图 10－4 欧洲销售电价水平和结构趋势图[73]

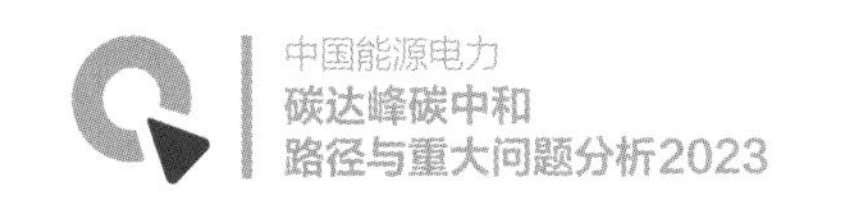

市场机制建设要充分体现新型电力系统特征，着眼成本疏导要重点关注新能源参与 市场和支撑各类电源功能定位转变两大市场机制

“双碳”目标下的电力市场建设要不断进行机制创新和突破，充分发挥市场作用，为新型电力系统建设提供坚实的体制机制保障。在需要完善的关键机制中，重点关注新能源参与市场机制、支撑各类电源功能定位转变的市场机制等。

◇ 机制一：新能源参与市场机制 — 从“保障消纳”转向“市场配置，承担责任”

着力提升电力市场对新能源的适应性和包容性，充分考虑新能源发电边际成本低、系统消纳成本高的经济属性，以及波动性、随机性较大的物理特性，加快构建有利于新能源跨越式增长的电力市场体系。

· **消纳责任方面，合理确定并逐步降低可再生能源保障利用小时数，**推动风电、光伏进入市场。**合理扩大各地可再生能源消纳责任，**鼓励通过跨区域市场、省内市场等多元渠道消纳。鼓励通过绿电、绿证交易履行消纳义务。

· **角色定位方面，逐步强化新能源承担系统调节义务，**逐步严格新能源参与市场偏差考核、承担辅助服务和调节义务等要求。**完善新能源打捆交易机制，组成平衡单元，**打捆参与市场。

· **探索分布式电源市场化交易组织方式，**明确参与主体、交易周期、交易平台等，促进分布式电源灵活消纳。通过合理收取系统备用费等方式疏导系统成本。

· **完善绿电市场机制，扩大绿电交易规模，建立更加精细的中长期交易机制，**推进中长期交易向更短周期延伸、向更细时段转变，加大交易频次，探索带曲线的绿电交易模式，适时建立基于配额的强制绿电交易。建立健全绿电标识体系，提升用户主动消费绿电意愿。

· **加强全国统一市场建设，扩大绿电消纳范围。**充分发挥大电网、大市场优势，通过市场机制优化促进由输送电量转变为双向调节、余缺互济和大范围电力电量平衡。优化省间中长期交易规则，丰富中长期交易品种，确保省间现货市场平稳启动、扩大交易规模。

◇ 机制二：支撑各类电源功能定位转变的市场机制 —— 保障各类保供调节电力资源生存

改进市场机制，充分反映保障性和灵活性电力资源价值。加快建立适应高比例新能源的辅助服务市场机制，不断丰富交易品种、优化组织方式和费用分摊机制，以市场方式发现调节资源价值，激发系统灵活调节潜力。

稳步推动容量市场建设，逐步建立涵盖惯量等广域充裕性资源的容量成本回收机制。煤电等保供资源角色发生转变，利用小时数逐步下降，且需要投入技术改造、装配 CCUS 设施等成本，需要通过容量市场保障生存、扩大成本回收渠道。随着新能源对传统同步电源的替代，系统惯量资源、调节资源逐步稀缺，探索在容量市场中引入惯量、灵活资源等交易品种，或在出清过程中考虑惯量和灵活调节能力充裕性约束，以在规划阶段引导充足的广域充裕性资源容量投资。

广域充裕性：充裕性内涵延伸至保供、惯量和灵活调节能力，且呈现出多时空尺度特征。

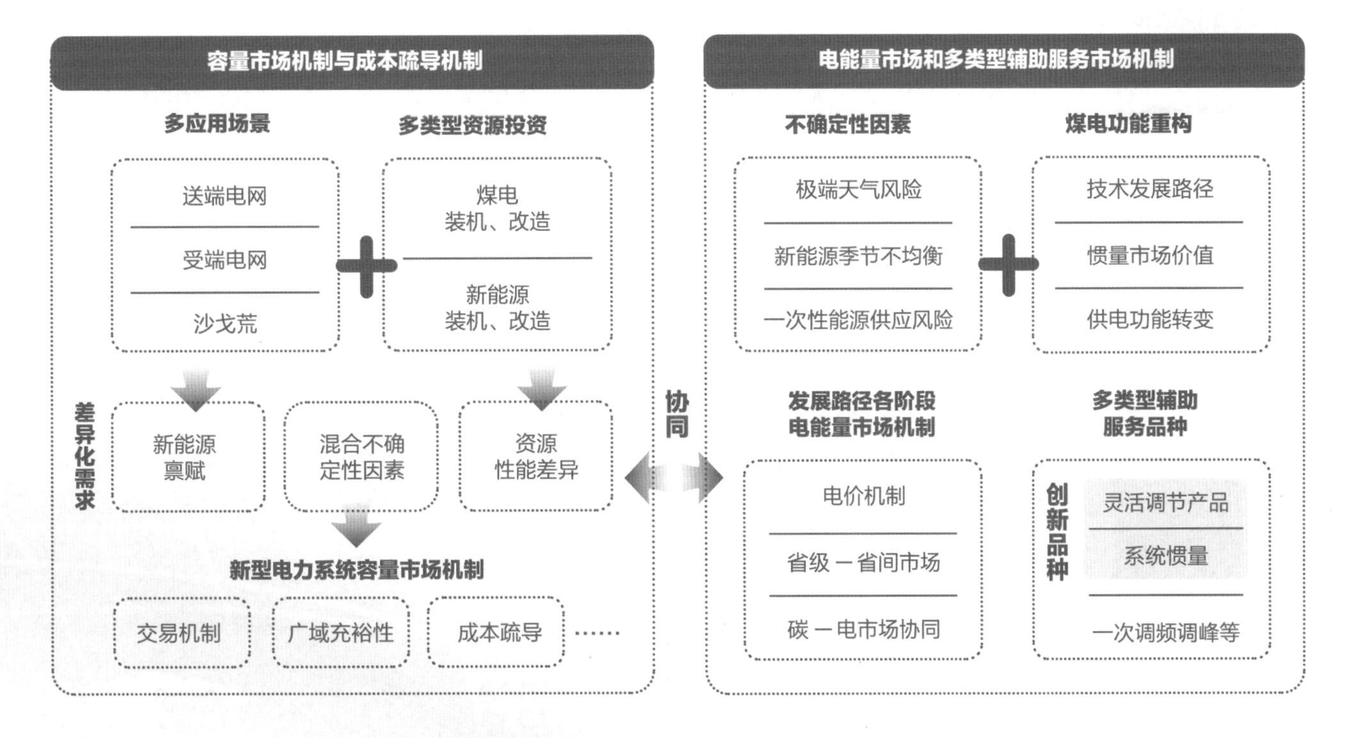

图 10-5 支撑各类电源功能定位转变的多类型市场机制

建立多元化的辅助服务交易品种，扩大保供调节资源成本回收渠道。当前辅助服务补偿收益仅占发电侧总收益的1.5%，远低于成熟电力市场3%~5%的比例。优化设计调峰、调频等辅助服务品种的开展方式，创新开展快速爬坡、备用、转动惯量等辅助服务交易新品种，激发灵活性资源参与系统平衡的积极性。

统筹辅助服务市场、电能量市场、容量市场的衔接，充分反映各类资源价值，同时避免重复补偿。统筹协调辅助服务市场、电能量市场、容量市场在时序、流程、出清机制、价格机制、补偿功能等方面的衔接，实现保供调节资源各类型价值的充分挖掘和体现，并合理设计机制避免重复补偿问题。按照“谁受益，谁承担”原则，设计相关主体承担辅助服务费用。

近期

- **开展容量补偿试点**

  选取受端省份或可再生能源发电占比较高的省份优先试点容量补偿机制，补偿对象为火电（煤电、气电），补偿费用向市场化用户疏导，通过容量度电价格收取，为防止过补偿对电能量市场的冲击和考虑用户承担能力，初期可采用50%欠补偿方式收取度电费用。

中期

- **根据容量补偿实施情况逐步扩大试点省份及补偿对象范围**

  根据试点省份实施情况逐步完善容量补偿政策，扩大实施范围。随着各类主体进入市场，容量补偿对象逐步向更多主体拓展。

- **区分存量、增量火电机组分别施策，存量机组延续容量补偿，增量机组采用招标形式建立容量市场**

  对存量机组，侧重“打补丁”，将容量补偿与现货市场和利用小时结合起来；对增量机组，侧重“建机制”，推行容量招标机制。

远期

- **探索在容量市场中引入更多元化交易品种**

  随着容量市场逐步成熟和新能源渗透率持续提升，在容量市场中引入灵活调节能力、惯量等交易品种，以在规划阶段即能保障系统充足的广域充裕性，避免到运行阶段出现灵活调节资源、惯量资源不足引发的安全风险。

图10-6 容量补偿和容量市场机制

过渡期要进一步完善电价机制，科学反映合理系统成本

一是完善输配电价机制，激励电网企业提高效率，支撑新型电力系统高质量建设发展。成本监审方面，完善输配电成本监审制度，细化监管标准，规范监审流程，实现电网升级的投资和运营成本全额覆盖。**省级输配电价方面，**研究建立区分投资动因的电网投资效率评价体系，提高新型电力系统建设投资纳入输配电价的优先级。**研究支持有源配电网、微电网等新型电网形态发展的输配电价机制，**建立健全备用容量费收费标准体系。跨区跨省输电价格方面，探索建立以两部制电价为主的跨区跨省输电定价机制，提高容量电费比重、降低电量电价标准，促进新能源在更大范围内优化配置。**接网工程方面，**研究建立电源接网成本分摊机制，单独列示电源接网成本，并向电源收取接网费用。

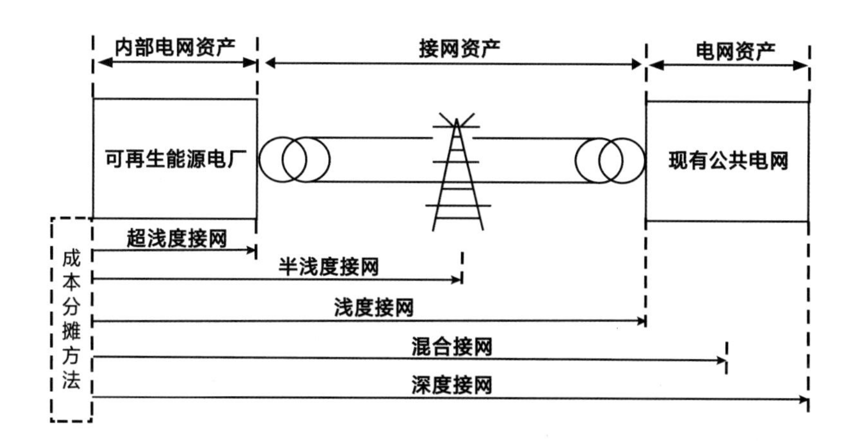

图 10-7 再生能源机组电网接入成本示意图

- **2004 年** 燃煤机组分省制定标杆价，建立煤电价格联动机制。
- **2009 年** 风电机组分四个区域制定标杆价，后续逐渐降低标准。
- **2010 年** 农林生物质机组制定全国统一标杆价。
- **2011 年** 光伏机组制定全国统一标杆价，自 2013 年起分三个区域制定标杆价并建立退坡机制。
- **2012 年** 垃圾焚烧机组制定全国统一标杆价。
- **2013 年** 核电机组制定全国统一标杆价。
- **2014 年** 水电机组、燃气机组分省制定标杆价。
- **2019 年** 燃煤机组建立“基准价 + 上下浮动”市场化价格机制。
- **2021 年** 燃煤机组上网电价全面放开、全部通过市场交易形成。
- **2022 年** 风电、光伏全面平价上网，补贴全面退出。

二是深化上网电价市场化改革，利用价格政策激励技术进步，降低非技术成本，科学疏导发电成本。新能源逐步减少“保量保价”电量比例，利用市场竞争激励新能源企业推动技术进步；加强新能源建设过程中的非技术成本监管，清理地方违规税费政策，进一步降低新能源发展成本。煤电、气电，以市场为方向探索回收成本、获得收益的可行路径；**完善电能量市场、辅助服务市场机制设计，**确保火电调峰调频等成本疏导回收；加大燃煤发电容量补偿力度，适时推进容量市场建设，在有效发电容量紧张的地区先行试点；**针对高价气电，探索利用两部制电价等方式补偿容量成本，**逐步过渡到完全通过市场方式予以解决。**水电、核电，进一步完善核电、水电政府定价制度，**通过政府定价保障电量充分上网、获得稳定、合理的收入；落实电网企业代理购电机制，低价电源优先保障居民、农业用电需求，确保民生用电价格稳定。

三是完善环保电价政策，采用多种方式支持社会资本参与电力系统“双碳”发展。鼓励社会节能提效方面，在近期完善电解铝阶梯电价政策基础上，继续扩大环保电价执行范围、动态调整电价执行标准，研究通过价格机制鼓励资源循环利用的可行方式。**支持社会资本参与方面，**社会资本在新型储能、微电网、分布式电源等方面有投资意愿，但限于技术能力和资金实力很难直接进入电力行业，应该进一步畅通社会资本参与电力投资的通道，鼓励社会资本通过绿色产业基金、绿色 PE / VC 基金、PPP 模式等方式参与电力“双碳”发展。

推动出台优惠措施，助力节能减排和成本疏导

一是推进多行业碳市场建设，为电力行业提供适当的免费碳配额，鼓励电力向其他行业出售配额获得减碳成本补偿。考虑全社会电能替代导致的碳成本转移，明确超预期电量增长的碳排责任，为转移碳成本提供相对充足的免费配额指标，并允许向其他行业出售以回收减碳成本。

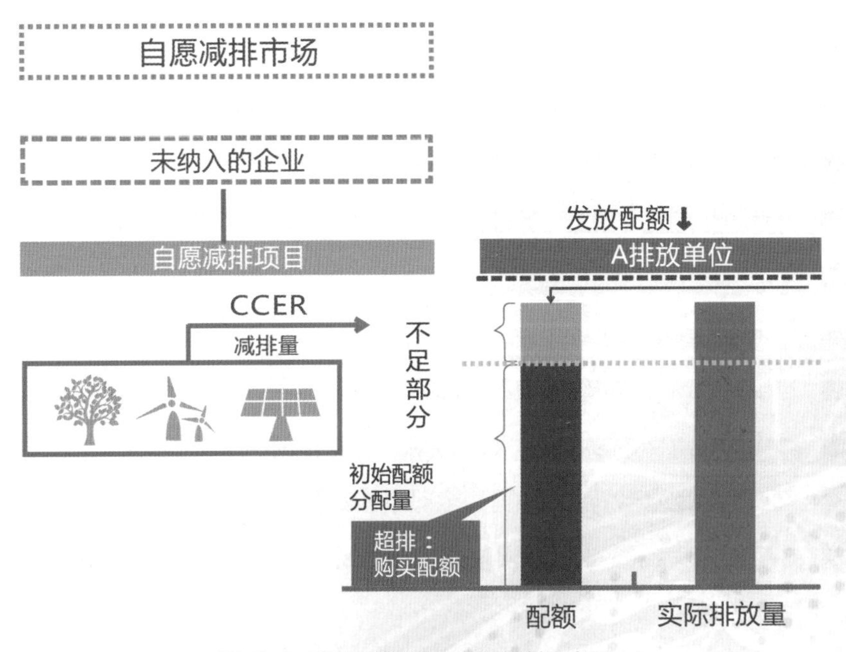

图 10-8　碳市场配额和 CCER 机制示意图

二是引导各行业主动承担社会责任，通过绿证交易、绿电交易、CCER 抵消机制等，分担电力系统“双碳”发展成本。研究制定绿证市场交易机制、扩大 CCER 抵消上限等措施，激励全社会各行业“补偿”低碳发电环保价值，覆盖电力系统低碳转型成本，实现市场引导下的电力系统“双碳”发展成本多行业分担的良性循环。

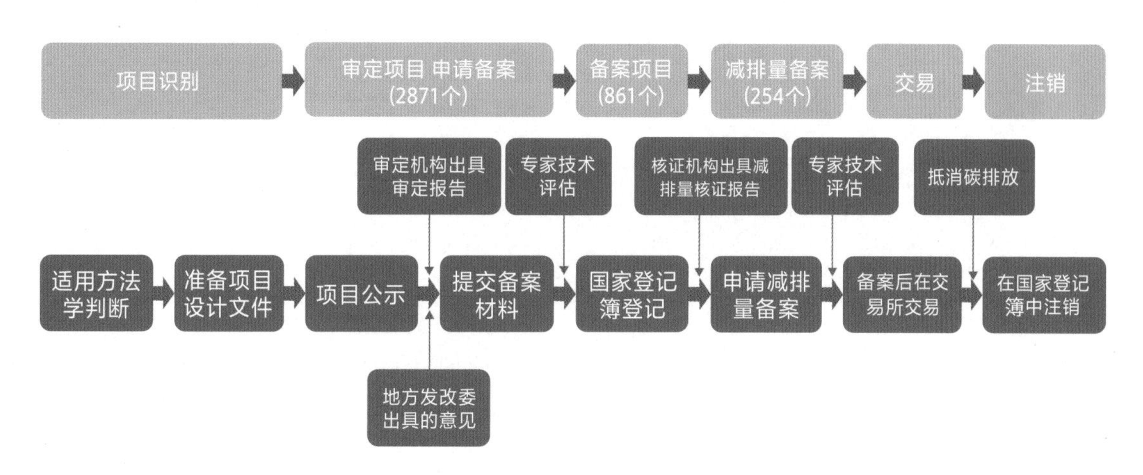

图 10-9　CCER 备案发放示流程示意图

（注：图中数据截至 2023 年 CCER 重启前）

三是建立更加积极的绿色财税政策，促进“双碳”发展。进一步完善针对绿色低碳企业的税收优惠政策和针对绿色产业的配套低税政策。探索对绿色产业的高新技术人才实施个人所得税减免，对投资绿色产业的资本利得税减免。建立全国统一的财政贴息标准，结合地方资源禀赋、绿色产业特点、财政收支等情况，构建更有针对性的、财政与金融机构双赢的辅助性财税政策。

财政专项资金支持	**浙江省：**从 2020 年到 2022 年每年投入 21 亿元专项激励资金用于绿色发展产业和生态富民工程，每个单体项目安排激励资金不得超过 5000 万元。 **青海省：**“十三五”期间，数十亿元财政资金注入循环经济发展。
财政补贴	**新能源补贴：**2021 年，新能源汽车和公共交通领域车辆电动化中符合要求的车辆，其补贴标准在 2020 年基础上分别退坡 20% 和 10%。
绿色贷款 绿色债券 财政贴息	**甘肃：**安排 10 亿元财政专项资金，用于绿色产业和绿色项目的贷款贴息、风险补偿、费用补贴、创新奖励。 **浙江：**湖州市规定可按照贷款同期基准利率的 12% 给予贴息，最高可享受 50 万元补贴，工业绿色贷款贴息补助最高可达 500 万元，按照贴标绿色债券实际募资金额的 1% 给予补贴，每单债券补助不超过 50 万元。 **广州：**注册地在花都区的企业获得绿色贷款的，可按贷款金额的 1% 给予补贴，每年最高可获得 100 万元；花都区发行绿债的机构或企业按实际发行金额的 1% 给予补贴，每家机构或企业最高补贴 100 万元。
金融机构 财政奖励	**浙江：**奖励新增融资规模超过一定数值的金融机构 100 万 ~200 万元。 **广州：**新设或迁入花都区的法人金融机构前三年按对该区贡献的 100% 给予奖励，后两年按 70% 给予奖励。

（**本章撰写人：**李司陶、赵铮、张超、王钰　**审核人：**金艳鸣）

治理提升篇

11 能源电力治理现代化

实现“双碳”目标和构建新型能源体系的过程，是多能源品种融合和多发展要素聚合的过程，涉及全社会重大利益格局的深刻调整，对在法治轨道上全面推进能源电力治理体系和治理能力现代化提出了高水平要求。要完善可充分反映能源资源全价值链的市场机制、释放发展活力，厘清市场和政府的权责利界面，进一步建立健全与新型能源体系建设要求相适应的法律法规体系，兼顾安全保障、资源环境、经济发展和民生保障等多重目标，提升能源电力治理效能。

11.1 能源电力治理对构建新型能源体系的重要意义

能源电力行业是关系国计民生的基础性行业，也是推进碳达峰碳中和的关键领域。习近平总书记在党的二十大报告中提出，“加快规划建设新型能源体系”，这是以习近平同志为核心的党中央从“两个大局”出发，在新的历史起点上对能源高质量发展做出的战略部署。

规划建设新型能源体系是实现“双碳”目标、推动经济社会发展全面绿色转型的重要举措。新型能源体系是在新形势下，对“四个革命、一个合作”能源安全新战略、“清洁低碳、安全高效”现代能源体系的继承和深化，体现了能源在高质量发展和全面建设社会主义现代化国家中的新定位与新作用。新型能源体系要以保障能源安全和经济社会发展需求为根本，以绿色低碳转型为方向，以新型电力系统为重要支撑，推动清洁能源成为供给主体，推动终端用能清洁化、低碳化。

规划建设新型能源体系的核心要义是能源治理体系和治理能力现代化。在党的领导下，多年来我国能源发展以改革创新为动力，有序推进各项体制机制改革，成为世界能源生产、消费第一大国。充分证明了在社会主义制度和党中央的坚强领导下，我国具备强大的动员能力，能够有效发挥社会主义集中力量办大事的制度优势，既具备从国情出发掌握政策主动的宏观调控优势，应对市场失灵等各类风险挑战，也可以通过放管结合，释放市场竞争发展模式下不同主体的创新发展活力。未来一段时期内，能源电力发展将持续面临“安全 — 经济 — 低碳”统筹难度增加、“保安全、保供应、促消纳”矛盾交织的挑战，要全面推进能源电力治理现代化，实现多重战略目标的统筹兼顾。

一方面，要以打造现代化能源治理体系和治理能力，为规划建设新型能源体系提供根本保障

习近平总书记指出，推进国家治理体系和治理能力现代化，就是要适应时代变化，既改革不适应实践发展要求的体制机制、法律法规，又不断构建新的体制机制、法律法规，使各方面制度更加科学、更加完善[74]。当前，能够反映能源商品属性、社会属性及能源品种间比价效应的能源市场和市场机制尚需完善，行业管理方式需要优化，各类市场主体地位还应进一步巩固，能源治理的法治化程度有待提升。

另一方面，能源与各类要素的深度融合也使得其成为推动我国治理能力现代化的重要发力领域，要坚决落实“四个治理”总体要求

加强系统治理，强化顶层设计，统筹考虑、有效协同能源领域各行业、各层级、各方面需求；加强依法治理，发挥法治的引领和推动作用，在能源领域营造良好的法治氛围；加强综合治理，明确管理职责，注重综合运用多种行政治理方式；加强源头治理，提升对能源发展问题的科学认知能力和辩证思维水平，通过根源问题的解决提高可持续发展能力。

规划建设新型能源体系具有全局性、系统性，不可能靠某一方单独完成，必须依托各主体共同努力。随着能源电力在经济社会发展和生产过程中的渗透率不断提升，与经济耦合关系进一步加深，新型能源体系的构建过程愈发涉及全社会各方面重大利益格局的深刻调整。作为涉及各层级、多环节、多主体的系统性工程，新型能源体系构建必须坚持系统观念，打通中央、地方、行业和企业等各层级和政策、机制、模式、技术等各环节的堵点，进一步明确政府和市场的边界、厘清市场和政府的权责利界面，释放清晰的价格信号，有效形成跨区域、跨能源品种的能源价格传导机制，充分激发不同主体活力，并通过提升治理的法治化水平平衡社会利益、调节社会关系、规范社会行为，推动各能源品种以更合理的节奏相互替代，保障新型能源体系建设和“双碳”目标顺利实现。为此，需要通过构建“统一开放、竞争有序”的能源市场体系、贯通多方主体责任链条、健全完善能源法律体系等多种方式实现有为政府和有效市场的更好结合，建立健全现代能源治理体系，提升能源电力治理水平。

11.2 能源市场与电一碳市场体系构建

习近平总书记指出，发展社会主义市场经济是我们党的一个伟大创造，关键是处理好政府和市场的关系，使市场在资源配置中起决定性作用，更好发挥政府作用[75]。规划建设新型能源体系，要坚持有效市场，进一步放开市场准入限制和价格管制，在可竞争领域发挥市场资源配置决定性作用，培育多元化市场主体，消除地域间的贸易壁垒，促进能源要素自由流动，充分发挥我国超大规模市场优势。同时，也要以日益完善的电力市场和碳市场为支撑，激活各类型资源价值，实现“双碳”目标下电力的安全可靠供应和清洁能源的充分消纳。

加快推进全国统一能源市场建设，更好发挥市场配置资源的决定性作用

“统一开放、竞争有序”是现代市场体系的重要特征，也是要素自由流动的根本保证。新型能源体系的市场应当是准入规范、开放充分、竞争公平、价格合理、秩序良好的能源市场。

市场开放方面，推动全国统一能源大市场建设，打破地方保护和市场分割，破除各种封闭小市场、自我小循环[76]，促进能源要素资源在更大范围内畅通流动；以国内大循环和统一大市场为支撑，有效利用全球要素和市场资源，联通国内与国际市场。

市场竞争方面，进一步完善市场功能、创新市场模式、健全交易机制，通过市场竞争引导市场主体提高效率、降低成本，促进清洁能源的投资生产，提升能源开发利用效率，发挥市场对能源清洁低碳转型的支撑作用。

市场价格方面，还原能源商品属性，通过能源价格反映真实的成本与供需关系，既要完善能源价格形成机制，引导市场预期和长期决策、激发市场主体活力，也要理顺能源价格传导机制，实现转型成本的公平分担。

市场秩序方面，理顺不同市场主体间的竞争与合作关系，规范统一市场准入退出、交易品种、交易时序、执行结算等基本规则与执行标准，加快清理废除妨碍统一市场和公平竞争的各种规定和做法，以公平公正的市场秩序保障市场资源配置决定性作用的发挥。

强化政策协同，有效激发市场活力，驱动市场良性健康发展。党中央提出“要更好统筹经济政策和其他政策”，加强各类政策协调配合，形成发展合力。在打好实现碳达峰碳中和这场硬仗过程中，有效应对能源市场内外部冲击，既离不开宏观政策的靠前发力，也离不开微观政策的精准有力。**要加强能源生态环境保护政策引领。**依法开展能源基地开发建设规划、重点项目等环境影响评价，完善用地用海政策，严格落实生态环境分区管控要求[77]。**要健全可再生能源消纳责任权重引导机制。**研究实行消纳责任考核，研究制定可再生能源消纳增量激励政策，完善和推广绿色电力证书交易，促进可再生能源电力消费，加强可再生能源电力消纳保障。**要完善和落实财税、金融等各类支持政策。**立足推动能源绿色低碳发展、安全保障、科技创新等重点任务实施，健全政策制定和实施机制，落实相关税收优惠、重大技术装备进口免税等支持政策，不断完善绿色金融激励机制。

碳交易是利用市场机制减排的重要政策工具，也间接影响电力交易成本

碳市场运行机理：碳交易是利用市场机制控制和减少温室气体排放的重要政策工具，交易标的是碳排放配额，主要功能为碳排放量控制和碳排放定价。碳排放权交易体系的核心要素包括总量设定、配额分配、交易机制、碳排放监测、报告及核查机制、抵消机制等。碳市场是基于总量控制与交易原理进行设计，政府设定碳排放总量，根据分配方法向重点行业控排企业发放碳排放限额（配额），企业根据配额余缺情况，可在碳市场中进行买卖。如果企业实际排放量低于配额，可将富余的配额在碳市场中出售并获利，反之，可选择购买配额或自行减排等措施[78-80]，**对电力企业来说，这个交易过程中碳价将间接影响电力交易价格，体现在电力供应成本中。**

碳市场履约机制：碳市场按履约周期循环运作，每个履约周期通常为一年，主要包括以下步骤：一是重点排放单位在每年规定的时间节点前向主管部门报告年度排放情况，提交年度排放报告；二是核查机构根据主管部门的部署和安排，对排放报告进行核查，并出具核查报告；三是主管部门对排放报告和核查报告进行复审，确定企业年度排放量；四是政府主管部门向企业发放年度配额；五是企业管理碳排放配额，在碳市场中开展交易活动；六是企业在规定的时间节点向主管部门提交不少于其年度实际排放量的排放配额，履行配额清缴义务。

我国碳市场进展情况：自 2013 年起，北京、天津、上海、重庆、广东、湖北、深圳、福建八省市开始启动碳排放权交易试点工作。2021 年 7 月 16 日，全国碳排放权交易市场上线交易，地方试点碳市场与全国碳市场并行。我国全国碳市场是全球配额发放规模最大的碳市场，覆盖 45 亿吨二氧化碳排放。从纳入的行业范围来看，全国碳市场目前仅覆盖电力行业，地方试点纳入企业以工业企业为主[81,82]。

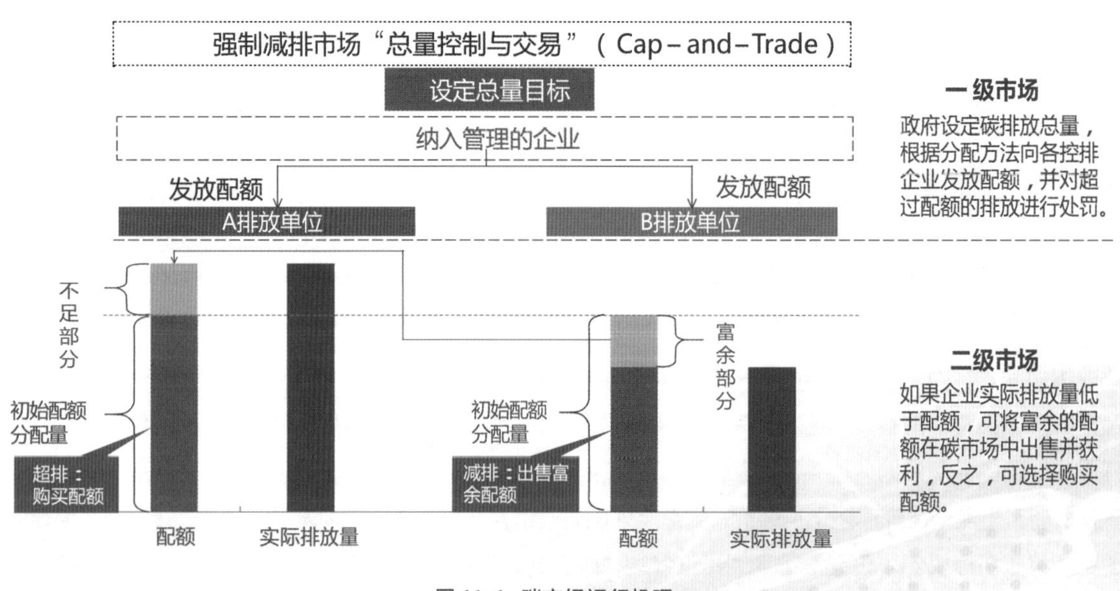

图 11-1 碳市场运行机理

“双碳”目标要求加快全国碳市场建设步伐

“双碳”目标下，全国碳市场建设步伐加快，强化碳排放总量控制，推动能源电力加速低碳转型，倒逼产业结构优化升级，促进绿色低碳技术创新，有效落实国家碳减排目标。全国碳市场发展将呈现出以下趋势：

趋势一

覆盖范围从单一行业逐步到八大重点行业，最终覆盖 70% 以上排放。预计“十四五”时期八大行业将全部纳入全国碳市场，综合考虑减排潜力、数据基础、产业政策及欧盟碳关税影响等，建材（水泥）、有色（电解铝）、钢铁将较先纳入。扩大行业覆盖范围，有助于重点行业企业率先达峰，扩大市场范围，提高资源配置效率，利用行业间减排成本差异，降低总体成本。

趋势二

总量控制逐步由相对量转为绝对量，2030 年左右有望设定绝对总量上限。2030 年前以基于强度的相对总量目标为主。考虑 2030 年前实现达峰，且尽量以较低峰值达峰，建议全国碳市场在“十五五”时期形成较成熟的总量设定方式，争取在 2030 年左右全面实施绝对量的年度配额总量管理，确定年度下降速率，释放更强有力的长期减排信号。

趋势三

配额分配在免费基础上逐步引入有偿拍卖，初期拍卖比例在 3% ~ 5%。“十四五”时期，全国碳市场以免费分配为主；“十五五”时期，可选择特定行业（如钢铁、电力等），尝试一定比例的拍卖模式（如 3% ~ 5%）；市场发展完善后，拍卖比例进一步提高到 10% ~ 20%，在市场成熟阶段达到 50% 以上。

趋势四

碳价水平逐步提升，远期呈现快速增长趋势。全国碳市场近期价格在 50 元 / 吨左右，预计 2025 年碳价达到 70 元 / 吨，2030 年碳价可能提升到 90 ~ 120 元 / 吨水平。深度脱碳和碳中和阶段，随着减排难度加大，减排措施成本和边际减排成本持续上升。

趋势五

在配额现货交易基础上逐步发展碳金融，远期交易规模将达到万亿级。市场初期交易标的以配额为主、CCER 为补充，逐步推出碳期货、碳期权等碳金融产品。交易主体方面引入机构投资者和个人，进一步增强市场流动性。交易规模逐步扩大，初期配额交易规模在 100 亿~ 200 亿元，随着碳期货市场引入，市场交易规模将达到万亿元级。

趋势六

能耗“双控”向碳排放“双控”转变，碳市场的活跃度将进一步提升。在碳排放“双控”发展趋势下，各行业落实碳减排目标任务有了更明确的政策导向和约束手段，企业对碳排放控制和管理的诉求将进一步增强。碳配额的稀缺性将更加凸显，有利于制定碳市场减排目标，提升整个市场的活跃度和流动性。全国碳市场允许使用可再生能源、林业碳汇、甲烷利用等项目国家核实的自愿减排量（CCER）进行配额抵消，激励自愿减排市场扩大，可再生能源项目需求大幅释放。

碳市场和电力市场相对独立又互相联系

两个市场相对独立。电力市场和碳市场形成根源不同，市场运作相对独立。两者有各自的政策、管理和交易等体系，管理运作、交易流程等截然不同。电力市场属于需求驱动性市场，交易标的主要是电能量，实时运行要物理交割，开展年度、月度、日前、实时等周期的连续交易。碳市场属于政策驱动性市场，交易标的主要是碳配额以及衍生品，具有金融属性，可不连续交易。

有共同的市场主体。火电企业同时参与碳市场与电力市场，两个市场通过共同的市场主体相连。火电企业是两个市场的重要主体，在碳市场中占据主要份额，通过其发电行为和交易决策将两个市场关联起来。火电企业综合考虑两个市场的供需及价格走势、自身的碳排放水平和配额分配情况等，在两个市场中做出最优决策。

主要通过价格相连。电力市场化条件下，碳价能够向电价传导，同时电价也会反向影响碳价。一方面，碳价会增加火电企业成本，体现到电力市场报价中，影响出清结果，进而影响交易价格。另一方面，电力市场供需情况和价格变化会影响火电发电量，电量增减影响碳配额购买需求，进而影响碳价水平。

共同促进可再生能源发展。电力市场和碳市场在减排目标上具有一致性，从不同方面体现环境价值属性，共同推动能源电力低碳转型。电力市场通过可再生能源配额制、绿证等政策机制体现可再生能源的环境价值属性，利用市场机制促进可再生能源消纳利用。碳市场将碳排放转化为控排企业内部经营成本，导致火电度电成本增加，进而提高可再生能源竞争优势。

图 11-2　电一碳市场协同关系

我国碳市场和电力市场相互影响程度高

从国际经验来看，电力市场与碳市场相对独立，主要通过共同的市场主体和价格相连。国外发达国家的电力市场与碳市场建设相对成熟，碳价可通过电价有效传导，两个市场衔接顺畅。与国外不同，我国火电仍占较大比例，且电力市场仍处计划和市场并存阶段，因此，我国电力市场和碳市场相互影响程度较高，联系非常紧密。原因如下：

一是我国电力市场处于计划向市场转型期，碳价和电价短时期内难以有效传导，两个市场建设需要统筹考虑相互影响和制约因素。

二是目前我国火电发电量仍占 60% 以上，火电在碳市场和电力市场中比重都很大，火电在一个市场中的运营情况会直接影响到另外一个市场[83-85]。

三是未来钢铁等其他行业纳入碳市场后，我国在企业碳核算时会纳入使用电力所产生的间接碳排放，用电量和用电结构对碳排放量核算结果产生直接影响，因此，电一碳市场耦合度更高[86-87]。

我国碳市场对电力市场的影响逐步增强

影响一

影响市场主体报价行为和交易决策。近期，碳配额分配相对宽松，对火电企业经营影响较小。随着市场建设，火电额外的碳减排成本将在电力市场中“内消”，影响火电企业经营和报价策略。

影响二

推动新能源进入市场。随着绿电碳排放扣除政策的确立，使用绿色电力将降低碳市场控排指标给企业带来的压力，将为新能源发电带来利好消息。碳市场将促进新能源发展，这种利好消息会向电力市场传递，推动新能源发电成为电力市场新的竞争主体。目前我国清洁能源大部分属于优先发电，不参与市场，火电为市场化电量空间的竞争主体。碳市场有利于促进清洁能源发电比例提升，部分清洁能源将由“优先发电”进入“市场”，通过竞争方式消纳。

影响三

抬高电力市场交易出清价格。近期，碳市场对电力市场交易价格影响极小。远期，随着碳配额逐渐收紧，碳价影响电力市场交易价格。

影响四

影响跨省区交易的购销价差空间。对于外购火电比例较大的受端省份，当碳价较高时，将抬高落地购电价格，影响跨省区交易。由于各省火电装机比例、机组煤耗率分布不同，导致各省火电机组碳配额缺口情况、碳价对度电成本影响情况不同。若将各省碳价纳入跨省区交易，各省成交电量、出清电价等均可能发生变化，在跨省区通道输配电价及网损不变的前提下，将对省间交易分布格局、受端省份落地电价、省间交易量等指标造成影响。

影响五

加大辅助服务及容量市场建设诉求。随着火电碳成本上升，火电企业对于完善辅助服务市场、建立容量市场的诉求将加大。在能源转型和碳排放总量约束收紧趋势下，煤电机组利用小时数逐年下降，加之煤价上涨、碳价影响，煤电企业面临经营困难，希望通过参与辅助服务、容量市场获取收益。

影响六

进一步促进绿色电力交易。尤其高耗能行业纳入碳市场后诉求更加强烈，进而推动“点对点”交易和市场机制的加速完善。碳市场进一步凸显绿电环境价值属性，进一步推动绿色电力交易开展。未来石油化工、钢铁、水泥、电解铝等高耗能行业将进入碳市场，用电碳排放也将核算在内。进一步激发用户购买绿色电力交易的强烈诉求，对分电源类型的交易组织提出更高要求，包括可能会进一步推动跨省区“点对点”绿电交易。

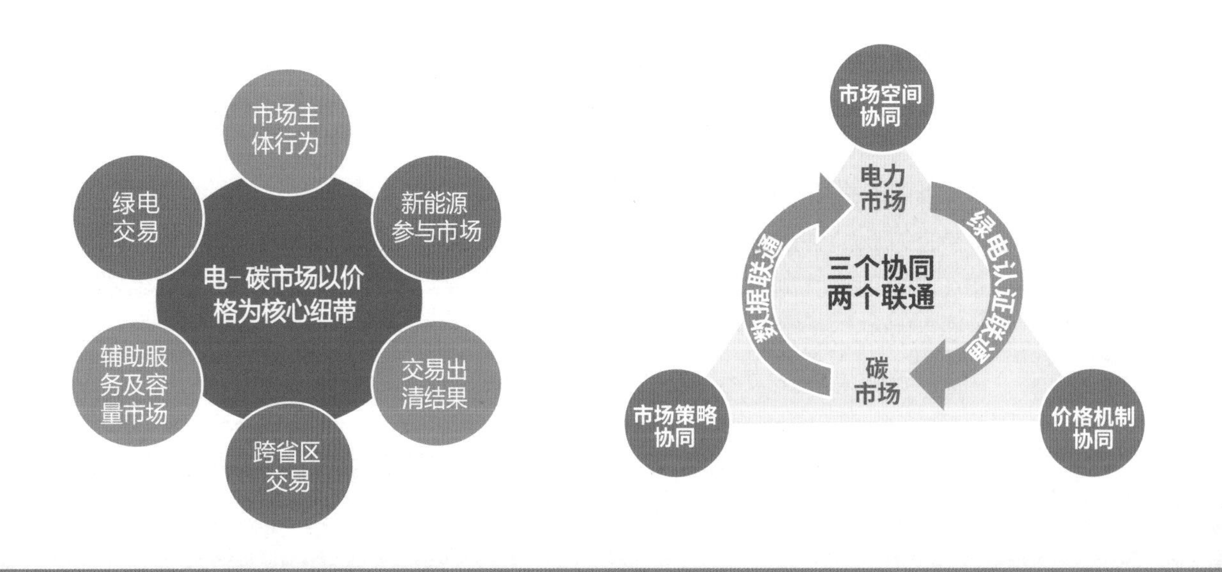

图 11-3 电碳市场相互影响及协同策略示意图

我国电 — 碳市场协同策略

◇ 市场空间协同

- **策略一：碳配额分配空间及行业基准线制定要有利于电力行业发展。**兼顾煤电作为近中期主力电源和托底保供的支撑作用，充分考虑煤电减碳降碳技术发展进程等，配额分配不宜过紧，实现平稳转型、安全降碳。
- **策略二：碳市场配额分配对于应急保障电源需特殊考虑。**对于承担应急保障作用及影响电力系统安全稳定的火电机组，需要给予充足的碳排放配额或不纳入强制控排企业范围。

◇ 价格机制协同

- **策略一：完善针对未放开上网电量、未参与市场用户的碳价传导机制，体现公平分担原则。**近期，碳价与电价还难以有效传导。燃煤发电电量原则上全部进入电力市场，但部分地区燃煤发电因发用电计划匹配、应急保供等，一时难以全部放开，对于未放开电量需要单独设计碳价传导机制。
- **策略二：建立碳成本传导的配套补偿机制，避免碳成本在电力领域过度征收、推高终端电价。**建议我国在逐步建立碳价和电价传导机制的同时，也可考虑采取征收碳税或碳价附加等方式，收取的资金专门用于用户补贴或资助减碳项目。
- **策略三：优化电 — 碳市场利益分配格局，在不同利益主体之间实现共赢。**火电企业通过参加调峰、爬坡、惯量等辅助服务增加收入，可部分对冲其碳成本增加。新能源企业可开发 CCER 项目并在碳市场中出售，获得收益可用于支付火电提供的辅助服务成本。

◇ 市场政策协同

- **策略一：电 — 碳两个市场在目标任务、建设时序、引导市场主体行为改变等方面加强统筹协调。**电力市场与碳市场的协同发展，必须放在“双碳”目标、能源转型总体框架下考虑，形成目标清晰、路径明确的顶层设计和发展时间表、路线图。
- **策略二：加强碳市场政策和可再生能源发展机制（配额 + 绿证交易）协调。**政策目标要协调，各省火电碳配额总量与可再生能源配额总量目标要相匹配，可合理执行。政策边界要清晰，可再生能源超额消纳量、绿证交易和 CCER 交易之间有交叠重复，要避免重复激励和考核。

◇ 绿色认证体系联通

- **策略一：建立统一规范的绿证认证与交易体系，作为绿色电力环境价值的唯一认定及交易凭证。**推动以物理消纳作为用电侧完成绿色电力消纳的主要途径，绿证随电力交易转移到用电侧，实现绿电环境价值的转移。建立绿证二级交易市场，促进绿证价值流通，实现余缺互济。
- **策略二：探索绿证作为用户侧间接碳排放核算的凭证。**随着钢铁等高耗能企业进入碳市场之后，如果用户购买绿色电力，在其用电量碳排放核算中，可以绿证为凭证，仅计算扣除绿色电力部分的用电碳排放。
- **策略三：探索 CCER 和绿证两种体系的信息联通。**绿证和 CCER 交易是两个平行的并行运行的市场，可再生能源项目可同时申请 CCER 和绿证，加强两个系统的信息流互通，绿证可为 CCER 项目发电量、减排量核证提供数据凭证。

◇ 数据联通

- **策略一：联通两个市场的交易数据。**利用电力交易数据支撑碳排放监测、核算等工作。近期，电力市场主体可参考碳市场价格开展电力交易预测。碳排放总量控制下，两个市场交易量数据需要联通，利于两个市场在总量规模相互匹配。
- **策略二：联通两个市场的信用体系。**两个市场共同主体的信用信息可以联通，如碳市场履约情况可作为电力市场主体信用的评价项。
- **策略三：联通两个市场的市场力监控信息。**电力市场和碳市场中具备市场力的主体一般具有一致性，两个市场的市场力情况可相互提供参考。

11.3 顶层设计与统筹优化

习近平总书记指出，使市场在资源配置中起决定性作用，不是说政府就无所作为，而是必须有所为、有所不为[88]。为此，应加快转变政府职能，加强“双碳”路径顶层设计，坚持放管结合、放管并重，强化市场统筹与监管，解决好绿色低碳转型与其他公共事务治理的矛盾，增强在开放竞争环境中动态保障能源供应安全、维护能源市场稳定的能力。

新型能源体系是实现“双碳”目标的重要支撑，需着眼全国一盘棋，加强路径顶层设计，正确处理整体与局部的关系。从局部看，实现“双碳”目标涉及不同地区、不同行业以及在不同时期等多方面的统筹协调，需要坚持“共同而有区别责任”理念、系统优化、差异性公平的原则，从地区、行业、时期等不同维度，统筹协调好碳预算、碳强度、能耗强度、经济社会发展等整体和局部目标的关系。

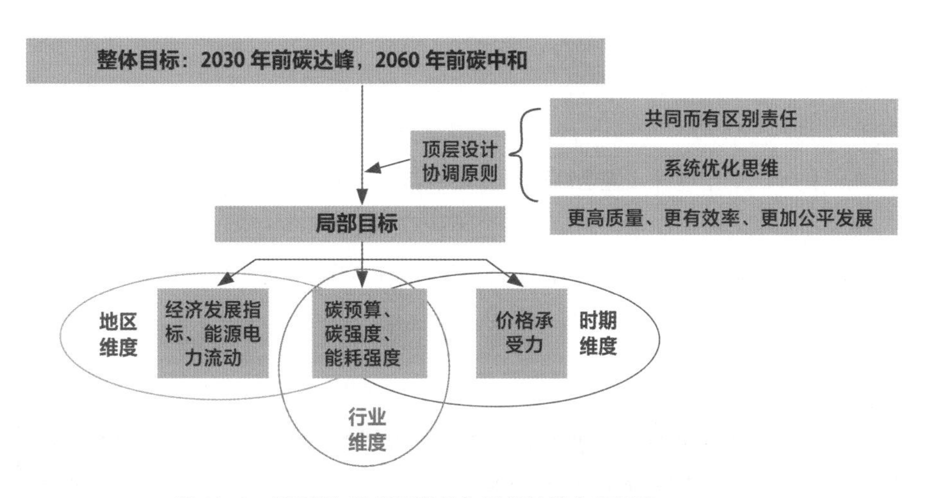

图 11-4 “双碳”目标下整体与局部统筹布局思路

坚持“共同而有区别责任”理念：碳排放既是环境问题，也是发展问题。我国“双碳”路径顶层设计，既要坚持全球人类命运共同体理念，以“共同而有区别责任”确定中国碳预算，也要担当大国责任，积极利用我国可再生能源技术、产业链优势，努力带动其他发展中国家清洁低碳发展。

坚持系统优化：考虑我国东中部、西北部地区的能源资源禀赋差异以及产业不同发展阶段带来的用能需求和结构变化，考虑不同行业对化石能源的依赖程度不同，考虑未来不同时期各类技术经济性和社会经济承受力的变化，运用系统方法，实现碳减排路径及碳预算、能耗强度、碳减排等关键指标在不同地区、不同行业、不同发展阶段间的协调优化。

坚持因地制宜、确保公平：这包括区域间、行业间及源网荷不同市场主体间等多方面的公平，要考虑西部、北部地区发展对于碳排放预算的合理需求，提升对高耗能产业转移的承接能力；要考虑电力、钢铁等高碳行业相对于互联网、通信等服务行业减排潜力大，各行业需要采取不同的降碳力度与模式；要考虑煤电等传统电源、大电网及用户等调节性资源为保证系统安全稳定和新能源消纳等提供的支撑，合理疏导能源电力低碳转型成本。

构建适应新型能源体系建设的更加科学、完善的能源电力规划机制

强化能源战略和规划的引导约束作用。以国家能源战略为导向，强化国家能源规划的统领作用，区分约束性规划和指导性规划、中长期规划和短期规划，加强能源规划实施监测评估，健全规划动态调整机制。**健全适应市场化环境的能源电力规划体系。**统筹可再生能源和常规能源规划布局，加强国家规划与地方规划、电源规划与电网规划、电力规划与市场建设之间的衔接，注重发挥市场价格信号的引导作用。**完善能源规划协调实施机制。**协调能源开发规模、布局、时序与系统调节能力、跨省跨区输电通道建设，保障能源规划重点任务、重大工程实施，分层分类制定规划执行考核办法，提高规划效力及能源系统运行效率。

科学实施能源监管，推动新型能源体系建设高质量发展

优化能源市场监管。聚焦全国统一电力市场体系，做好市场建设和监管，维护市场主体合法权益，促进市场竞争公平、交易规范和信息公开，持续优化营商环境。**强化能源行业监管。**保障国家能源规划、政策、标准和项目有效落地。以安全风险防控为重点，健全电力安全监管执法体系，推进理顺监管体制，构建监管长效机制，加强项目建设施工和运行安全监管。**健全能源行业自然垄断环节监管体制机制。**细化完善能源基础设施公平开放监管制度，确保能源基础设施向各类市场主体公平开放。加大调度交易、费用结算以及信息披露监管力度，维护社会公共利益。**有效利用信用监管手段。**创新监管方式，构建统一规范、信息共享、协同联动的监管体系，推动构建以信用为基础的新型能源监管机制，完善能源信用信息平台功能。

持续深化新型能源体系“放管服”改革，培育和激发市场主体活力

放宽能源市场准入。落实外商投资法律法规和市场准入负面清单制度，持续减少能源领域外商投资准入限制，支持各类市场主体依法平等进入负面清单以外的能源领域，形成多元市场主体共同参与的格局。**优化能源产业组织结构。**区分竞争性和垄断性环节，推动能源领域自然垄断性业务和竞争性业务分离，进一步深化自然垄断企业竞争性业务市场化改革，推进能源领域装备制造、工程建设、技术研发、信息服务等竞争性业务市场化改革。**支持新模式新业态发展。**减少前置审批事项，降低市场准入门槛，加强和规范事中事后监管，破除能源新模式新业态在市场准入、投资运营、参与市场交易等方面存在的体制机制壁垒。

调动各方面积极性，集中力量办大事。目前，碳达峰碳中和“1+N”政策体系已构建完成，需要从国家层面到各行业、各地方层面，层层部署落实碳达峰碳中和的相关政策和措施，目标明确、分工合理，有效贯通国家、地方、行业和企业的多方主体责任链条。在系统性布局基础上，可遴选代表性区域优先开展“双碳”综合示范，丰富地域试验田，提供可复制推广的技术方案，以点带面推动绿色低碳发展。

国家层面：做好顶层设计，紧扣目标分解任务，指导和督促地方及重点领域、行业、企业科学设置目标、制定行动方案。积极谋划绿色低碳科技、产业的国家战略布局，为地方引导产业结构调整、行业统筹技术布局、企业加强科技攻关指引方向。

地方层面：根据国家指导方针，因地制宜，推动能源、产业结构调整，着力推动重点领域和单位节能降碳，加速形成企业低碳转型倒逼机制。

行业层面：根据国家整体布局，统筹协调全产业链减排目标，加强行业技术创新，综合应用相关政策工具和措施手段，推动产业结构调整、行业绿色发展。

企业层面：加快技术升级，挖掘自身减排潜力，积极参与市场。

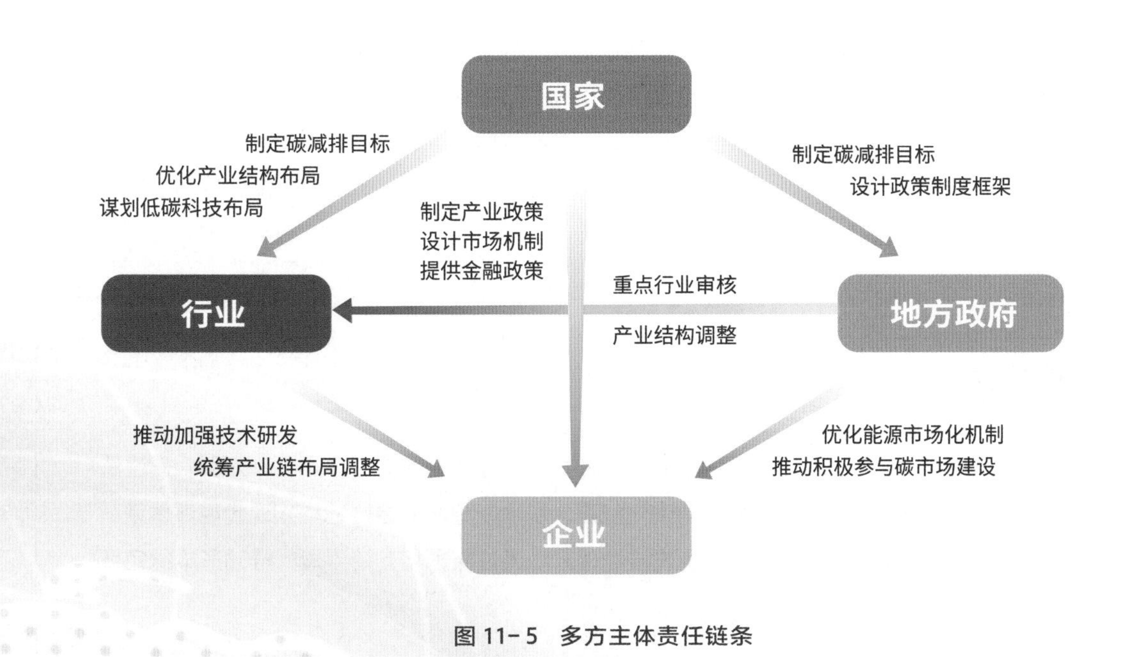

图 11-5 多方主体责任链条

11.4 健全完善能源法律体系

习近平总书记指出，要坚持在法治轨道上推进国家治理体系和治理能力现代化，法治是国家治理体系和治理能力的重要依托，只有全面依法治国才能有效保障国家治理体系的系统性、规范性、协调性，才能最大限度凝聚社会共识[89]。为此，要通过健全完善能源法律体系，加强保障能源民生、维护能源安全、促进能源绿色低碳转型等法律制度建设，将法治理念贯穿能源规划、生产、供应、消费全过程，切实发挥法治固根本、稳预期、利长远的保障作用。

发挥能源电力法治固根本、稳预期、利长远的保障作用。

法治固根本

立足于能源电力关键基础设施和公用事业属性，贯彻落实总体国家安全观和坚持以人民为中心的发展思想，运用法治力量固根本强根基。一是巩固好安全根本，运用法治保障能源电力安全稳定可靠供应，提高能源安全可靠水平。二是巩固好民生根本，运用法治保障好民生用能的基本需要，确保应急紧急情况下保障民生用能连续不中断。

法治稳预期

立足于能源市场化改革和“双碳”目标下的能源技术变革，正确处理好法律与改革、法律与技术的关系，运用法律的规范力防范行业改革和转型的不确定性。一是稳定改革预期，在法治轨道上推进改革、在改革中完善法治，实现既定改革目标。二是稳定转型预期，及时通过法律关系调整、法律制度完善巩固新的社会关系变化，规范社会行为，降低化石能源退出、技术变革等对社会利益格局的冲击。

法治利长远

立足于促进经济社会发展和能源绿色低碳转型，发挥好法治的指引作用。一方面，通过法治的规范手段促进能源资源在全国范围内优化配置，引导能源发展更好地融入现代经济体系。另一方面，在法律制定和实施中强调绿色发展的理念，通过鼓励和支持手段，推动形成绿色低碳的生产方式和生活方式。

但从当前我国能源安全保障与绿色发展的制度现状看，能源电力法律保障制度尚不完善。

01

一是在法制结构上，能源基本法缺位、能源领域关键行业单行法尚不健全。

我国《能源法》未出台，在能源领域缺乏方向性、战略性和整体性的法律，导致各能源单行法间缺乏统一协调产生冲突，削弱了实践过程中能源资源统一规划与调配的能力。在当前全国统一大市场建设的背景下，亟须为能源体制机制的调整提供法律依据与制度保障。

02

二是在法律内容上，能源电力行业法律制度建设存在一定滞后。

新发展阶段下能源电力发展需要兼顾绿色低碳转型、安全稳定供应、能源民生保障、经济可持续发展等多重目标，原有部分法律制度不能适应能源行业发展实际。我国《电力法》《矿产资源法》《煤炭法》《可再生能源法》《节约能源法》等制定实施时间较早，难以完全适应“双碳”目标下能源绿色转型加速和构建新型能源体系等带来的机遇和挑战。

03

三是在法律协调性上，同一位阶、不同位阶的法律文件之间矛盾与冲突频发。

一方面，围绕可再生能源发展陆续出台的新的政策制度与《可再生能源法》之间存在冲突，分布式光伏、储能等新兴行业产业政策与《电力法》等衔接难度日益增大。另一方面，能源转型发展与市场经济体制密不可分，随着《民法典》《安全生产法》《城乡规划法》等重要法律先后制定和修改，能源立法与其他法律的关系有待进一步理顺。

04

四是在立法技术上，对规制主体的权利、义务和责任及其实现程序的规定不够清晰明确。

相较于国外立法，我国能源领域立法精细化程度不足，不少法律、法规存在原则性规定较多，具体性条款、量化指标和日期指标等较少的特点。部分法律、法规具有较强的政策性质，条款细化不够。

为此，亟须建立健全与新型能源体系建设要求相适应的能源电力法律制度。建立以能源法为统领，以煤炭、电力、石油天然气、可再生能源等领域单项法律、法规为支撑，以相关配套规章为补充的能源法律法规体系，过程中应注重处理好四方面的关系。

一是立法与改革的关系

各领域能源立法与改革正在同步推进，特别在电力行业各项改革要求正在加紧落实。立法工作中应严格遵循中央制定的改革方案和意见，保障改革积极、稳妥、有序地推进落实。对于各方已达成共识的改革成果，应及时在立法中予以固化，而对于改革试点仍在探讨的问题，应待条件成熟后再予以体现。

二是立法与“双碳”目标的关系

《中共中央、国务院关于完整准确全面贯彻新发展理念做好碳达峰碳中和工作的意见》（中发〔2021〕36号）、《国务院关于印发2030年前碳达峰行动方案的通知》（国发〔2021〕23号）等都对能源法制、修订提出了迫切要求，应抓紧梳理现行法律、法规中与碳达峰碳中和工作不相适应的内容，加强法律、法规间的衔接协调，构建有利于绿色低碳发展的法律体系。

三是立法与计划和市场的关系

双轨制是我国推动能源电力资源配置方式由计划向市场平稳过渡的重要手段和制度安排，能源法制建设要对“市场”与“计划”的合理要素兼收并蓄，保留两种手段的闭环管理工具，在较长一段时间内将有效的政府调控工具作为市场建设的边界与基础，将法律机制建设同步运用到市场规则和政府管控上，统筹考虑处理当前、过渡和远期阶段的问题。

四是立法与其他法律的关系

《民法典》《安全生产法》《城乡规划法》《突发事件应对法》《反垄断法》等重要法律先后制定和修改，能源电力行业部分相关内容在上述法律中进行了规制，能源电力立法过程中应当注重做好法律衔接。

面向实现“双碳”目标与规划建设新型能源体系，电力供应全链条、可再生能源消纳、电力市场等在内的重要法律制度迫切需要进行完善。

完善电力供应全链条法律制度。

电力保供需要系统全环节共同努力，离不开可再生能源、火电等不同电源之间的支撑保障、电网资源的优化配置以及用户需求的有序引导与调节。因此，有必要进一步完善电力供应全链条相关法律制度，包括健全各类电源并网技术标准，各类发电机组运行要严格遵守《电网调度管理条例》等法律、法规和技术规范；加强电力企业与燃料供应企业、管输企业的协调，严格落实地方政府、有关电力企业的电力安全生产和供应保障主体责任；完善特殊情况下有序用电方案编制及实施管理细则；完善能源普遍服务制度，注重能源主体用能选择权，明确能源利用环节的法律责任及监管职权等。

优化可再生能源消纳法律制度。

新能源的发展离不开传统电源、储能等调节性电源和电网的支撑，电力系统运行成本快速上升，原有包括《电力法》《可再生能源法》等在内的法律制度难以适应构建新型能源体系和新型电力系统等带来的挑战。因此，有必要对相关法律予以修订和完善，包括明确可再生能源消纳责任主体和机制设计主体；强化政府在规划建设、可再生能源消纳中统筹协调的法定责任；结合不同工程特点和建设周期，做好网源建设进度衔接；充分考虑多元目标下政府、公众对可再生能源的承受能力；明确系统消纳成本补偿方式，实现政府政策途径向市场化途径的转变；明确建立健全可再生能源跨省区消纳的法律保障机制等。

建立健全电力市场法律制度。

推动完善电力市场法治保障要立足我国电力市场发展实际，坚持市场化改革方向，坚守保障电力供应的安全底线，促进规则执行刚性和合同履行的约束力。坚持适度超前原则，按照“成熟一个推进一个”步骤有序推进，以推动部门规章等低位阶向高位阶法律建立健全的思路，健全电力市场主体信用法律制度、电力市场信息共享和披露法律制度，完善电力市场监管体系，逐步完善电力市场法律框架，保障电力市场各方权益。

（**本章撰写人：**刘进 、徐沈智、闫晓卿、元博　**审核人：**郭健翔）

12

能耗“双控”向碳排放“双控”转变关键问题

完善能源消费总量和强度调控，重点控制化石能源消费，逐步转向碳排放总量和强度“双控”，是国家宏观调控方式的重大变化。能耗“双控”与碳排放“双控”两种模式既有紧密联系，又各有侧重，其过渡过程对能源治理提出了新的挑战，需重视顶层设计，从实现中华民族伟大复兴的战略全局和世界百年未有之大变局两个大局中去理解认识，其中一个重点是我国“经济—能源—环境”三者关系正同步发生长期、深刻调整，向“新发展格局—新型能源体系—碳达峰碳中和”迈进。

12.1 能耗“双控”向碳排放“双控”演变特征

能耗“双控”向碳排放“双控”制度转变关系到国家战略、经济布局、“双碳”路径规划、市场设计、央地关系等各方面，有推动绿色发展的内在一致性，但协调“经济 — 能源 — 环境”三者关系的宏观调控方式改变，其背后经济增长与要素投入关系也将发生调整。

调控抓手由能源转向“碳”。能耗“双控”重在推动能效提升，促进产业结构升级与优化，碳排放“双控”则重在控碳，在用能排放上就是控制利用化石能源。2030 年实现碳达峰后，随着碳排放在我国经济发展所需基本环境要素中稀缺性的进一步突出，控碳的焦点性和全局性位置将凸显[90]。

能耗“双控”向碳排放“双控”制度转变，宏观调控有内在一致性。“十四五”“十五五”期间，预计我国全社会通过能效提升可减少二氧化碳排放 30 亿吨。同时，由于能源领域排放在碳排放总量中占比最大，控碳也会显著推动能源转型。从这一层面上看，能耗“双控”向碳排放“双控”转变，有推动绿色发展的内在一致性。

“双控”制度转变需要保持调控格局的连续性，保证宏观调控方向、节奏、力度能够有效衔接，不会在个别地区、个别行业出现大起大落的错配。这有两个重心：

首先是保证统筹发展与安全基本调控格局的连续性。较长时期内，保障能源安全是我国经济社会发展面临的现实挑战，节能优先仍是最佳方针。虽然新增可再生能源一定时间内不纳入能源消费总量控制统计，充分利用可再生能源可以实现在碳排放“双控”下容纳更大经济增长空间，但仍必须坚持策略，这也是削减碳排放的重要途径。因此，能源消费总量管控的退出，要避免形成“敞开口供应”的误导，避免新能源发展节奏失序，进而影响能源安全，应有制度性的保证来实现能源先行于经济发展。

其次是保证促进经济高质量发展力度的连续性。未来，在一定生产力水平下，经济发展的空间将由能耗“双控”约束逐步转为碳排放“双控”约束，产业升级压力将由用能问题向碳减排问题转移。考虑到控制碳排放有围绕产品碳足迹实施技术进步和更多采用低碳用能两个选择，因此，“双控”变化前后，产业升级压力存在向能源低碳转型转移的可能，不合适的过渡方式一定程度会影响经济高质量发展预期。压力变大或者变小主要取决于碳强度控制水平、低碳能源供应能力与能耗控制水平之间的对比。有必要科学推进能耗强度控制与碳强度考核控制的衔接，在充分发挥能源强度控制提升产业能效作用的历史使命后，通过碳强度控制进一步调整用能形态及优化产品碳足迹，即由能耗强度考核向能耗强度、碳强度联合考核，再进一步向碳强度管控转变。

"双控"制度转变更需要关注调控格局的转折性，即把握好"经济一能源一环境"之间脱钩进程带来的关键转折[91]。一个基本问题是经济、能源、碳排放三者之间彼此的逐步解耦关系，这是"双控"制度转变需要考虑的重要条件。初步测算表明，随着产业升级、能源低碳转型，预计 2035 年左右前经济与能源实现强脱钩、2030 年后经济与碳排放强脱钩、2030 年后能源与碳排放强脱钩；在 2030－2040 年间能耗强度下降慢于碳排放强度下降。总体上，3 个强脱钩依次出现，最迟的将是经济与能源的完全脱钩，因此，依然需要发挥能耗强度控制作用，从能耗"双控"到碳排放"双控"过渡过程中可考虑"多控"局面，具体过渡期设计与策略选择需要综合考量 2035 年和 2040 年关键转折时间节点以及脱钩背后深层次的原因。考虑到地区发展与转型的差异，不可实施一刀切的"双控"过渡模式。但由于能源消费总量下降幅度远低于碳排放下降幅度，碳强度控制将愈发关键。

12.2 能耗强度和碳排放强度变化趋势

能源电力“双碳”转型路径过程中，随着我国经济增长新旧动能加速转换、产业和能源结构持续调整升级以及能源利用效率的显著提高，能源强度与碳排放强度持续下降。

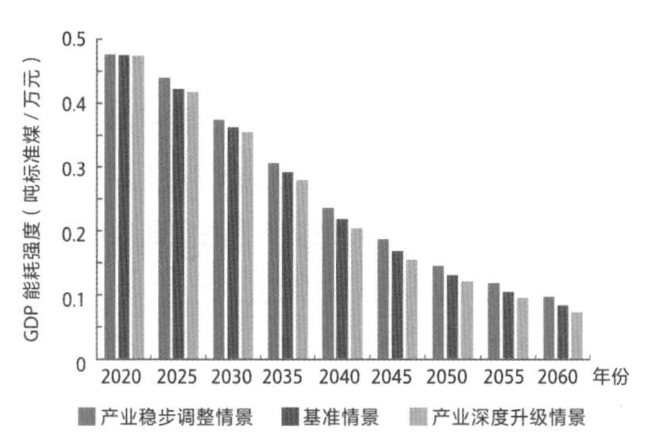

图 12-1 三种情景下我国单位 GDP 能耗强度

GDP 能耗强度方面，随着能效提升和用能结构持续优化，我国单位 GDP 能耗持续下降。2020 — 2040 年期间是稳步下降期，稳步推进产业结构转型，基准情景下，预计 2030 年单位 GDP 能耗约 0.36 吨标准煤 / 万元，较 2020 年降低 23.6%。2040 — 2060 年期间，进入加速下降期，能效水平显著提升，产业结构大幅优化，预计 2060 年，能源强度降至 0.08 吨标准煤 / 万元。产业稳步调整情景下，能源消费相对较高，2030 年、2060 年单位 GDP 能耗较基准情景提高 3.3%、15.9%。产业深度升级情景下，通过产业调整，重工业比重逐年下降，服务业增加值显著提升，2030 年、2060 年 GDP 能耗强度较基准情景降低 2.2%、12.0%。

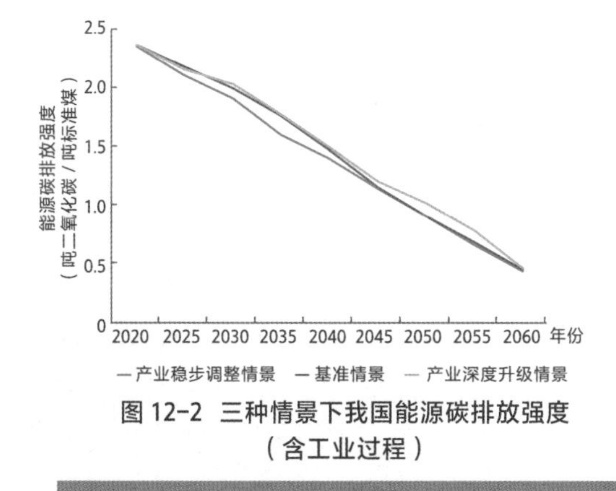

图 12-2 三种情景下我国能源碳排放强度（含工业过程）

能源碳排放强度方面，能源结构持续清洁化，我国单位能源碳排放强度稳步下降。基准情景下 2030 年降至 2.0 吨二氧化碳 / 吨标准煤，较 2020 年降低 14.2%，到 2060 年下降至 0.5 吨二氧化碳 / 吨标准煤。产业稳步调整情景下，我国单位能源排放强度更低，主要原因是电力供应行业承担较大减排责任，采取较高强度的清洁能源替代、CCUS 改造等去碳措施；产业深度升级情景下，我国单位能源排放强度下降较慢，主要原因是我国电力行业减排压力相对较小，整体碳强度下降偏慢。

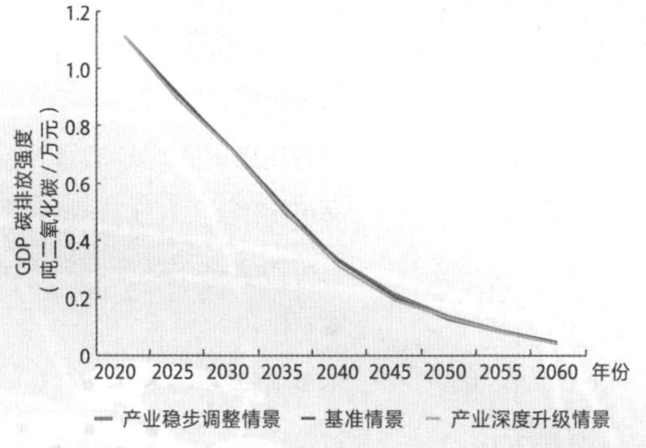

图 12-3 三种情景下我国单位 GDP 碳排放强度

GDP 碳排放强度方面，2020 年我国经济排放强度为 1.12 吨二氧化碳 / 万元。未来在产业结构调整和能源结构持续清洁化影响下，2020 — 2035 年期间，我国单位 GDP 碳排放强度稳步下降至 0.31 吨二氧化碳 / 万元。在清洁能源替代加速和 CCUS 等低碳技术的多重影响下，2035 — 2050 年期间，我国单位 GDP 碳排放强度进入加速下降期。2050 年后，我国单位 GDP 碳排放强度趋于稳定，到 2060 年单位 GDP 碳排放强度降至 0.03 ~ 0.04 吨二氧化碳 / 万元。

12.3 能源消费、碳排放增长与经济增长脱钩关系分析

能源、经济与碳排放脱钩关系分析

由上节分析可知，经济增长对能源消费和碳排放的依赖程度将持续降低，呈现脱钩趋势，且逐步由"相对脱钩"向"绝对脱钩"转变，本节将针对该趋势开展量化分析，并提出不同阶段需要关注的重点问题和政策需求。

"脱钩"(Decoupling)也称为"解耦"，指经济发展逐渐摆脱对资源的依赖。脱钩理论基于统计指标计算方法，用来描述经济增长与资源消耗或碳排放之间的联系。经济与碳排放脱钩意味着经济保持增长状态，而相应碳排放量减少，经济增长与碳排放之间的关系较弱甚至消失；能源消费与经济脱钩意味着经济保持增长状态，而相应能源消费量减少，经济增长与能源消费之间的关系较弱甚至消失；能源消费与碳排放脱钩是指通过能源结构的深度清洁化，能源系统实现深度去碳化，能源消费增长与碳排放之间的关系较弱甚至消失。**经济增长与能源、碳排放脱钩是经济实现高质量发展的理想状态。**本报告采用 Tapio 脱钩模型来分析中国经济增长与能源、碳排放的脱钩关系，计算公式为[92]：

$$DI=\frac{\Delta C/C}{\Delta GDP/GDP}=\frac{(C_t-C_{t-1})/C_{t-1}}{(GDP_t-GDP_{t-1})/GDP_{t-1}}$$

其中，DI 表示碳排放或能源消费与国内生产总值 (GDP) 的脱钩指数；ΔC 为当期与基期碳排放或能源消费的差值；C 为基期碳排放或能源消费值；ΔGDP 为当期与基期国内生产总值的差值。能源与碳排放脱钩指数为[93]：

$$DI_{\mathrm{E,CO_2}}=\frac{\Delta C/C}{\Delta E/E}=\frac{(C_t-C_{t-1})/C_{t-1}}{(E_t-E_{t-1})/E_{t-1}}$$

其中，$DI_{\mathrm{E,CO_2}}$ 表示能源与碳排放脱钩指数；ΔC 为当期与基期碳排放的差值；C 为基期碳排放值；ΔE 为当期与基期国内生产总值的差值；E 为能源消费量。

强脱钩表示经济与能源、环境处于强可持续发展状态；**弱脱钩**表示当前经济增长速度快于污染物排放或能源增长速度，属于弱可持续状态；**负脱钩**代表不可持续状态。通常将脱钩临界值设定为 0、0.8、1.2 三个状态，可将脱钩状态分为 8 类[94, 95]，经济与碳排放脱钩状态矩阵如表 12-1 所示。

表 12-1　经济增长与碳排放脱钩指数与脱钩状态矩阵

脱钩状态		碳排放增长率	经济增长率	脱钩指数	可持续类型
脱钩	强（绝对）脱钩	−	+	$DI<0$	强可持续
	衰弱脱钩	−	−	$DI>1.2$	弱可持续
	弱（相对）脱钩	+	+	$0<DI<0.8$	弱可持续
连接	扩张连接	+	+	$0.8<DI<1.2$	不可持续
	衰退连接	−	−	$0.8<DI<1.2$	不可持续
负脱钩	扩张负脱钩	+	+	$1.2<DI$	不可持续
	强负脱钩	+	−	$DI<0$	不可持续
	弱负脱钩	−	−	$0<DI<0.8$	不可持续

（1）经济增长与能源消费脱钩分析

随着能效提升和用能结构持续优化，我国单位 GDP 能耗持续下降。在建设节能型社会的战略背景下，我国工业、交通、建筑等部门重点挖掘节能潜力，用更少的能源做更多的事成为未来能源转型的核心[96,97]。在此背景下，我国单位 GDP 能耗持续稳步下降，到 2035 年，我国单位 GDP 能耗持续降至 0.28 吨标准煤 / 万元，预计 2060 年，能源强度降至 0.08 吨标准煤 / 万元。

2030 — 2035 年将是我国经济、能源消费脱钩的关键期。2030 — 2035 年，我国经济与能源消费均呈持续增长状态，但在产业结构调整及能效提升等因素影响下，能源消费增速低于经济增速，两者呈现弱脱钩状态（2035 年，DI= 0.005）。

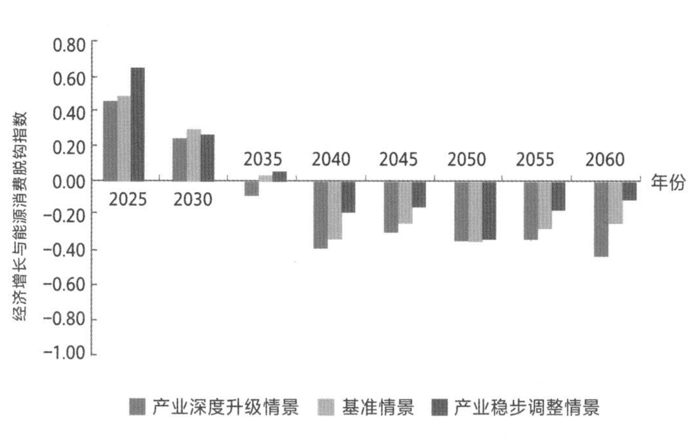

图 12-4 中国经济增长与能源消费脱钩指数变化趋势

2035 年前后，基准情景和产业深度升级情景下，我国经济增长和能源消费均由弱脱钩进入强脱钩阶段。该阶段，在产业结构调整及节能提效措施影响下，我国能源消费开始由升转降，高端制造业及高附加值服务业成为驱动经济增长的新动能，经济稳步健康增长，经济增长开始与能源消费脱钩。产业稳步调整情景下，经济增长和能源消费脱钩时间推迟至 2037 年左右。

如果考虑保留完整工业体系和较高比例制造业，以及高耗能产业低程度转移情形下，我国经济与能源强脱钩时间将推迟至 2037 年左右。产业稳步调整情景下，我国采取较为缓慢的产业结构调整策略，制造业能源消费量保持较高水平，导致能源消费峰值推迟至 2037 年左右出现，2037 年后进入强脱钩阶段（DI<0）。

（2）能源消费与碳排放脱钩分析

在产业结构调整以及能源结构持续清洁化影响下，我国单位能源碳排放强度持续下降[98,99]，并逐渐脱钩。2025 — 2030 年期间，碳排放增长和能源消费均呈现增长趋势，但能源消费增量的 90% 以上由非化石能源满足，因此，能源消费增速高于碳排放增速，两者呈现弱脱钩状态（2030 年，DI= 0.03）。基准情景下，碳排放增长和能源消费一直保持着正增长趋势，到 2025 年我国单位能源排放强度为 1.8 吨二氧化碳 / 吨标准煤，能源消费与碳排放脱钩指数保持在 0.8 以上，处于能源消费与碳排放处于连接（挂钩）状态。该阶段，我国能源消费结构转型处于初期阶段，能源清洁度仍处于较低水平，能源消费增长带动我国碳排放呈现增长趋势。到 2025 — 2030 年期间，我国能源消费和碳排放脱钩指数降至 0.39，达到临界脱钩状态。

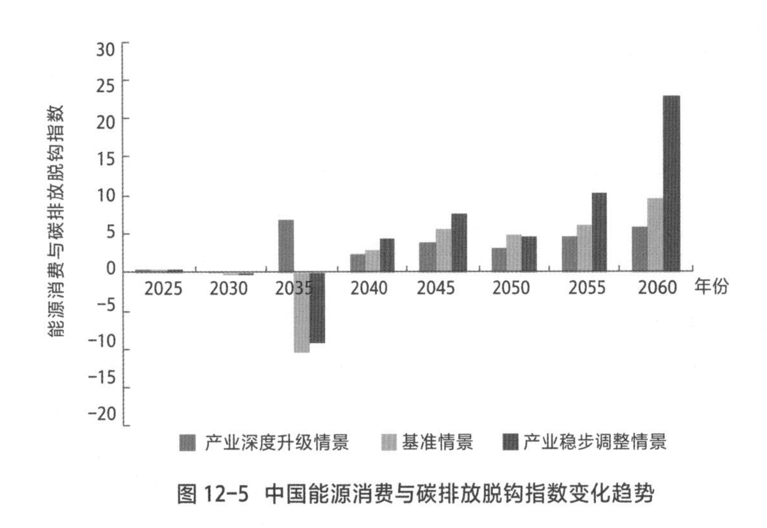

图 12-5 中国能源消费与碳排放脱钩指数变化趋势

2030 年后，我国能源消费与碳排放实现衰弱脱钩。2030 年后，我国碳排放与能源消费均呈现下降趋势，到 2060 年我国单位能源排放强度为 0.01 吨二氧化碳 / 吨标准煤，两者的脱钩指数保持在 1.2 以上，能源消费与碳排放呈现衰弱脱钩状态。该阶段，我国能源消费处于深度转型阶段，能源清洁度持续上升，能源消费增长与碳排放实现解耦。

（3）经济增长与碳排放脱钩分析

未来我国单位 GDP 碳排放强度持续下降。2020 年我国经济排放强度为 0.91 吨二氧化碳 / 万元，到 2030 年我国经济排放强度降至 0.58 吨二氧化碳 / 万元，2060 年单位 GDP 碳排放强度接近 0。2020 — 2030 年期间，我国经济发展与碳排放之间处于弱脱钩状态。2020 — 2025 年间，我国经济增长和碳排放一直保持着正增长趋势，两者的脱钩指数保持在 0.8 以下，处于弱脱钩状态。2025 — 2030 年期间，我国经济仍处于增长状态，但在产业结构调整及能源转型影响下，碳排放开始呈现下降趋势，经济发展与碳排放开始脱钩，到 2030 年实现完全脱钩。

2030年后，我国实现碳排放达峰，同时经济稳步增长，两者呈现强脱钩状态。2030 — 2040年间，我国经济持续增长，在能源深度转型影响下，清洁能源占比持续提升，碳排放负中有降，经济增长与碳排放实现完全脱钩。该时期在政策方面，应注重统筹消费侧电能替代与供给侧能源清洁化转型的时序关系，保障能源供给清洁化转型优先，稳步推进终端电能替代；防范新能源出力的不确定性，合理布局能源供应保障体系，制定煤电机组有序退役政策体系；提前布局工业、能源领域原材料问题，尤其注重工业领域废钢回收机制设计、新能源汽车废弃电池处理等问题，合理布局与构建车桩网等基础设施；加快引导CCUS等固碳技术体系的引导与应用；制定产业转移政策体系，合理引导高耗能企业就地消纳新能源；注重人口老龄化、劳动力短缺、劳动力成本显著上升等问题的政策体系制定，支撑制造业对劳动力的需求。

2040 年前后是我国碳排放加速下降的拐点年。该时期，我国碳排放进入较低水平，碳逐渐变为稀缺资源，在政策方面，应超前制定碳相关产业的退出机制，引导碳金融及相关产业的逐步退出；合理引导工业、电力部门相关 CCUS 设备有序退役。2055 年后，我国进入碳中和期。该阶段仍有较大的碳减排速率，经过自然碳汇和 CCUS 等措施，社会经济系统实现净零排放，经济发展与碳排放实现净零绝对脱钩，能源相关高技术产业成为经济发展的新动能，经济实现强可持续发展。

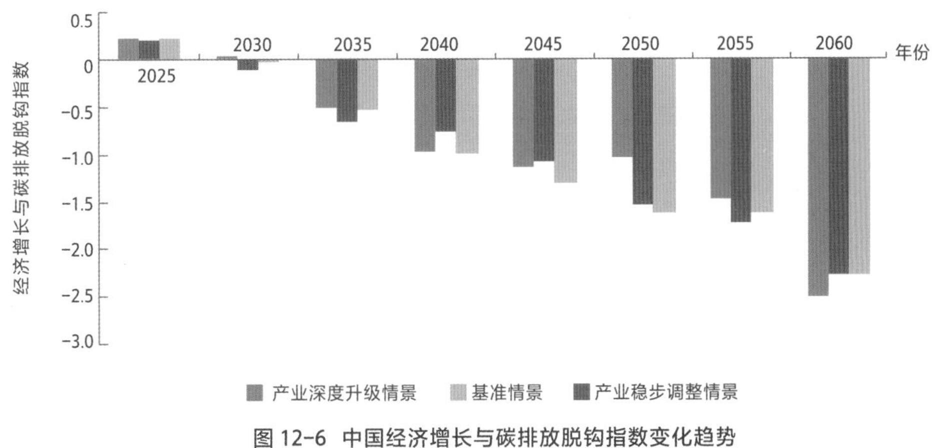

图 12-6 中国经济增长与碳排放脱钩指数变化趋势

总体而言，未来我国经济将从高速增长阶段转向高质量发展阶段。2020－2035 年期间是我国转变发展方式、优化经济结构、转换增长动力、重塑能源结构的攻关期，绿色发展理念将深刻改变中国发展模式，经济系统、能源系统与环境系统三大系统实现协调发展，“高效益、低能耗、低排放”的经济增长模式逐步形成，为世界可持续发展提供中国方案、中国智慧和中国力量。

通过产业结构调整、能源高效率利用及工艺流程优化升级等系列措施，我国经济增长对能源消费的依赖程度将持续降低，单位 GDP 碳排放强度持续下降，三者逐步实现脱钩：

能源与经济脱钩方面，中远期我国能效提升战略效果凸显，能源消费增长速度逐渐放缓，能源与经济将进入弱脱钩阶段，远期我国通过能源经济效率加速变革、能源利用方式加快转变，我国实现能源与经济的绝对脱钩，我国经济步入高质量发展阶段。

能源与碳排放脱钩方面，近期我国能源消费与碳排放处于挂钩状态，中远期我国通过推进能源生产和消费革命，清洁低碳、安全高效的新型能源体系加速构建，我国能源清洁低碳转型加速发展，碳排放和能源消费逐步脱钩，远期，随着新型能源体系逐步建成，我国碳排放和能源消费将实现完全脱钩。

经济与碳排放脱钩方面，未来我国经济将遵循“低消耗、低污染、高效益”模式稳步发展，生态环境质量稳步提升，我国经济与碳排放逐步实现弱脱钩状态，中远期我国经济能源环境实现深度协同发展，经济与碳排放实现绝对脱钩，我国经济实现强可持续发展。

12.4 能耗“双控”向碳排放“双控”转变机制设计

近期经济、能源和碳排放仍存在一定耦合关系，应考虑能耗与碳“多控”措施促进稳健转型。未来我国单位 GDP 的能耗强度和碳排放强度均将呈现持续下降趋势，我国社会经济进入高质量发展阶段。2020 — 2040 年期间，在产业结构调整、能源清洁低碳转型及能效提升等多重因素影响下，能源强度与碳排放强度脱钩指数稳定在 1.6 左右，处于弱脱钩阶段，该阶段应将以碳排放“双控”为主，兼顾能耗“双控”。

远期（2040 年后），我国单位 GDP 能源强度与碳排放强度解耦程度显著提升，两者解耦程度显著加深。该阶段，在产业结构调整、能源清洁化转型以及能效提升等方面均取得显著成效，我国能源消费强度与碳排放强度脱钩程度快速提升。我国能源处于高清洁化水平，碳基能源比例显著降低，能源消费强度与碳排放强度实现深度解耦，该阶段可以显著放松甚至取消能耗“双控”的政策管控水平，重点关注碳双控的政策制定。

相比较而言，产业深度升级情景脱钩指数较低，主要是因为该情景下，我国电力部门处于深度低碳水平，仍然保留部分火电机组，存在一定量的电力排放；产业稳步调整情景下，能耗强度与碳排放强度脱钩指数最高，主要是因为该情景下，我国电力部门处于负碳水平，电力供应实现深度清洁化，能耗强度与碳排放强度实现完全脱钩。

总体而言，近中期经济增长与能源消费和碳排放仍存在一定耦合关系，能源强度与碳排放强度脱钩程度相对较弱；中远期我国单位 GDP 的能耗强度和碳排放强度脱钩程度逐渐加强，我国逐步实现从能耗“双控”向碳排放“双控”的转变，远期能源强度与碳排放强度进入深度解耦期，我国完成由能耗“双控”向碳排放“双控”的转变。

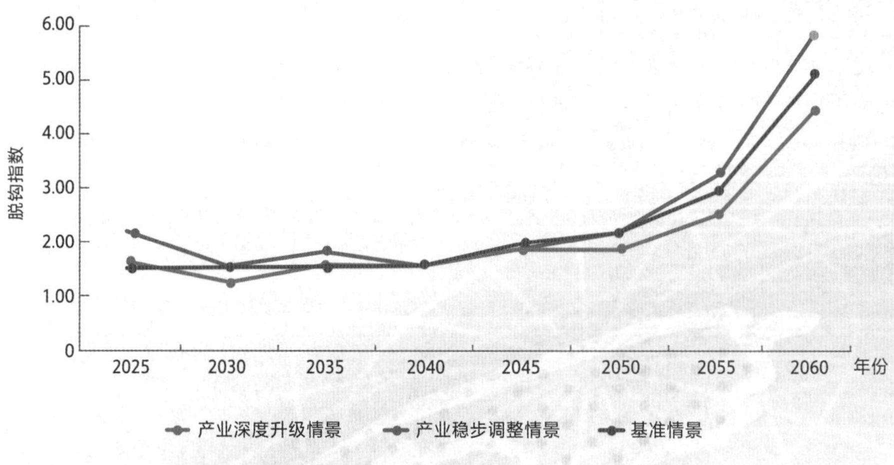

图 12-7　我国单位 GDP 能耗强度与碳排放强度脱钩指数

“双控”制度变迁是推动经济高质量发展的关键举措，需要科学严谨、逐步实施。要以系统观，立足“经济－能源－环境”关系向“新发展格局－新型电力系统－碳达峰碳中和”同步重构进程，围绕“碳”这个抓手，统筹把握“一致性、连续性、转折性”，以顶层设计为基础，以良好的治理体系，充分发挥有为政府与有效市场，依据历史、现实与战略目标，做好“三个关系平衡”，建立完善“双控”制度。

需要处理好经济布局与碳排放“双控”指标地方布局的平衡关系。碳排放“双控”指标在地区间的分配、调整优化是服务构建新发展格局的重要调控手段[100]。从全国布局来看，碳达峰后，东部地区碳排放总量逐步压减的过程，就是绿电增长、产业转型升级与部分产业转移的过程，西部地区则是利用绿电承接产业转移的过程。碳排放“双控”在地区间的分配本质上是地区间经济协同发展、协同降碳，以及相应能源资源的优化配置关系。

需要处理好行业间协同减碳与地区间协同减碳的平衡关系。碳配额分配是顶层设计问题，涉及行业和地方两个维度。碳配额在行业间的分配及碳市场作用的发挥，调整着行业间碳达峰碳中和进程；碳排放“双控”指标在地区间分配调整着地区间梯次碳达峰与碳中和进程。从全国来看，行业的碳达峰碳中和路径与地方碳排放“双控”指标分配实际是“下棋与布子”的关系，各有功能，协同作用下实现对规模总量与结构、布局的最优配置。碳配额与碳市场这只手解决行业减碳与协同，碳排放“双控”这只手解决地方减碳与协同。行业主体和地方主体的特点各异及责任不同，协同的交汇点聚焦于地方，统筹协同的重要基础是要处理好一个地区内生产力水平、产业结构、碳排放“双控”指标、能源发展水平等的协调，关键是能够通过制度设计动态实现从地区指标间不平衡（不足 / 充裕）到再平衡的过程。

需要处理好碳排放“双控”调整方向、力度与能源转型路径间的同步平衡关系。碳排放“双控”将进一步促进能源低碳转型，将推动包括新能源在内的可再生能源更多使用。显然，能耗“双控”向碳排放“双控”转变过程中，将带来能源安全性—清洁性—经济性“不可能三角”的多目标统筹挑战。因此，需要预判潜在的安全风险、成本上升压力，通过动态协调尽量释放平衡空间。需要注意的是，要强化这种平衡的同步性，而不应让能源转型成为碳指标调控过程中的追随者和兜底者，需要同步统筹优化。在安全刚性约束、碳达峰碳中和有一定优化空间、用能成本弹性不大的局面下，需要顶层设计一条合适的“双碳”路径。在这一过程中，能源发展在支撑经济高质量发展中向兼具提供安全可靠用能和环境容量的更多元功能方向迈进。

应重点解决顶层设计基本制度框架问题。分地区、分行业建立有效制度，科学规划国家“双碳”路径；重点解决“双控”制度变迁过渡衔接问题，统筹把握“双控”制度调整的“一致性、连续性、转折性”，逐步由能耗“双控”，向能源消费总量、能耗强度、碳排放总量、碳排放强度“多控”，能源消费总量控制和能耗强度控制依次退出，进而实现碳排放“双控”；重点解决年度碳排放指标供需匹配与价值发现问题，探索利用市场配置方式实现碳排放“双控”宏观调控与地方需求的精准动态对接（年度）。市场配置过程就是推动不同地区间、市场主体间对指标进行交易，也就是用脚投票的指标价值发现过程。

重点解决适应中长期碳排放需求结构性突变的制度性保障问题。基于中长期各省经济发展情况及省际绿电交易、碳指标交易等数据，建立碳排放“双控”指标地区间布局结构性大幅调整启动机制，以适应国家经济结构布局重大调整、不平衡不充分问题新变化、区域协同发展战略新需求等大局要求。考虑产业转移与升级需要较长时期和稳定信号预期，动态调整需要间隔一定周期。

重点解决促进地方主动统筹长远与短期的激励制度设计问题。理论上，短期最佳方案是将碳排放配置给生产力水平最高的地区。显然，不能如此简单，还需要发挥“双控”的挤出效应和转型升级推力作用，以促进地区产业转移与升级，解决发展的不平衡不充分问题。因此，“双控”制度设计应立足服务构建新发展格局，实现短期与长远的综合价值最大化。但各地区均有争取指标的内生动力，需要建立激励约束相容制度，探索设计涵盖碳排放“双控”指标、能源发展结构布局指标、经济发展总量与结构指标等在内的高质量发展成效科学评估与考核体系，因地制宜地促进各地区主动寻求协调发展平衡点。

（**本章撰写人：**陈海涛、鲁刚、元博　**审核人：**王炳强）

参考文献

[1] IPCC. Global Warming of 1.5℃[R]. 2018.

[2] 国家统计局.中华人民共和国2022年国民经济和社会发展统计公报[R/OL]. [2023-02-28].

[3] BP. bp Energy Outlook[R].2023.

[4] 舒印彪. 新型电力系统导论[M].北京:中国科学技术出版社,2022.

[5] 国家能源局.一图读懂|新时代十年我国能源发展成就[EB/OL].(2022-12-31).

[6] 新华社.习近平主持中央政治局第二十九次集体学习并讲话[EB/OL].(2021-05-01)[2023-07-15].

[7] 戴彦德,田智宇,等.重塑能源:面向2050年的中国能源消费和生产革命路线图[J].经济研究参考,2016(21):3-14.

[8] Dehghani MJ, Kyoo Yoo C. Modeling and extensive analysis of the energy and economics of cooling, heat, and power trigeneration (CCHP) from textile wastewater for industrial low-grade heat recovery. Energy Convers Manage 2020; 205:112451.

[9] 李长胜,王重博,雷仲敏.中国区域能源转型基础与转型绩效的适配性研究[J].区域经济评论,2022(4):132-144.

[10]Shao Tianming, Pan Xunzhang, Li Xiang. et al China's industrial decarbonization in the context of carbon neutrality: A sub-sectoral analysis based on integrated modelling[J]. Renewable and Sustainable Energy Reviews, 2022, 170.

[11] 林伯强.碳中和进程中的中国经济高质量增长[J].经济研究, 2022, 57(1): 56-71.

[12] 刘新建,宋中炜,吴洁.碳中和目标下能源经济系统转型：碳定价与可再生能源政策作用有多大[J]. 中国管理科学, 2023,3(11): 1-11.

[13] 潘光胜,顾钟凡,罗恩博,等.新型电力系统背景下的电制氢技术分析与展望[J].电力系统自动化, 2023(10): 1-15.

[14] 中国科学院能源领域战略研究组. 中国至2050年能源科技发展路线图[M]. 北京：科学出版社，2009.

[15] 中国工程科技发展战略研究院. 2023中国战略性新兴产业发展报告[M]. 北京：科学出版社，2023.

[16] 陈海生,李泓,徐玉杰,等. 2022年中国储能技术研究进展[J]. 储能科学与技术, 2023, 12(5): 1516-1552.

[17] 王建强,戴志敏,徐洪杰. 核能综合利用研究现状与展望[J]. 中国科学院院刊, 2019, 34(4): 460-468.

[18] 徐硕,余碧莹.中国氢能技术发展现状与未来展望[J]. 北京理工大学学报(社会科学版), 2021, 23(6): 1-12.

[19] 卓振宇,张宁,谢小荣,等. 高比例可再生能源电力系统关键技术及发展挑战[J].电力系统自动化, 2021, 45(9): 171-191.

[20] 赵晶,刘玉洁,付珂语,等.大型国企发挥产业链链长职能的路径与机制——基于特高压输电工程的案例研究[J].管理世界,2022,38(5):221-240.

[21] 何芳艳.中国新能源产业发展的战略定位[J].化工管理,2022(23):68-70.

[22] 国家能源局.国家能源局组织发布《新型电力系统发展蓝皮书》[EB/OL].(2023-06-02).

[23] 李海刚.数字新基建、空间溢出与经济高质量发展[J].经济问题探索,2022(6):28-39.

[24] 蔡立亚,郭剑锋,石川,等."双碳"目标下中国能源供需演变路径规划模拟研究[J/OL].气候变化研究进展:1-19[2023-09-25].

[25] 舒印彪,张丽英,张运洲,等.我国电力碳达峰、碳中和路径研究[J].中国工程科学,2021,23(6):1-14.

[26] 董志勇,李成明."专精特新"中小企业高质量发展态势与路径选择[J].改革,2021(10):1-11.

[27] 生延超.基于空间结构的发展中大国产业布局模式和经济布局模式[J].湖南师范大学社会科学学报,2016,45(6):15-25.

[28] 财政部关于下达2021年中央对地方第二批重点生态功能区转移支付预算的通知[J].中华人民共和国财政部文告,2021(9):10-13.

[29] 李子然.工信部等：发布《促进制造业有序转移的指导意见》[J].中国设备工程,2022(3):1.

[30] 国网能源研究院有限公司.中国节能节电分析报告2021[M].北京：中国电力出版社，2021.

[31] 国家统计局. 中国能源统计年鉴2021[M]. 北京: 中国统计出版社，2022.

[32] 清华大学建筑节能研究中心.中国建筑节能年度发展研究报告2022[M].北京：中国建筑工业出版社，2022.

[33] 中国电力企业联合会.2022年全国电力工业统计快报[R].北京：2023.

[34] 国家发展改革委，国家能源局，财政部，等.关于印发“十四五”可再生能源发展规划的通知（发改能源〔2021〕1445号）[EB/OL].https://www.ndrc.gov.cn/xwdt/tzgg/202206/t20220601_1326720.html.

[35] 国家电网有限公司.国家电网有限公司服务新能源发展报告（2021）.

[36] 国家发展改革委,国家能源局.关于开展全国煤电机组改造升级的通知（发改运行〔2021〕1519号）[EB/OL].

[37] 冯君淑，伍声宇,等.“双碳”目标下我国新能源供给消纳体系构建与能源电力安全保供研究[R].北京：国网能源研究院有限公司，2022.

[38] 董昱,梁志峰,礼晓飞,等.考虑运行环境成本的新能源合理利用率[J].电网技术,2021,45(3):900-909.

[39] 彭跃辉."双碳"目标下新能源合理利用率形势分析及政策建议[J].华北电力大学学报(社会科学版),2022,140(6):42-50.

[40] 张运洲,陈宁,黄碧斌,等.基于系统成本的新能源等效上网电价计算方法及应用[J].中国电力,2022,55(2):1-8.

[41] 康重庆,钟海旺.能源互联网主动支撑新能源供给消纳体系[J].全球能源互联网,2023,6(2):113-115.

[42] 舒印彪,张智刚,郭剑波,等.新能源消纳关键因素分析及解决措施研究[J].中国电机工程学报,2017,37(1):1-9.

[43] 张正陵.中国“十三五”新能源并网消纳形势、对策研究及多情景运行模拟分析[J].中国电力,2018,51(1):2-9.

[44] 张晋芳,龚一莼，吕梦璇.“量率”协同，促进新能源高质量发展[J].能源评论,2023(6):58-61.

[45] 世界可持续发展工商理事会,世界资源研究所，中国清洁发展机制基金管理中心.温室气体核算体系: 企业核算与报告标准[M].北京：经济科学出版社,2012.

[46] 新华社.习近平主持中央政治局第二十九次集体学习并讲话[EB/OL].（2021-05-01）[2023-07-15].

[47] 余璇.“双控”转变要统筹衔接因地制宜[N].中国电力报,2023-01-09(003).

[48] 马翠梅,等.碳核算理论与实践[M].北京：中国环境出版集团,2022.

[49] United States Environmental Protection Agency.The Emissions & Generation Resource Integrated Database[R/OL].（2023-01-30）[2023-07-16].

[50] 马翠梅,李士成,葛全胜.省级电网温室气体排放因子研究[J].资源科学,2014,36(5):1005-1012.

[51] 白文浩.如何正确计算电力间接排放[EB/OL].（2022-05-17）[2023-07-17].

[52] 宁礼哲,任家琪,张哲,等. 2020年中国区域及省级电网电力碳足迹研究[J]. 环境工程,2023,41(3):229-236.

[53] 国家发展改革委,等. 促进绿色消费实施方案[EB/OL].（2022-01-18）[2023-07-17].https://www.gov.cn/zhengce/zhengceku/2022-01/21/5669785/files/e10c0605ff484d4e89bc236aaaf494c4.pdf.

[54] 马翠梅.中国外购电温室气体排放因子研究[M].北京：中国环境出版集团，2020.

[55] 国家机关事务管理局.公共机构能源资源消费统计制度[Z].2017.

[56] 国家发展改革委. 省级温室气体清单编制指南(试行)[Z].2011.

[57] 生态环境部.2019年度减排项目中国区域电网基准线排放因子[Z].2020.

[58] 中国电力报. 章建华：深入贯彻落实能源安全新战略 为决战决胜全面建成小康社会贡献力量[EB/OL].（2020-05-25）.http://www.nea.gov.cn/2020-05/25/c_139085331.htm.

[59] 汤广福,周静,庞辉,等.能源安全格局下新型电力系统发展战略框架[J],中国工程科学,2023,25(2):79-88.

[60] 李程琳,周云亨,王福宁,方恺.能源低碳转型风险及其应对策略——基于新型能源安全观的研究[J/OL].能源环境保护.[2023-08-10].https://doi.org/10.20078/j.eep.20230703.

[61] 林伯强.如何理解中国的短期煤电装机增长[J]. 煤炭经济研究. 2023,43(4):1.

[62] 石文辉,屈姬贤,罗魁高,等. 高比例新能源并网与运行发展研究[J].中国工程科学. 2022,24(6)：52-63.

[63] 马哲,张同功.国际煤炭价格波动对国内煤炭市场的影响研究[J].中外能源. 2022,27(11):10-15.

[64] 程毅. 优化煤炭与新能源组合发展战略研究[J]. 2022,42(10):41-47.

[65] 卢赓,邓婧.气象灾害下电力系统面临的风险辨析及应对策略[J].机电工程技术. 2020,49(12):30-32,179.

[66] 邵冲,张柏林,甄文喜,等. 基于系统动力学模型的新型电力系统涉网安全机制研究[J].新型工业化. 2022,12(12):47-51.

[67] 韩文轩.2021年电荒：政策分析与选择[J].能源,2021(12):68-74.

[68] International Energy AGency. The Role of Critical Minerals in Clean Energy Transitions [R/OL].[2021-05].https://www.iea.org/reports/the-role-of-critical-minerals-in-clean-energy-transitions.

[69] IRENA. World Energy Transition Outlook 2022[R/OL].[2022-03-29].https://www.irena.org/-/media/files/irena/agency/publication/2022/mar/irena_weto_summary_2022.pdf?la=en&hash=1da99d3c3334c84668f5caae029bd9a076c10079.

[70] Luc Leruth, Adnan Mazarei, Pierre Regibeau, Luc Renneboog, “Green Energy Depends on Critical Minerals. Who Controls the Supply Chain?”, https://www.piie.com/publications/working-papers/green-energy-depends-critical-minerals-who-controls-supply-chains.

[71] 于宏源.风险叠加背景下的美国绿色供应链战略与中国应对[J].高等学校文科学术文摘, 2022, 39(6):2.

[72] 汪辉,徐蕴雪,卢思琪,等.恢复力,弹性或韧性?——社会-生态系统及其相关研究领域中"Resilience"一词翻译之辨析[J].国际城市规划, 2017, 32(4):11.

[73] Zahlen. Daten. Fakten.ELECTRICITY PRICE GERMANY: WHAT HOUSEHOLDS PAY FOR .POWER.2020.https://strom-report.com/electricity-price-germany/.

[74] 习近平.切实把思想统一到党的十八届三中全会精神上来[J].求是,2014(1):3-6.

[75] 加快建设全国统一大市场提高政府监管效能,深入推进世界一流大学和一流学科建设[N].人民日报,2021-12-18(001).

[76] 中共中央国务院关于加快建设全国统一大市场的意见[N].人民日报,2022-04-11(001).

[77] 国家发展改革委,国家能源局.“十四五”现代能源体系规划[EB/OL].（2022-03-23）[2023-07-18].https://www.gov.cn/zhengce/zhengceku/2022-03/23/5680759/files/ccc7dffca8f24880a80af12755558f4a.pdf.

[78] 王志轩.电力企业应积极推动全国碳排放权交易市场建设[J].中国电力企业管理,2016(4):40-41.

[79] 赵盟,姜克隽,徐华清,康艳兵.EU ETS对欧洲电力行业的影响及对我国的建议[J].气候变化研究进展,2012(6):462-468.

[80] 钟锦文,张晓盈.美国碳排放交易体系的实践与启示[J].经济研究参考.2011.

[81] 张希良,张达,余润心.中国特色全国碳市场设计理论与实践［J］. 管理世界,2021,37(8):80-95.

[82] 翁智雄,马中,刘婷婷. 碳中和目标下中国碳市场的现状、挑战与对策［J］.环境保护,2021,49(16):18-22.

[83] 王一,吴洁璇，王浩浩, 等.碳排放权市场与中长期电力市场交互作用影响分析[J].电力系统及其自动化学报,2020,32(10):49-59.

[84] 彭纪权,金晨曦,陈学通,等.我国电力市场与全国碳排放权交易市场交互机制研究[J].中国能源,2020(9).

[85] 张森林.基于“双碳”目标的电力市场与碳市场协同发展研究[J].中国电力企业管理,2021(10):5.

[86] 陈波波.碳交易及绿色证书交易对清洁能源跨省区消纳的影响[D]. 上海：上海电力大学,2020.

[87] 李荣.电力碳减排多重政策体系协同模型及效果评估研究[D].北京：华北电力大学（北京）,2020.

[88] 习近平谈治国理政（第三卷）[M].北京：外文出版社,2020.

[89] 新华网. 习近平在中央全面依法治国工作会议上发表重要讲话[EB/OL].（2020-11-17）[2023-07-20].https://www.gov.cn/xinwen/2020-11/17/content_5562085.htm.

[90] 国家发展和改革委员会.《关于推动能耗双控逐步转向碳排放双控的意见》[EB/OL].（2023-07-18）.https://www.ndrc.gov.cn/xwdt/wszb/qiyuefabuhui/wzsl/202307/t20230718_1358465_ext.html.

[91] Guo J, Li C Z, Wei C. Decoupling economic and energy growth: aspiration or reality[J]. Environmental Research Letters, 2021, 16(4): 044017.

[92] 孙叶飞, 周敏. 中国能源消费碳排放与经济增长脱钩关系及驱动因素研究[J]. 经济与管理评论, 2017, 33(6): 21-30.

[93] Li S, Meng J, Zheng H, et al. The driving forces behind the change in energy consumption in developing countries. Environmental Research Letters, 2021, 16(5): 054002.

[94] 李汝资,白昳,周云南,等.黄河流域水资源利用与经济增长脱钩及影响因素分解[J]. 地理科学, 2023, 43(2): 110-118.

[95] Wang P, Lin C K, Wang Y, et al. Location-specific co-benefits of carbon emissions reduction from coal-fired power plants in China[J]. Nature Communications, 2021, 12(1): 6948.

[96] Gao C, Ge H, Lu Y, et al. Decoupling of provincial energy-related CO_2 emissions from economic growth in China and its convergence from 1995 to 2017[J]. Journal of Cleaner Production, 2021, 297: 126627.

[97] 刘子成,燕志鹏.碳排放、煤炭消费与经济发展的脱钩效应分析[J].经济问题,2023(7):38-43,128.

[98] 花瑞祥,蓝艳,李嘉文,等.中国省际碳排放脱钩效应及驱动因素分析[J/OL].环境科学研究:1-15[2023-07-16].

[99] 宋晓聪,沈鹏,谢明辉,等.我国工业CO_2排放与经济发展脱钩关系解析[J].生态经济,2023,39(5):28-33.

[100] 宣晓伟.“能耗双控”到“碳双控”:挑战与对策[J].城市与环境研究,2022(3):42-55.

致谢

《中国能源电力碳达峰碳中和路径与重大问题分析2023》在编写过程中，得到了国务院参事室、国家发展改革委、中国工程院、国家能源局、国务院国资委、中国电机工程学会、清华大学有关专家的指导，以及国家电网有限公司发展策划部、政策研究室、科技部等部门及单位的支持，在此一并表示衷心感谢！限于作者水平，虽然对书稿进行了反复研究推敲，但难免存在疏漏与不足之处，恳请读者谅解并批评指正！

诚挚感谢以下专家对本报告的框架结构、内容观点提出宝贵建议，对部分基础数据审核把关（按姓氏笔画排序）：

李阳　吴吟　张丽英　郑国光　柳君波　郭焦锋　魏楚